# 安防视频监控实训教程

## （第 3 版）

邓泽国　编著

電子工業出版社·

**Publishing House of Electronics Industry**

北京·BEIJING

# 内 容 简 介

本书以安防企业的岗位需求和国家安防职业标准为依据,根据职业院校学生的特点选择教学内容,设计教学项目。全书共 11 章,含 14 个实训。主要内容涵盖安防视频监控系统的前端设备、传输信道、显示/记录设备、控制系统,以及工程设计、预算、施工、测试、验收、维保和维修等。

本书既可作为职业院校"网络安防系统安装与维护"和"楼宇智能化设备安装与运行"专业的安防视频监控教材,也可作为视频监控爱好者、视频监控维护维修人员的学习用书。

**图书在版编目(CIP)数据**

安防视频监控实训教程 / 邓泽国编著 . — 3 版 . —北京:电子工业出版社,2021. 1
ISBN 978-7-121-39622-9

Ⅰ.①安… Ⅱ.①邓… Ⅲ.①安全监控系统—视频系统—监视控制—职业教育—教材
Ⅳ.①TP277 ②X924. 3

中国版本图书馆 CIP 数据核字(2020)第 179287 号

责任编辑:张来盛(zhangls@ phei. com. cn)
印    刷:天津千鹤文化传播有限公司
装    订:天津千鹤文化传播有限公司
出版发行:电子工业出版社
         北京市海淀区万寿路 173 信箱    邮编:100036
开    本:787×1 092    1/16    印张:18. 5    字数:485 千字
版    次:2013 年 9 月第 1 版
         2021 年 1 月第 3 版
印    次:2024 年 8 月第 8 次印刷
定    价:69. 80 元

# 前　言

"网络安防系统安装与维护"专业是近几年在职业学校新兴的专业。安防视频监控技术是安全技术防范体系中的核心技术。本书以职业学校"网络安防系统安装与维护"专业的培养目标、就业方向、职业能力要求和安防职业资格为依据，以安防行业规范为标准，突出课程的实用性和先进性。编著者采用"理实一体化"教学思想，经分析、归纳、提炼，精心设计了这本适合职业院校学生学习、实用性很强的教程，并按照学生的认知规律和任务的难易程度安排教学内容，将抽象的理论知识融入具体的学习任务之中；以培养学生的职业岗位能力为目标，以工作项目为引导，以任务为载体，以学生为主体来设计"知识、理论、实践一体化"的教学内容，体现"工学结合"的设计理念。

本书为实训教材，全书共11章，包含14个实训。内容包括：安防视频监控系统概述，安防视频监控系统的前端设备、传输信道、显示/记录设备、控制系统，以及工程设计、预算、施工、测试、验收、维保和维修等。

第1章主要介绍安防视频监控系统的含义、发展过程、系统构成和结构模式等。

第2章介绍安防视频监控系统的前端设备及前端设备的选择，同时介绍安防监控系统的防雷，并由简单到复杂安排了同轴电缆BNC接头的制作以及普通监控摄像机、网络摄像机和一体化智能球的安装4个实训。

第3章介绍安防视频监控系统网络互联结构、网络传输、交换和控制的基本要求和传输方式，并安排了"光纤熔接"和"光端机安装"2个实训。

第4章介绍安防视频监控系统的显示、记录设备，监控器、视频编码器、硬盘录像机及网络硬盘录像机，并安排了"数字硬盘录像机的使用"和"网络视频服务器的使用"2个实训。

第5章介绍安防视频监控系统的结构，矩阵/视频切换器、画面分割器、控制器、解码器、H.264视频编码技术、PoE技术，安排了"控制键盘的使用"1个实训。

第6章介绍安防视频监控系统工程的设计依据、原则、程序、步骤和深度要求，设备选型与设置设计要求，供电、防雷与接地的设计要求等。

第7章主要介绍安全防范工程费用的概念、工程费用构成、计算方法和预算文件构成。

第8章介绍安防视频监控系统工程的施工及检验，主要是施工注意事项、施工准备和检查、施工管理、施工设备安装要求、系统调试和安防工程检验方法。

第9章介绍安防视频监控工程的测试、验收和移交，主要是安防视频监控工程的测试模型和设备，性能和功能测试，工程验收的内容、要求，以及工程移交等内容。

第10章介绍安防视频监控系统的值机、维保和维修，包括一些常见故障的排除方法。

第11章为安防视频监控实训，安排了5个实训：闭路电视监控系统设计、DVR应用案例、NVR 应用案例分析、IPC 的应用设计和高清摄像机的应用。

在本书编写过程中参考了国内外的相关书籍和技术文章、资料、图片，并根据本书的体系需要，引用、借鉴了其中的一些内容，这些内容在书后以参考文献的形式给出，在此向同行作者表示最衷心的感谢！部分内容来源于互联网，由于无法一一查明原作者，所以不能准确列出出处，敬请谅解，并欢迎与编著者（cydzg@163.com）联系，以便更正。

本书是辽宁省教育科学"十二五"规划课题"中职安防专业理实一体化课程开发及应用研究"（课题批准号 JG12EB134）的研究成果之一。

本书获得 2015 年中国电子教育学会"全国电子信息类优秀教材"一等奖。

限于编著者水平，书中错误、疏漏之处在所难免，敬请读者批评指正。

编著者
2020 年 10 月

# 目　　录

# 第1章

# 安防视频监控系统概述

本章介绍安全防范的概念、本质、手段和要素，同时介绍安防视频监控系统的概念、特点、发展过程和发展方向，以及安防视频监控系统的构成、结构模式和层次结构。

## 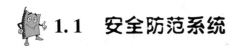 1.1 安全防范系统

学习安防视频监控，首先要厘清安防视频监控与安全防范的关系，认识安全防范系统。

### 1.1.1 安全防范的一般概念

#### 1. 安全防范的概念

根据现代汉语词典的解释，所谓安全，就是没有危险、不受侵害、不出事故；所谓防范，就是防备、戒备，而防备是指做好准备以应付攻击或避免受害，戒备是指防备和保护。

综合上述，安全防范是：做好准备和保护，以应付攻击或者避免受害，从而使被保护对象处于没有危险、不受侵害、不出现事故的安全状态。安全是目的，防范是手段，通过防范手段实现安全目的。

#### 2. 安全防范的本质

在西方，不使用"安全防范"这个概念，而是使用"预防损失和预防犯罪"（Loss Prevention & Crime Prevention）这个概念。Loss Prevention 通常是社会保安业的工作重点，Crime Prevention 则是警察执法部门的工作重点。这两者的有机结合，才能保证社会的安定与安全。从这个意义上说，安全防范的本质就是预防损失和预防犯罪。

#### 3. 综合安全

综合安全是为社会公共安全提供时时安全、处处安全的综合性安全服务。社会公共安全服务保障体系，是由政府发动、政府组织、社会各界联合实施的综合安全系统工程和管理服务体系。公众所需的综合安全，不仅包括以防盗、防劫、防入侵、防破坏为主要内容的狭义"安全防范"，而且还包括防火安全、交通安全、通信安全、信息安全以及人体防护、医疗救助等诸多安全防范内容。

### 1.1.2 安全防范的手段和要素

#### 1. 安全防范的手段

安全防范（简称安防）是社会公共安全的一个组成部分，安全防范行业是社会公共安

全行业的一个分支。根据防范手段的不同，安全防范包括人力防范、实体（物）防范和技术防范3个方面。

人力防范（人防）是利用人体自身的传感器（眼、耳、鼻等）进行探测，发现妨害或破坏安全的目标，做出反应；用声音警告、恐吓、设障、武器还击等手段来延迟或阻止危险的发生，在自身力量不足时还要发出求援信号，以期待做出进一步的反应，制止危险的发生或处理已发生的危险。

实体防范（物防）是利用实物（盔甲、盾牌、沟、栏、墙）进行防护，主要作用在于推迟危险的发生，为"反应"提供足够的时间。现代的实体防范，已经不是单纯物质屏障的被动防范，而是越来越多地使用科技手段，既使得实体屏障被破坏的可能性变小，增大延迟时间，也使实体屏障本身增加探测和反应的功能。

技术防范（技防）是应用安全防范技术，以人防为基础，以物防为手段，所建立的具有探测、延迟、反应有机结合的安全防范服务保障体系。技防是人防手段和物防手段的补充和加强。

**2. 安全防范的要素**

安全防范的3个基本要素是：探测、延迟与反应。探测是指感知显性或隐性风险事件的发生并发出报警；延迟是指延长或推延风险事件发生的进程；反应是指组织力量，为制止风险事件的发生所采取的快速行动。在安全防范的3种基本手段中，要实现防范的最终目的，都围绕探测、延迟、反应这3个基本防范要素开展，预防和阻止风险事件的发生。

## 1.1.3 安全技术防范体系

安全技术防范作为社会公共安全科学技术的一个分支，具有其相对独立的学科内容和专业体系。根据我国安全防范行业的技术现状和未来发展，安全防范技术根据产品性质和应用领域的不同分类如下：

- 入侵探测与防盗报警技术；
- 视频监控技术；
- 出入口目标识别与控制技术；
- 报警信息传输技术；
- 移动目标反劫、防盗报警技术；
- 社区安防与社会救助应急报警技术；
- 实体防护技术；
- 防爆安检技术；
- 安全防范网络与系统集成技术；
- 安全防范工程设计与施工技术。

安防技术是新兴技术领域，因此上述专业的划分只具有相对意义。实际上各专业技术本身都涉及其他学科，它们之间又互相交叉和相互渗透，专业的界限变得越来越不明显，同一技术同时应用于不同专业的情况也会越来越多。

## 1.1.4 安防视频监控系统与安全防范系统的关系

安防视频监控系统是安防系统的一个子系统，是技防的重要组成部分，也是报警复核、动态监控、过程控制和信息记录的最有效手段，它可以与出入口控制系统、入侵报警系统、防爆安全检查系统等其他安防子系统联动，使安防整体能力得到提高。

## 1.1.5　安防视频监控系统的含义和特点

安防视频监控系统（Surveillance – Video & Control System，SVCS）是利用视频探测技术监视设防区域，并实时显示、记录现场图像的电子系统或网络。它具有如下特点：

（1）可视、直观、具体，不仅能够监控宏观的范围，也能够监控微观的细节；

（2）图像信息量大，实时性好，具有主动探测能力；

（3）图像高清，适于进行处理、识别和智能化；

（4）可以与防盗报警、门禁等其他安全防范系统联动运行，增强防范能力，报警准确，安全可靠；

（5）通过遥控摄像机及其辅助设备（云台、镜头等），在监控中心直接观看被监控场所的情况，信息量大，准确性高；

（6）记录事件过程，为事后的调查提供依据。

## 1.1.6　安防视频监控系统常用术语

安防视频监控系统常用的术语如下：

（1）模拟视频信号（Analog Video Signal）——基于目前的模拟电视模式，需要大约6 MHz或更高带宽的基带图像信号。

（2）数字视频（Digital Video）——利用数字化技术将模拟视频信号经过处理，或从光学图像直接经数字转换得到具有严格时间顺序的数字信号，表示为具有特定数据结构的能够表征原始图像信息的数据。

（3）视频（Video）——基于目前的电视模式（PAL彩色制式，CCIR黑白制式625行，2:1隔行扫描），需要大约6 MHz或更高带宽的基带信号。

（4）视频探测（Video Detection）——采用光电成像技术（从近红外线到可见光谱范围内）对目标进行感知并生成视频图像信号的一种探测手段。

（5）视频监控（Video Monitoring）——利用视频手段对目标进行监视和信息记录。

（6）视频传输（Video Transport）——利用有线或无线传输介质，直接或通过调制解调等手段，将视频图像信号从一处传到另一处，从一台设备传到另一台设备的过程。

（7）前端设备（Front-end Device）——在视频监控中，前端设备指摄像机以及与之配套的相关设备（如镜头、云台、解码器、防护罩等）。

（8）视频主机（Video Controller/Switcher）——通常指视频控制主机，它是视频系统操作控制的核心设备，可以完成对图像的切换、云台和镜头的控制等。

（9）数字录像设备（Digital Video Recorder，DVR）——利用标准接口的数字存储介质，采用数字压缩算法，实现视(音)频信息的数字记录、监视与回放的视频设备。数字录像设备也称为数字录像机，又因记录介质以硬盘为主，又称为硬盘录像机。

（10）分控（Branch Console）——在监控中心以外设立的控制终端设备。

（11）模拟视频监控系统（Analog Video Surveillance System）——除显示设备外的视频设备之间以端对端模拟视频信号方式进行传输的监控系统。

（12）数字视频监控系统（Digital Video Surveillance System）——除显示设备外的视频设备之间以数字视频方式进行传输的监控系统。由于使用数字网络传输，所以又称为网络视频监控系统。

（13）环境照度（Environmental Illumination）——反映目标所处环境明暗（可见光谱范

围内）的物理量，数值上等于垂直通过单位面积的光通量。

（14）图像质量（Picture Quality）——指图像信息的完整性，包括图像帧内对原始信息记录的完整性和图像帧连续关联的完整性。它通常按照如下的指标进行描述：像素构成、分辨率、信噪比、原始完整性等。

（15）原始完整性（Original Integrality）——在视频监控中，专指图像信息和声音信息保持原始场景特征的特性，即无论中间过程如何处理，最后显示/记录/回放的图像和声音与原始场景保持一致，即在色彩还原性、灰度级还原性、现场目标图像轮廓还原性（灰度级）、事件后继顺序、声音特征等方面均与现场场景保持最大相似性（主观评价）的程度。

（16）实时性（Real-time）——一般指图像记录或显示的连续性（通常指帧率不低于 25帧/秒的图像为实时图像）；在视频传输中，实时性指终端图像显示与现场发生的同时性或者及时性，它通常由延迟时间来表示。

（17）图像分辨率（Picture Resolution）——人眼对电视图像细节辨认清晰程度的量度，在数值上等于在显示平面水平扫描方向上能够分辨的最多的目标图像的电视线数。

（18）图像数据格式（Video Data Format）——数字视频图像的表示方法，用像素点阵序列来表示。

（19）数字图像压缩（Digital Compression for Video）——利用图像空间域、时间域和变换域等分布特点，采用特殊的算法，减少表示图像信息冗余数据的处理过程。

（20）视频音频同步（Synchronization of Video and Audio）——视频显示的动作信息与音频对应的动作信息具有一致性。

（21）报警图像复核（Video Check to Alarm）——当报警事件发生时，视频监控系统调用与报警区域相关的图像。

（22）报警联动（Action with Alarm）——报警事件发生时，引发报警设备以外的相关设备进行动作（如报警图像复核、照明控制等）。

（23）视频移动报警（Video Moving Detection）——利用视频技术探测现场图像变化，一旦达到设定阈值即发出报警信息的一种报警手段。

（24）视频信号丢失报警（Video Loss Alarm）——当接收到的视频信号的峰值小于设定阈值（视频信号丢失）时给出报警信息。

（25）SIP 监控域（SIP Monitoring Realm）——指支持 SIP 协议的监控网络，通常由 SIP服务器和注册在 SIP 服务器上的监控资源、用户终端、网络等组成。

（26）非 SIP 监控域（Non-SIP Monitoring Realm）——指不支持 SIP 协议的监控资源、用户终端、网络等构成的监控网络。它包括模拟接入设备、不支持 SIP 协议的数字接入设备、模数混合型监控系统以及不支持 SIP 协议的数字型监控系统等。

## 1.2　安防视频监控技术的发展过程

安防视频监控技术的发展经历了模拟视频监控阶段、数字视频监控阶段和网络视频监控阶段，即经历了从第一代的全模拟视频监控系统，到第二代的部分模拟与部分数字的视频监控系统，再到第三代的网络化、集成化、全数字化视频监控系统的发展过程。现在安防视频监控技术正在向高清化、智能化的方向发展，即向第四代智能化网络视频监控系统的方向发展。在我国，模拟视频监控系统经历了二十几年，数字化视频监控系统只有十几年的时间，

而网络化过程只用了 5 年多的时间，但在这 5 年的时间里，图像压缩标准、用于图像压缩的
DSP 处理器、视频处理器产品得到飞速的发展。在安防视频网络监控技术快速发展的今天，
我们有必要了解一下安防视频监控系统的发展历史。

根据视频监控系统传输信号和所使用元器件的不同，安防视频监控系统的发展可划分为
模拟视频监控系统（第一代）、模/数混合视频监控系统（第二代）和全数字网络视频监控
系统（第三代）。

## 1.2.1　第一代：模拟视频监控系统

模拟视频监控系统是指以 VCR（Video Cassette Recorder）为代表的传统 CCTV 视频监控
系统，如图 1-1 所示。它出现在 20 世纪 90 年代之前，该系统主要是以模拟设备为主的闭路
电视监控系统，图像信息采用视频电缆以模拟方式传输，一般传输距离不能太远，主要应用
于小范围内的监控，监控图像一般只能在控制中心查看。

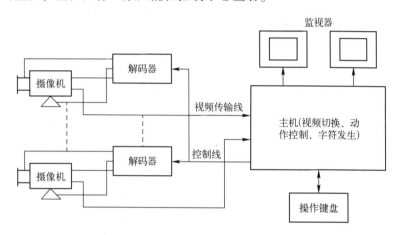

图 1-1　模拟视频监控系统

模拟监控系统主要由模拟摄像机、专用的标准同轴电缆、视频切换矩阵、分割器、模拟
监视器、模拟录像设备和盒式录像带等构成。使用视频线将模拟摄像机的视频信号传输到监
视器上，利用视频矩阵主机，使用键盘进行切换和控制，使用磁带录像机长时间录像，远距
离图像传输采用模拟光纤。

模拟视频监控系统有很多局限性：

- 模拟视频系统信号的传输距离有限；
- 模拟视频监控系统无法联网，只能以点对点的方式监视现场，这使得布线工程量
  极大；
- 模拟视频监控信号数据的存储会耗费大量的存储介质（如录像带），查询取证时十分
  烦琐。

## 1.2.2　第二代：模/数混合视频监控系统

20 世纪 90 年代中期，出现了第二代视频监控系统——模/数混合视频监控系统，如
图 1-2所示。第二代视频监控系统是以硬盘录像机（DVR，Digital Video Recorder）为代表的

监控系统。DVR 可以将模拟的视频信号进行数字化，并存储在计算机硬盘而不是盒式录像带上。这种数字化的存储大大提高了用户对录像信息的处理能力，使用户可以通过 DVR 来控制摄像机的开关，从而实现了移动侦测功能。此外，对于报警事件以及事前/事后报警信息的搜索也变得非常简单。这种混合模式的视频监控系统，虽然已经可以实现远程传输，但前端视频到监控中心采用模拟传输，因而其传输距离和布设都有所限制。

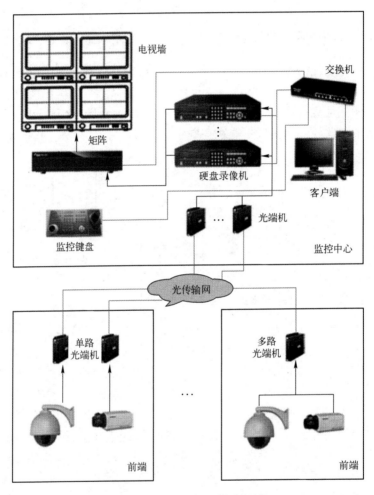

图 1-2　模/数混合视频监控系统

当前，在监控质量要求较高的安防系统中更多的是以模拟与数字相结合的方式构建综合性的监控系统，以模拟矩阵技术为核心，充分发挥其功能强大、技术成熟、稳定性高、成本较低的优势，补充 DVR 实现数字视频录像，发挥 DVR 录像实时性高、损失小、易查询的优点，结合编/解码器的使用，充分利用 DVS（视频编码器）的网络传输功能，为用户提供数字视频技术所带来的优势。

构建多级数字、模拟混合视频联网监控系统，使得模拟和数字监控可以统一权限、统一资源、统一编号、统一管理。矩阵联网的模拟干线和数字联网的数字干线既可以相互独立，又可以相互调用，调用模拟视频和调用数字视频没有任何区别，用户只需在键盘上输入目标视频源的唯一编号即可。

模/数混合监控系统与纯数字监控系统相比，可以充分利用用户既有的模拟设备资源，发挥 DVR 分布式存储高性能低成本的优势，即使核心交换机出现故障，也不会影响录像数据的及时保存，保证了数据的安全性，不会出现系统整体瘫痪的情况。与纯模拟架构相比，传输部分的灵活性更强，可以充分共享网络汇聚平台的互联资源，也方便用户数量的扩充。

## 1.2.3　第三代：全数字网络视频监控系统

21 世纪初，第三代的全数字网络视频监控系统（又称为 IP 监控系统）开始得到应用，如图 1-3 所示。

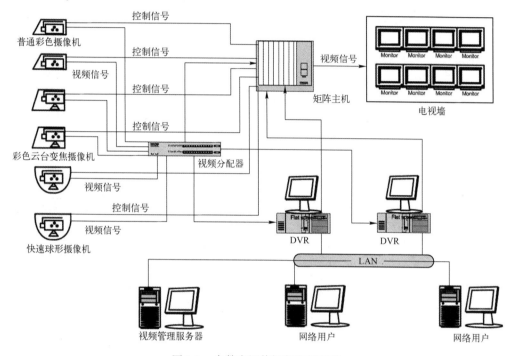

图 1-3　全数字网络视频监控系统

数字视频监控系统克服了 DVR/NVR 无法通过网络获取视频信息的缺点，用户可以通过网络中的任何一台计算机来观看、录制和管理实时的视频信息，并能通过在网络上的网络虚拟矩阵控制主机（IPM）来实现对整个监控系统的指挥、调度、存储、授权控制等功能。它基于标准的 TCP/IP 协议，能够通过局域网、城域网、广域网、无线网络传输，布控区域大大超过了前两代监控系统。它采用开放式架构，可与门禁、报警、巡更、语音、MIS 等系统无缝集成；它基于嵌入式技术，性能稳定，不需要专人管理，灵活性大大提高，监控场所可以实现任意组合、任意调用。

数字视频监控系统的优点：

（1）数字化视频可以在计算机网络（局域网或广域网）上传输视/音频数据，不受距离限制，信号不易受干扰，可以大幅度提高图像品质和稳定性。

（2）数字视频可以利用计算机网络，网络带宽可复用，无须重复布线。

（3）数字化存储成为可能。经过压缩的视频数据可存储在磁盘阵列中或保存在光盘、U盘中，查询十分方便快捷。

（4）不需要繁杂的布线工作，减少了施工量。

## 1.2.4　安防视频监控技术的发展方向

无论是传统的第一代模拟监控系统，还是第二代、第三代部分或完全数字化、网络化的视频监控系统，都存在一定的局限性：

（1）由于人类自身的弱点，容易导致漏报。在很多情况下，人类本身并不是一个可以完全信赖的观察者，他们在观察实时视频流或观察录像回放时，由于监控人员的个体差异，经常无法观察到安全威胁，从而可能导致漏报现象的发生，特别是在大型视频监控系统中，仅仅单纯依靠人工观察已经被证明是不可行的。

（2）各个监控点不能实时处于监控状态。在大型监控场所，很少有视频监控系统会按照1∶1的比例为监控摄像机配置监视器，各个监控点实际上并非时时处于监控状态，因此，容易导致漏报。

（3）容易引起误报和漏报。误报和漏报是视频监控系统中最常见的两大问题。误报是指位于监控点的安全活动被误认为是安全威胁，从而产生错误的报警。漏报是指在监控点发生威胁时，该威胁没有被监控系统或安保人员发现。

（4）数据分析工作费时而且困难。报警发生后对录像数据进行分析通常是安保人员必须完成的工作之一，而误报和漏报现象则进一步增加了对数据分析的难度。安保人员经常被要求找出与报警事件相关的录像资料、评估事件，由于传统视频监控系统缺乏智能因素，而且录像数据无法被有效地分类存储，最多只能打上时间戳，因此数据分析工作变得极其耗时。

（5）响应时间长。对安全威胁的响应速度关系到安防系统的整体性能。传统的视频监控系统通常是由安保人员对安全威胁做出响应和处理的，这对于一般响应时间要求较低的安全威胁来说已经足够。但是，对于一个响应时间要求较高的系统，当威胁发生时，需要安全防范系统的多个系统，甚至多个安全相关部门在最短时间内协调配合，共同处理危机；快速反应时，响应时间尤其重要。

由于目前视频监控系存在上述缺点，因此今后视频监控的发展方向是集成化、高清化、智能化。为了更好地向智能化方向发展，安防视频监控技术目前还必须在数字化、网络化的基础上向集成化、高清化方向发展，因为有了集成化、高清化，才能真正实现智能化。

### 1. 集成化

安防视频监控技术数字化的进步推动了网络化的飞速发展，使视频监控系统的结构由集中式向分散式、多层分级结构发展，使整个网络系统硬件和软件资源及任务和负载得以共享，这为系统集成和整合奠定了基础。但是网络化的纵深发展完全依赖于网络传输建设，3G时代可以推动一个时期的安防发展，但是目前国内安防技术水平依然不高。例如，普通的480线网络摄像机一路每天传输的图像为7～20 GB（取决于画面的动态状况与压缩格式），而目前的无线技术要不间断地传输这样的大容量数据，还存在较大的技术难度。因此，集成化和智能化是视频监控技术发展的一个目标。

集成化以适用为导向，是横向发展的形式；智能化则主要以技术为导向，是纵向发展的形式。

集成化主要是芯片集成和系统集成。芯片集成是从单一功能向多种功能的系统集成。从开始的 IC（Integrated Circuit）功能级芯片，到 ASIC（Application Specific Integrated Circuit）专业级芯片，再发展到 SoC（System-on-a-Chip）系统级芯片。

系统集成主要是前端硬件一体化和软件系统集成化两个方面。视频监控系统前端一体化意味着多种技术的整合、嵌入式架构、适用性更强以及不同探测设备的整合输出。硬件之间的接入模式直接决定了其是否具有扩充性和信息传输是否能快速反应。网络摄像机由于其本身集成了音/视频压缩处理器、网卡、解码器的功能，使得其前端的扩充性加强。例如，网络高速智能球可以直接外接报警适配器，适配器连接红外对射、烟感或门磁。

视频监控的软件系统集成化，可以使视频监控系统与弱电系统中其他各子系统之间实现无缝连接，从而实现在统一的操作平台上进行管理和控制，使用户操作更加方便。

在现代建筑中，把视频监控系统、入侵探测防盗系统、消防系统、门禁系统、广播系统完全建设成独立的系统，不仅会使整个建筑的外观受到巨大的影响，也必然导致资源的重复建设和管理人员的增加，导致人力、物力、财力的浪费。因此，在大厦设计之初如果能够提出各个系统的总体集成方案，就能够避免人力、物力、财力的浪费，这将是未来实现智能大厦的前提。

**2. 高清化**

高清即高分辨率。传统的视频监控系统可以达到标准清晰度，在进行数字编码后，其分辨率一般可以达到约 44 万像素，其清晰度在 300～500 TVL 之间；采用高清网络摄像机的 IP 监控，如果要达到 800 TVL 的清晰度，其分辨率至少要达到 1280×720 的标准，约 90 万像素。宽高比为 16:9 的网络摄像机，其分辨率为 1920×1080；宽高比为 4:3 的网络摄像机，其分辨率为 1600×1200。

高清是现代视频监控系统由网络化向智能化发展的需要，是为了提高智能视频分析的准确性才从高清电视中引用而来的。高清电视是由美国电影电视工程师协会确定的高清晰度电视标准格式。它以水平扫描线数作为计量单位。高清的划分方法如下：

- 1080i 格式：标准数字电视显示模式，1125 条垂直扫描线，1080 条可见垂直扫描线，显示模式为 16:9，分辨率为 1920×1080，隔行扫描，行频为 33.75 kHz。
- 720p 格式：标准数字电视显示模式，750 条垂直扫描线，720 条可见垂直扫描线，显示模式为 16:9，分辨率为 1280×720，逐行扫描，行频为 45 kHz。
- 1080p 格式：标准数字电视显示模式，1125 条垂直扫描线，1080 条可见垂直扫描线，显示模式为 16:9，分辨率为 1920×1080，逐行扫描，专业格式。

高清电视是指支持 1080i、720p 和 1080p 的电视标准。这样的一个广播电视行业的高清视频标准目前已经被视频监控行业作为公认的技术标准而普通使用。目前，720p 和 1080p 已经成为视频监控行业网络摄像机的标准。凡是能达到百万像素级的摄像机，配套 1080p 分辨率的显示设备及相应的传输信道可以形成一套高清的视频监控系统。

**3. 智能化**

智能化的含义是视频监控系统能够自动分析图像并进行处理。视频监控系统从目视解释分析处理走向自动解释分析处理，是安防系统理想的目标。智能监控系统能够识别不同的物体，发现监控画面中的异常情况，并能够以最快和最佳的方式发出警报和提供有用的信息，从而能够更加有效地协助安防人员处理危机，并最大限度地降低误报和漏报现象。

# 1.3 安防视频监控的系统构成

安防视频监控技术是一门被人们日益重视的新兴专业，就目前发展来看，应用普及越来越广，科技含量越来越高。尤其是信息时代的来临，更为该专业的发展提供了契机。

一个安防视频监控系统，无论是小到只有一台摄像机和一台监视器的简单系统，还是大到几十、几百、几千台摄像机和监视器的复杂系统，都包括前端设备、传输信道、控制设备和显示/记录设备4部分，如图1-4所示。

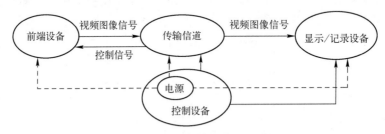

图1-4    视频监控系统的组成

**1. 前端设备**

前端设备是视频监控系统信息的总源头，它的作用是获取视频与音频信息。安防系统的操作者可以控制设备，按要求进行设置和布防，以便获取必要的影像和声音信息。

安防视频监控系统前端设备的构成如图1-5所示。

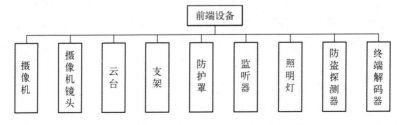

图1-5    前端设备的构成

**2. 传输信道**

传输信道（传输设备）是将前端设备产生的视/音频信息传输到终端设备，将控制信息从控制设备传送到前端设备的信息载体。它主要采用同轴电缆、双绞线、光纤等有线传输方式和微波、红外等无线传输方式，如图1-6所示。

**3. 控制设备**

控制设备是整个视频监控系统的中枢，其质量的优劣决定了监控系统的性能。视频监控系统的控制设备主要由主控制器、操作键盘、音频/视频分配器、画面分割器等构成，如图1-7所示。

**4. 显示/记录设备**

显示/记录设备又称为终端设备，是视频监控系统的信息显示、处理、存储设备。显示/记录设备主要由监视器、录像机、扬声器、警号等设备构成，如图1-8所示。

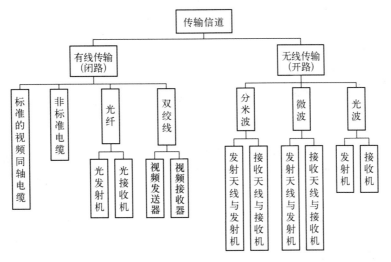

图 1-6   传输信道

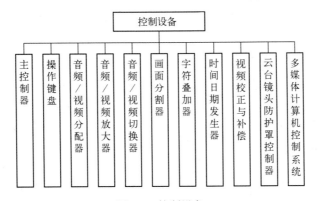

图 1-7   控制设备

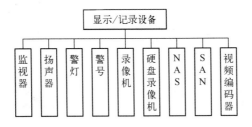

图 1-8   显示/记录设备

 # 1.4   安防视频监控系统的结构模式

根据对视频图像信号处理/控制方式的不同，安防视频监控系统结构分为以下 4 种模式。

**1. 简单对应模式**

简单对应模式是指监视器和摄像机简单对应。简单对应模式如图 1-9 所示。

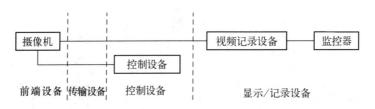

图 1-9　简单对应模式

简单对应模式主要应用于监控点较少的环境，如小型超市的监控，一般只有一个或几个摄像机，摄像机控制设备，以及简单的或者与其他设备集成的视频记录设备和监控器。

当监视的点数增加时会使系统规模变大，但如果没有其他附加设备，这类监控系统仍然属于简单对应模式。例如，某超市的闭路电视监控系统，由于该超市的营业面积较大（上下两层楼，总计约 10 000 m²），货架较多，总计安装了 32 台定点黑白摄像机。这 32 台摄像机的信号被分成了 3 组，分别接到了对应的 16 画面分割器、17 英寸黑白监视器（1 英寸 = 2.54 cm）和 24 小时录像机（该超市在实际工程中还有防盗报警系统和公共广播/背景音乐系统，此处略）。图 1-10 示出了该超市电视监控系统的构成。

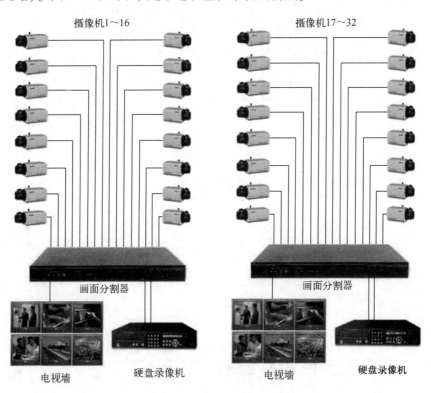

图 1-10　某超市电视监控系统的构成

### 2. 时序切换模式

时序切换模式是指在视频监控系统中，视频输出至少有一路可以进行视频图像的时序切换。时序切换模式如图 1-11 所示。

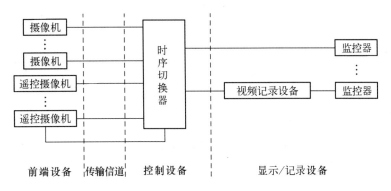

图 1-11　时序切换模式

　　时序切换模式一般用于简单的多摄像机环境，摄像机图像采集环境面积不大，不需要太多的控制操作。例如，银行的营业厅、机关单位的办公楼、居民小区等环境。在时序切换模式下，可以设置所有摄像机都进行录像，同时可以通过切换器在特定监视器上随时查看各摄像机采集的图像。

### 3. 矩阵切换模式

　　矩阵切换模式可以通过任意一个控制键盘，将任意一路前端视频输入信号切换到任意一路输出的监视器上，并可编制各种时序切换程序。矩阵切换模式如图 1-12 所示。

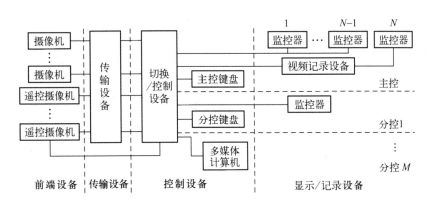

图 1-12　矩阵切换模式

　　图 1-12 所示是在数字视频监控系统出现之前的一种标准的安防视频监控系统组成模式，这个模式由摄像机、云台、控制主机、录像机和监视器组成，使用模拟信号传输视频、音频和控制信号。这个模式一般应用在机关、学校、工厂企业等大型监控系统中。

### 4. 数字视频网络虚拟交换/切换模式

　　模拟摄像机增加数字编码功能后，被称为网络摄像机。数字视频前端也可以是别的数字摄像机。数字交换传输网络可以是以太网和 DDN、SDH 等传输网络。数字编码设备可以采用具有记录功能的 DVR 或视频服务器，数字视频的处理、控制和记录措施可以在前端、传输和显示的任何环节实施。数字视频网络虚拟交换/切换模式如图 1-13 所示。

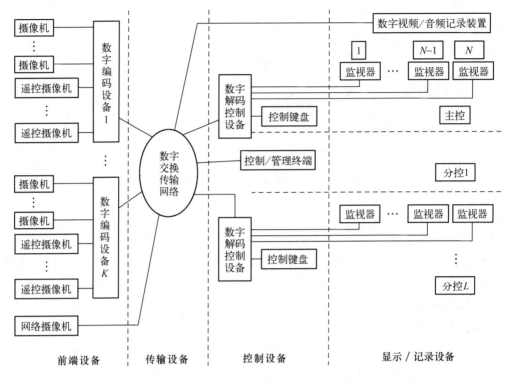

图 1-13　数字视频网络虚拟交换/切换模式

 **1.5　安防视频监控系统的层次结构**

根据安防视频监控系统各部分功能的不同，将整个安防视频监控系统划分为 7 层——表现层、控制层、处理层、传输层、执行层、支撑层、采集层。当然，由于设备集成化程度越来越高，对部分系统而言，某些设备可能会同时以多个层的身份存在于系统中。

**1. 表现层**

表现层是我们可以最直观感受到的监控系统设备，它展现了整个安防监控系统的品质。如监控电视墙、监视器、高音报警喇叭、报警自动接入电话等都属于这一层。

**2. 控制层**

控制层是整个安防监控系统的核心，它是系统科技水平最直接的体现。通常的控制方式有两种——模拟控制和数字控制。模拟控制是早期的控制方式，其控制台通常由控制器或者模拟控制矩阵构成，适用于小型安防视频监控系统，这种控制方式成本较低，故障率也较小。但对于大中型安防监控系统而言，这种方式的操作显得复杂而且没有任何价格优势，这时更为明智的选择应该是数字控制。数字控制是将工控计算机作为监控系统的控制核心，它将复杂的模拟控制操作变为简单的鼠标单击操作，将巨大的模拟控制器堆叠缩小为一个工控计算机，将复杂而数量庞大的控制电缆变为一根串行电话线。它将中远程监控变为事实，为 Internet 远程监控提供可能。但数字控制也不那么十全十美，它存在价格昂贵、模块浪费、系统可能出现全线崩溃、控制较为滞后等问题。

### 3. 处理层

处理层也称为音/视频处理层，它将传输层的音/视频信号加以分配、放大、分割等处理，有机地将表现层与控制层加以连接。音/视频分配器、音/视频放大器、视频分割器、音/视频切换器等设备都属于这一层。

### 4. 传输层

传输层是安防监控系统的传输信道。在小型安防监控系统中，最常见的传输层设备是视频线、音频线，中远程监控系统经常使用的是射频线、微波，远程监控通常使用 Internet 这一廉价载体。值得一提的是新出现的传输层介质——网线/光纤。纯数字安防监控系统的传输介质一定是网线或光纤。信号从采集层传输出来时，就已经调制成数字信号了，数字信号在网络上传输，理论上是无衰减的，这就保证了远程监控图像的无损失显示，这是模拟传输无法比拟的。当然，高性能的回报也需要高成本的投入，这是纯数字安防监控系统无法普及的最重要原因之一。

### 5. 执行层

执行层是控制指令的命令对象，在某些时候，它和后面所要介绍的支撑层、采集层的界限不十分明显。一般认为受控对象即为执行层设备，如云台、镜头、解码器、球机等。

### 6. 支撑层

顾名思义，支撑层用于对前端设备的支撑，保护和支撑采集层、执行层的设备。它包括支架、防护罩等辅助设备。

### 7. 采集层

采集层是整个安防监控系统品质好坏的关键，也是系统成本开销最大的地方。它包括镜头、摄像机、报警传感器等。

# 第2章

# 安防视频监控系统的前端设备

安防视频监控系统的前端设备是监控系统信息的来源，包括摄像机、镜头、防护罩、支架、云台、解码器等设备，主要是对设防区域进行音/视频的采集和编码，并将信号传送到后端进行处理。

## 2.1 安全防范视频监控摄像机

安全防范视频监控摄像机（以下简称：摄像机），是以安全防范视频监控为目的，将图像传感器靶面上从可见光到近红外光谱范围内的光图像转换为视频图像信号的采集装置。

摄像机是指不包括镜头的裸摄像机，如普通枪式摄像机。但是，人们通常也将含有镜头的摄像机，如半球摄像机、快球摄像机等，也统称为摄像机。

### 2.1.1 摄像机概述

**1. 摄像机的分类**

按照不同的分类标准，安全防范视频监控摄像机可以有多种分类方法：

（1）按照成像色彩划分，分为彩色摄像机和黑白摄像机。

（2）按照分辨率划分：38万像素以下的摄像机为一般摄像机，其中尤以25万像素（512×492）、分辨率为400线的产品最普遍；38万像素以上的摄像机为高分辨率摄像机。

（3）按照扫描制式划分，摄像机的制式有PAL制式和NTSC制式。我国采用隔行扫描（PAL）制式（黑白为CCIR），标准为625行、50场，只有医疗或其他专业领域才用到一些非标准制式。

（4）按视频信号主输出接口（厂家推荐用户使用的视频输出首选接口）的不同，可分为：网络接口摄像机、非网络接口模拟摄像机和非网络接口数字摄像机。

（5）按照图像尺寸不同可分为：

● A类：标准清晰度摄像机；

● B类：准高清晰度摄像机；

● C类：高清晰度摄像机；

● D类：超高清晰度摄像机。

（6）按结构不同可分为：

● 枪式摄像机，如图 2-1 所示；

● 半球摄像机，如图 2-2 所示；

图 2-1　枪式摄像机

图 2-2　半球摄像机

● 变速球型摄像机，如图 2-3 所示；

● 针孔摄像机，如图 2-4 所示。

图 2-3　变速球摄像机

图 2-4　针孔摄像机

**2. 摄像机的标识**

　　网络视频监控摄像机的产品标识，由产品名称、视频信号主输出接口、图像尺寸和企业标识组成。其中，产品名称用"安防摄像机"汉语拼音的首字母"AFSXJ"表示；视频信号主输出接口用两位大写英文字母表示，网络摄像机表示为 NC，非网络接口摸拟摄像机表示为 AC，非网络接口数字摄像机表示为 DC；图像尺寸按摄像机分类中规定的 A、B、C、D 中的一位字母表示；企业标识则由企业自定义扩展。例如，某企业生产的网络接口安全防范监控高清晰度摄像机，表示为：AFSXJ – NC – C – XXX，如图 2-5 所示。

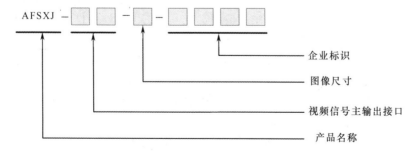

图 2-5　摄像机标识

**3. 摄像机的物理接口**

（1）主输出接口：非网络接口模拟摄像机的复合视频输出接口要符合视频编码信号标

准，采用 75 Ω BNC 连接器。非网络接口数字摄像机的 SDI、HD‑DSI 或 3G‑SDI 视频输出接口，采用 SMPTE250M、SMPTE292M 和 SMPTE424M 信号标准，使用 BNC 75 Ω 连接器（电口）或 ST/SC/FC/LC 光纤连接器（光纤接口）。网络摄像机的基本接口为 10MB/100MB 或 10MB/100MB/1000MB 以太网接口，符合 IEEE 802.3 标准，采用 RJ45 连接，也有的使用射频无线接口或光纤接口连接。

（2）辅助数据传输接口：辅助数据传输接口采用 RS‑232、RS‑485、USB 和以太网接口中的一种或多种接口，实现单向或双向辅助数据或报警数据传输。

（3）模拟音频输入输出接口：具有模拟音频输入输出的摄像机，音频输入输出采用 RCA 连接器。

（4）模拟视频输出接口：采用 BNC（75 Ω）连接器。

（5）存储接口：摄像机一般具备 USB 接口或者存储卡接口连接外部存储介质。

（6）镜头接口：采用 CS 或 C 接口，优先使用 CS 接口。

（7）电源：摄像机在额定电源电压的 −15% ~ +10% 范围内正常工作，摄像机支持交直流两种供电方式，网络摄像机供电方式支持 POE。

**4. 摄像机的安装环境**

摄像机安装的环境类别如下：

- 类别Ⅰ：包括但不仅限于居住或办公环境的室内（例如，客厅、办公室、机房等）。
- 类别Ⅱ：包括但不仅限于室内公共区域（例如，购物区域、商店、餐厅、楼梯、工厂生产装配间、入口和储藏室等）。
- 类别Ⅲ：包括但不仅限于有直接淋雨防护和日晒防护的室外，或者极端环境条件的室内（例如，车库、阁楼、仓库和进料台等）。
- 类别Ⅳ：一般意义上的室外。

类别Ⅰ、Ⅱ、Ⅲ、Ⅳ 的条件试验严酷等级依次递增，适于环境类别Ⅳ的设备可用于环境类别Ⅲ的应用中。

**5. 摄像机的主要技术指标**

（1）最低照度：最低照度也称为灵敏度，是指在同一照度下，拍摄同一景物得到额定输出时所用的光圈的大小。通常在照度为 2 000 lx（勒克斯），色温为 3 200 K 时，拍摄反射系数为 89% 的景物，信号输出为 700 mV。此时使用的光圈越小，表示摄像机的灵敏度越高。例如，光圈为 F5 就比光圈为 F4 的灵敏度要高。在一定的信噪比条件下，比较被摄景物所需照度的大小，照度越低，说明摄像机灵敏度越高。

（2）信噪比：信噪比是摄像机的一个主要参数。一般摄像机摄取较亮场景时，在监视器上显示的画面通常比较明快，观察者往往看不到画面中的干扰噪点。而当摄像机摄取较暗场景时，监视器上显示的画面就比较昏暗，观察者此时很容易看到画面中有雪花状的干扰噪点。这些干扰噪点的强弱，即干扰噪点对画面的影响程度，与摄像机的信噪比指标的好坏有直接关系。显然，摄像机的信噪比越高，干扰噪点对画面的影响就越小。所谓信噪比，是指信号电压对于噪声电压的比值，通常用符号 $S/N$ 来表示。

（3）清晰度：图像清晰度是指摄像机分解黑白细线条的能力，通常用图像中心部分水平分解力表示。水平分解力 700 线表示在拍摄一幅水平方向具有 700 条黑白相间垂直线条的图像时，监视器上重现图像的中心部分还能看清楚黑白线条。水平分解力越高，图像的清晰度就越高。对于 CCD 传感器，全图像内的水平清晰度都是一致的。

（4）分辨率：彩色摄像机的典型分辨率在 320 ~ 500 电视线之间，主要有 330 线、380 线、420 线、460 线、500 线等不同档次。

（5）扫描制式：扫描制式有 PAL 制式和 NTSC 制式之分。中国采用隔行扫描（PAL）制式（黑白为 CCIR），标准为 625 行、50 场，只有医疗或其他专业领域才用到一些非标准制式。日本采用 NTSC 制式，525 行、60 场（黑白为 EIA）。

（6）摄像机电源：摄像机电源交流有 220 V、110 V、24 V，直流有 12 V 或 9 V。

（7）视频输出：视频输出多为 1V（峰 – 峰值）、75 Ω，均采用 BNC 接头。

（8）镜头安装方式：镜头安装有 C 和 CS 两种方式，二者间不同之处在于感光距离不同。

（9）CCD 尺寸：CCD 尺寸即摄像机靶面，过去多为 1/2 英寸（1 英寸 = 2.54 cm），现在 1/3 英寸的已经普及化，1/4 英寸和 1/5 英寸的也已经商品化。

（10）CCD 像素：是 CCD 的主要性能指标，现在市场上大都以 25 万像素和 38 万像素划界，38 万像素以上者为高清晰度摄像机。

摄像机还有其他一些指标，如几何失真、重合精度、自动化程度、耐冲击震动能力、工作环境、温度范围及信号接口的多功能化、操作的方便性，等等。

**6. CCD 摄像机的选择**

摄像机的核心部件是 CCD 芯片。市场上大部分摄像机采用的是 SONY、SHARP、松下、LG 等公司生产的芯片。因为芯片生产时产生不同等级，各厂家获得途径不同等原因，造成 CCD 采集效果也大不相同。在购买时，可以采取如下方法检测：接通电源，连接视频电缆到监视器，关闭镜头光圈，看图像全黑时是否有亮点，屏幕上雪花大不大，这些是检测 CCD 芯片最简单直接的方法，而且不需要其他专用仪器。然后可以打开光圈，看一个静物，如果是彩色摄像机，最好摄取一个色彩鲜艳的物体，查看监视器上的图像是否偏色、扭曲、色彩或灰度是否平滑。好的 CCD 可以很好地还原景物的色彩，使物体看起来清晰自然；而残次品的图像会有偏色现象，即使面对一张白纸，图像也会显示蓝色或红色。个别 CCD 由于生产车间有灰尘，CCD 靶面上会有杂质，在一般情况下，杂质不会影响图像，但在弱光或显微摄像时，细小的灰尘也会造成不良的后果，如果用于此类工作环境，一定要仔细挑选。

**7. 摄像机的调整**

1）同步方式的选择

单台摄像机主要的同步方式有下列 3 种：

- 内同步，将摄像机内部的晶体振荡电路产生同步信号来完成操作；
- 外同步，将一个外同步信号发生器所产生的同步信号，送到摄像机的外同步输入端来实现同步；
- 电源同步，也称为线性锁定或行锁定，利用摄像机的交流电源来完成垂直同步，即摄像机和电源零线同步；

多摄像机系统则希望所有的视频输入信号是垂直同步的，这样在变换摄像机输出时，不会造成画面失真；这是由于多摄像机系统中的各台摄像机供电可能取自三相电源中的不同相位，甚至整个系统与交流电源不同步。此时可采取的措施有：均采用同一个外同步信号发生器产生的同步信号，送入各台摄像机的外同步输入端来调节同步，调节各台摄像机的"相位调节"电位器。因为摄像机在出厂时，其垂直同步是与交流电的上升沿正向零点同相的，所以使用相位延迟电路可以使每台摄像机有不同的相移，从而获得合适的垂直同步，相位调整范围为 0 ~ 360°。

2）自动增益控制

所有摄像机都有一个来自 CCD 的将信号放大到使用水准的视频放大器，其放大量即为增益，相当于有较高的灵敏度，可使其在微光下灵敏；然而在亮光照的环境中，放大器将过载，使视频信号发生畸变。因此，需要使用摄像机的自动增益控制（AGC）电路去探测视频信号的电平，适时地开关 AGC，从而使摄像机能够在较大的光照范围内工作，此即动态范围，即在低照度时自动增加摄像机的灵敏度，从而提高图像信号的强度来获得清晰的图像。

3）背景光补偿

通常，摄像机的自动增益控制（AGC）工作点是通过对整个视场的内容平均值来确定的，但如果视场中包含一个很亮的背景区域和一个很暗的前景目标，则此时确定的 AGC 工作点有可能对于前景目标是不够合适的，背景光补偿有可能改善前景目标显示状况。当背景光补偿为开启时，摄像机仅对整个视场的一个子区域求平均来确定其 AGC 工作点，此时如果前景目标位于该区域内时，则前景目标的可视性有望改善。

4）电子快门

在 CCD 摄像机内，是用光学电控影像表面的电荷积累时间来操纵快门的。电子快门控制摄像机 CCD 的累积时间，当电子快门关闭时，对 NTSC 摄像机，其 CCD 累积时间为（1/60）s；对于 PAL 制式的摄像机，则为（1/50）s。当摄像机的电子快门打开时，对于 NTSC 制式的摄像机，其电子快门以 261 步覆盖（1/60 ~ 1/10 000）s 的范围；对于 PAL 型摄像机，其电子快门则以 311 步覆盖（1/50 ~ 1/10 000）s 的范围。当电子快门速度增加时，在每个视频场允许的时间内，聚焦在 CCD 上的光减少，结果将降低摄像机的灵敏度；然而，较高的快门速度对于观察运动图像会产生一个"停顿动作"效应，这将大大增加摄像机的动态分辨率。

5）白平衡

白平衡只用于彩色摄像机，其功能是使摄像机图像能精确反映景物的真实状况。有手动白平衡和自动白平衡两种方式。

（1）自动白平衡。

- 连续方式：此时白平衡设置将随着景物色彩温度的改变而连续地调整，范围为 2 800 ~ 6 000 K。这种方式对于景物的色彩温度在拍摄期间不断改变的场合是最适宜的，使色彩表现自然，但对于景物中很少甚至没有白色时，连续的白平衡不能产生最佳的彩色效果。

- 按钮方式：首先将摄像机对准比如白墙、白纸等白色目标，然后将自动方式开关从手动拨到设置位置，保留在该位置几秒钟或者至图像呈现白色为止，在白平衡被执行后，将自动方式开关拨回手动位置以锁定该白平衡的设置，此时白平衡设置将保持在摄像机的存储器中, 直至再次被改变为止, 其范围是 2 300 ~ 10 000 K, 在此期间, 即使摄像机断电也不会丢失该设置。以按钮方式设置白平衡最为精确和可靠, 适用于大部分应用场合。

(2) 手动白平衡。

打开手动白平衡将关闭自动白平衡, 此时改变图像的红色或蓝色状况有多达 107 个等级供调节, 如增加或减少红色各一个等级、增加或减少蓝色各一个等级。除此之外, 有的摄像机还有将白平衡固定在 3 200 K (白炽灯水平) 和 5 500 K (日光水平) 等命令。

6) 色彩调整

大多数工程应用是不需要对摄像机进行色彩调整的, 如果调整则需要细心调整以免影响其他色彩。可调色彩方式有: 红色——黄色色彩增加, 此时将红色向洋红色移动一步; 红色——黄色色彩减少, 此时将红色向黄色移动一步; 蓝色——黄色色彩增加, 此时将蓝色向青蓝色移动一步; 蓝色——黄色色彩减少, 此时将蓝色向洋红色移动一步。

7) 数字化摄像机的调整控制方法

新型数字摄像机对前述各项可选参数的调整采用数字式调整控制, 此时不必手动调节电位计而是采用辅助控制码, 而且这些调整参数被储存在数字记忆单元中, 增加了稳定性和可靠性。

## 2.1.2 网络摄像机 (IPC) 技术

### 1. 网络摄像机 (IPC) 概述

网络摄像机又称为 IP Camera (简称 IPC), 如图 2-6 所示, 由网络编码模块和模拟摄像机组合而成。网络编码模块将模拟摄像机采集到的模拟视频信号编码压缩成数字信号, 从而可以直接接入网络交换机及路由器设备, 再接入互联网。IPC 自带 IP 地址, 有些品牌的 IPC 还自带了域名。局域网内的用户可以通过登录 IPC 的 IP 地址来观看监控视频并进行控制管理和录像。远程用户则可以通过登录 IPC 的域名对 IPC 进行观看、控制、管理和录像。无论是局域网用户还是远程用户登录 IPC, 都可通过浏览器和相应的视频集中管理软件来观看监控视频, 并进行控制管理。

图 2-6　网络摄像机

相对于模拟摄像机, IPC 能更简单地实现监控特别是远程监控, 更简单的操作和维护, 更好的音频支持, 更好的报警联动支持, 更灵活的录像存储, 更丰富的产品选择, 更高清的视频效果和更完美的监控管理。另外, IPC 支持 WiFi 无线接入、3G 接入、PoE 供电 (网络供电) 和光纤接入。总之 IPC 的出现对于网络和安防行业来说具有里程碑式的意义。

大多数 IPC 的外形和模拟摄像机相似, 由于 IPC 常被用于家庭和办公室, 考虑到美观, IPC 有更丰富、更精美的造型。IPC 的应用范围广, 把它安装在家庭, 可以随时随地看到家里的实时情况, 了解孩子的学习情况、关爱老人、察看宠物; 把它安装在店铺里, 足不出户便可巡视店铺, 了解员工工作情况、分析客流、查看货品摆放情形等; 把它安装在产品展览室, 可以随时让远方的客户观看样品; 把它安装在医院里, 患者可以得到异地医生的会诊, 等等。IPC 可以安装在任何一个地方, IPC 最终将走进千家万户, 走进各个行业各个领域,从而为社会的和谐发展做出重大贡献。

### 2. IPC 的硬件构成及工作原理

**1）IPC 的硬件构成**

IPC 的硬件构成如图 2-7 所示，一般包括镜头、图像传感器、声音传感器、信号处理器、模/数转换器、编码芯片、主控芯片、网络及控制接口等组成部分。光线通过镜头进入传感器，转换成数字信号后由内置的信号处理器进行处理，处理后的数字信号由编码压缩芯片进行编码压缩，最后通过网络接口发送到网络上进行传输。

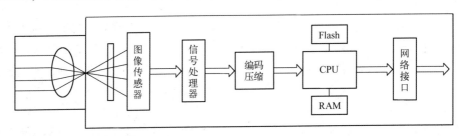

图 2-7　IPC 组成（独立编码芯片 + CPU）

**2）IPC 的工作原理**

图像信号通过镜头输入以及声音信号通过麦克风输入后，由图像传感器和声音传感器转化为电信号，模/数转换器将模拟电信号转换为数字电信号，再经过编码器按一定的编码标准进行编码压缩，在控制器的控制下，由网络服务模块按一定的网络协议传送到网络；控制器还可以接收报警信号及向外发送报警信号。IPC 启动时，主控模块将系统内核转入系统内存 SDRAM 中，系统从 SDRAM 启动。系统启动后，主控模块控制通过串行接口/主机接口等控制编码模块、网络模块及串行接口，实现视频的编码压缩、网络传输及 PTZ 控制（PTZ 是 Pan/Tilt/Zoom 的简写，代表云台全方位"上、下、左、右"移动及镜头变倍、变焦控制）。IPC 加电启动后软件启动的过程包括装载启动代码、设备驱动程序、网络协议处理、监控接收转发控制程序等。

### 3. IPC 的主要参数

**1）镜头**

镜头是视频采集的核心部件，镜头的质量对视频效果影响很大。镜头有很多种，价格从几十元到几万元不等。但是在监控市场领域，镜头的差距不大。需要注意的是镜头的焦距对视频效果的影响，在选择产品时应该考虑是否选择可以更换镜头的型号，或者考虑是否选择变焦的镜头。变焦指的是镜头的焦距可以改变。有些 IPC 带有数码变倍的功能，数码变倍只是将视频图像放大来观察，而不会改变图像的清晰度，这对 IPC 的应用价值不大。选购时要注意非专业销售人员偷换概念。

**2）图像传感器**

图像传感器是影响视频效果的关键。目前市场上有 CMOS 和 CCD 两种图像传感器。成像方面，在相同像素下 CCD 的成像通透性、敏锐度都很好，色彩还原、曝光可以保证基本准确。而普通 CMOS 的产品往往通透性一般，对实物的色彩还原能力偏弱（被监控物的本身色调与监视器上看到的相差较大，甚至完全变色），曝光也不太好，由于自身物理特性的原因，普通 CMOS 的成像质量和 CCD 还是有一定差距的。CMOS 的视频图像艺术化效果比较好，就像人们照艺术照一样，艺术照很漂亮但不逼真。人们通常会被其艺术化的效果迷惑而忽略清晰度和逼真度的重要性，事实上这两点在监控行业是非常重要的。

3）视频压缩算法（也叫视频压缩格式）

视频压缩算法是 IPC 最重要的因素，它决定了视频清晰度、视频流畅度和视频存储空间。目前，IPC 主要的视频压缩算法有 H.264 与 MPEG4 两种。H.264 压缩能力强，视频损耗少，因此清晰、流畅。H.264 可以支持 25 帧/秒的帧率，MPEG4 一般不超过 10 帧/秒。这意味着 MPEG4 的视频不连贯、不实时；因为 MPEG4 压缩率不够大，如果传输全实时的音/视频，码流太大，远程就很难清晰、顺畅地观看了。

4）图像格式

图像格式决定了视频图像的实际像素，有 DVD 格式、VGA（640×480）格式和 CIF（352×288）格式。DVD 图像格式又分为 D1（720×576 隔行扫描）、D2（1048×720）、D3（1920×1 080 隔行扫描）、D4（1280×720 逐行扫描）和 D5（1920×1080 逐行扫描）5 种图像格式，目前监控高层上主流产品为 D1 格式，支持 D3 和 D4 的百万像素产品已经进入市场，但是由于占用带宽较多，应用还不广泛。

不同的图像格式像素不同，录像文件占用空间的大小也不同。如果不是相同的图像格式，不能仅仅依据录像所占用的硬盘空间大小来确定 IPC 的优劣。一个 IPC 的图像格式往往可以调节，这意味着如果硬盘空间不够大，但又需要录制较长的时间，可以通过降低图像格式来实现。

5）帧率

任何视频文件都是由连续的图片组成的，一张图片我们就称它为一帧，如一秒钟的视频由 25 张连续的图片组成，这时的帧率就是 25 帧/秒。在 PAL 制式下，25 帧/秒的视频能非常逼真地表现动作。如果低于 25 帧/秒，视频中的动作会不够连贯，帧率越低越不连贯，甚至会出现跳跃动作的现象。因此，帧率在视频监控中非常重要。

6）双码流

有些 IPC 被设计成支持两种视频信号传输，一路高码率的码流用于本地高清存储，如 QCIF/CIF/D1 编码；另一路低码率的码流用于网络传输，如 QCIF/CIF 编码，同时兼顾本地存储和远程网络传输，即所谓的双码流。双码流的优点是用一路码流观看、一路码流存储。双码流比观看和存储只用一路码流能更有效地防止网络阻塞，从而能更好地保障视频在有效的网络带宽上的流畅性。

7）前端存储

有些 IPC 上带有 SD 卡插槽或 USB 移动存储接口，称其为前端存储。前端存储常被应用于带宽不是很足的监控环境中。有些环境不宜装宽带，利用前端存储的功能来保存监控的录像，从而起到一定的监控效果。

8）产品线

产品线是指一类相关的产品。在大中型视频监控系统中，往往要运用多种型号的产品，由于目前各厂商的视频管理软件与其他品牌的 IPC 很难兼容，因此在为监控系统选择品牌时，必须考虑该品牌是否有丰富的产品线以便能够适应各种环境的需求，解决监控系统软、硬件的兼容问题，如支持红外、支持 WiFi、支持 PoE、支持光纤接入、支持云台、支持变焦，是否有视频服务器方便地与某些特殊的模拟摄像机结合，以及是否有视频解码器可以接入电视墙，等等。

### 2.1.3 一体化摄像机

#### 1. 一体化摄像机概述

一体化摄像机是指把云台、变焦镜头和摄像机封装在一起组成的摄像机，如图 2-8 所示。它配有高级的伺服系统，云台具有很高的旋转速度，还可以预置监视点和巡视路径。平

图 2-8 一体化摄像机

时按设定的路线进行自动巡视，一旦发生报警，就能很快地对准报警点，进行定点的监视和录像，一台摄像机可以起到几台摄像机的作用。对于一体化摄像机，一直以来有几种不同的理解，有半球型一体机、快速球型一体机、结合云台的一体化摄像机和镜头内建的一体机等多种形式。

若严格区分，快速球型摄像机、半球型摄像机与一般的一体机不是一个概念，但所用摄像机技术是一样的，因而一般也会将其归为一体化范畴。现在通常所说的一体化摄像机专指镜头内建、可自动聚焦的一体化摄像机。

#### 2. 一体化摄像机的性能指标

分辨率：一体化摄像机的分辨率是由 CCD 和镜头决定的。根据一体机采用的 CCD 及 DSP 方案的不同，主要有 480/520/540TV 线等多种。

光学变焦：光学变焦倍率是衡量一体化摄像机空间成像范围的重要指标。光学变焦倍率跟变焦镜头相关，目前一般有10×、18×、22×、27×、36×等倍率，如果加上电子放大功能，就可对约 500 m 范围内的目标进行有效监控。

自动聚焦：当前限制国内一体化摄像机发展的瓶颈是自动聚焦。聚焦速度和效果好坏直接影响到用户对监控现场图像的抓取和录像。好的产品可以一次性准确聚焦；差的产品，在聚焦时会来回往复，需要三四次才能定焦，或者聚焦不到"最清晰点"。自动聚焦这一技术成为厂商急需解决的技术难题。一些厂商为了避开这个障碍，只能在后端的电机控制部分、产品外壳上下功夫，加上一些 OSD 菜单开发，用来设置摄像机的各种参数。还有一些厂商，直接采用进口机芯进行二次开发，图像画质与国外产品无多大差别，AF（自动对焦）效果没有可比性。

AF 性能：可以从聚焦精确度、聚焦速度、定焦效果来评价。聚焦精确度是一个很重要的指标，目前自动聚焦的实现方式有模拟自动聚焦和数字自动聚焦两种。模拟自动聚焦比较简单，成本低，但控制没有数字方式灵活，聚焦精确度及效果较差。数字自动聚焦控制上很灵活并且算法上占优势，聚焦精确度较好，包括高对比度场景和低照度场景的聚焦。聚焦速度方面，用于球机的机芯比一体化枪机的要求要高。定焦效果方面，性能好的 AF 算法能够迅速一次定焦，多次定焦的方式给用户的感觉是"图像来回摆动"。

低照度：通常最低照度是由 CCD 的灵敏度决定的。目前，采用 1/4″彩色 CCD 可达到 0.1 lx 级别的照度，为达到更低照度，一般采用帧积累模式。另外，采用红外阵列补光模组，也可以达到更低照度，但这会使画面失真程度较大，而使用自动滤光片切换能提高图像效果。

通信接口：一般是 RS-232 或 RS-485 接口，有多种 485 通信协议。常用的品牌有

PELCO-P/D、松下、三星。然而与球机的接口协议就各不相同，协议的不同会带来兼容性问题。

除以上 5 类重要性能指标外，还有白平衡模式、数字放大开关、自动/手动光圈、镜像功能等性能指标。

### 2.1.4 球形云台摄像机

球形云台摄像机简称球机，是现代电视监控发展的代表，它集彩色一体化摄像机、云台、解码器、防护罩等多种功能为一体，安装方便，使用简单而功能强大，被广泛应用于开阔区域的监控，可以在多种不同的场合使用。内置一体化摄像机（含变焦镜头）、云台结构、解码器，采用球形护罩的一体化前端成像设备称为一体化球形摄像机。它具有体积小、外形美观、功能强大、安装方便、使用简单、维护容易等特点，又被通俗地称为"快球"或"球机"，如图 2-9 所示。

#### 1. 球机的组成

球机的主要组成部件包含一体化摄像机、高速步进云台电机（如图 2-10 所示）、嵌入式解码器（如图 2-11 所示）等电子器件和球机护罩（5.7 英寸、6 英寸、7 英寸、9 英寸）安装支架。

图 2-9　普通球形　　　　图 2-10　云台电机　　　　图 2-11　嵌入式解码器
　　　　云台摄像机

#### 2. 球机的分类

根据云台转速，球机可分为：

- 高速球机 $[0\sim360(°)/s]$；
- 中速球机 $[0\sim60(°)/s]$；
- 低速球机 $[0\sim30(°)/s]$。

根据使用环境可分为：室内球机和室外球机。室外球机包括防水装置和恒温装置，多为双层带加热和风扇装置球机。

根据安装方式可分为：

- 吊装球机（通过支架吊于屋顶及天花板）；
- 侧装球机（通过支架固定在墙面或立杆）；
- 嵌入球机（直接在天花板上开孔，无支架）。

根据应用范围可分为：

- 家庭安全监控球机；

- 交通安全监控球机；
- 公共场所安全监控球机；
- 工厂安全生产监控球机。

### 3. 户外型球机

户外型球机由于与室内球机使用环境不同，需要解决的主要问题是高温、防雨、加热、除霜等。

1）高温

户外高温主要是阳光直射。一般球机在室外阳光直射下，内部温度可达 55 ~ 60℃。一般防护罩可采用内部风冷方式降温，但风冷的条件是对流，而球机没有对流渠道，因此球机的最佳降温手段是遮阳。技术先进的球机采用双层结构设计，如美国 AD 和 QUICK 的最新双层对流通风设计就是有效降温的最佳手段。一般来说，选用双层遮阳罩的球机可降低球机内部温度 3 ~ 5 ℃。一般铝材的单层防护顶罩保温效果最差，工程 ABS 的略好，而 DMC、玻璃钢等材料的保温效果要明显优于上述两种材料。

2）防雨与密封

高质量的球机对防雨和密封要求很高。防雨不仅要考虑雨量，而且要考虑雨水方向。我国沿海等地区经常有台风，其雨水方向是全方位的，因此对球机密封性要求很高。一般情况下，漏雨进水主要来自以下几个方面：

- 球机自身设计装配不良；
- 球面与顶罩接触部分不密封或密封不好；
- 通过球机支架进水；
- 安装过程没有按照说明书指导在关键部位做好防水处理（如支架与球机连接部位、支架与墙体的连接部位等）；
- 安装中球机引线处理不正确，水顺着导线进入球机。

遵照上述要点执行可大大减少球机漏水的可能。

3）加热与除霜

由于球机中的摄像机和镜头都在球机内的下部，因此球机内的加热功能设计要十分合理。一般加热器安装在球机上部，并配有同步小型风扇，将热量吹向球机下部及球面，以起到加热摄像机和镜头，并除霜的作用。目前，最新的设计是将加热器安装在球机的内侧壁，同时配同步风扇。其优点是使加热风在球机内循环，不会形成热风阻流及产生死气流区，最大限度地使其加热均匀，起到加热、除霜、除水汽的目的。

### 4. 球机发展趋势及展望

目前国外球机发展的主要趋势有如下几个方面：

- 外形——球机外观与安装现场环境的和谐、美观；
- 小型化——适应目前摄像机、镜头小型化及一体化趋势，球机也向小型化发展；
- 隐蔽性——从根本上解决隐蔽与透光率低的矛盾；
- 向高速、变速预置球发展。

总之，球机目前正处在取代传统云台防护罩的阶段，普通球机以其价格低、适用性强、安装调试方便等优点而被用户所青睐。

## 2.2 镜头、支架、云台和防护罩

### 2.2.1 镜头

#### 1. 镜头概述

镜头如图 2-12 所示，是将被观察目标的图像聚焦于 CCD 成像器件上的元件，其基本参数有焦距、光圈（自动、手动）、视场角、镜头安装接口（C/CS）、景深等。

固定光圈、手动调焦　　　　手动光圈、手动调焦　　　　自动光圈、手动调焦

光圈、焦距、聚集3可变

图 2-12　镜头

#### 2. 镜头的分类

（1）按镜头尺寸划分：摄像机镜头与摄像机一样也分为 8.5 mm（1/3 英寸）、13 mm（1/2 英寸）、17 mm（2/3 英寸）、19 mm（3/4 英寸）、25 mm 等。在选择摄像机镜头时，要与摄像机相匹配，即 13 mm 摄像机应选用 13 mm 镜头。

（2）按镜头类别划分：摄像机镜头分手动光圈镜头和自动光圈镜头两大类。手动和自动调整都是为了调节光通量，使传感器感受光量从而保持在最佳状态。手动光圈镜头是最简单的镜头，适用于光照条件相对稳定的环境，手动光圈由数片金属薄片构成。光通量靠镜头外径上的一个环调节，旋转此环可以使光圈缩小或放大。在照明条件变化大的环境中，如不是用来监视某个固定目标，宜采用自动光圈镜头。例如，在户外或人工照明经常开关的地方。自动光圈镜头光圈的动作由马达驱动，马达受控于摄像机的视频信号。

- 手动光圈镜头可与电子快门摄像机配套，在各种光线下均可使用。
- 自动光圈镜头可与任何 CCD 摄像机配套，在各种光线下均可使用，特别用于被监视表面亮度变化大、范围较大的场所。为了避免引起光晕现象和烧坏靶面，一般配自动光圈镜头。

### 3. 光圈镜头的驱动方式

（1）视频输入型（Video Driver with Amp），它将一个视频信号及电源从摄像机输送到镜头，以控制镜头上的光圈。这种视频输入型镜头内部包含有放大器电路，用以将摄像机传来的视频信号转换成对光圈马达的控制信号。

（2）DC 输入型（DC Driver no Amp），它利用摄像机上的直流电压来直接控制光圈。这种镜头内部只包含电流计式光圈马达，摄像机内部没有放大器电路。

两种驱动方式的产品没有互换通用性，但现在已经有通用型自动光圈镜头产品推出。

手动光圈镜头和自动光圈镜头又有定焦距（光圈）镜头和电动变焦距镜头之分。定焦距（光圈）镜头一般与电子快门摄像机配套，适用于室内监视某个固定目标的场所。定焦距镜头一般又分为长焦距镜头、中焦距镜头和短焦距镜头。中焦距镜头是焦距与成像尺寸相近的镜头；焦距小于成像尺寸的镜头称为短焦距镜头。短焦距镜头又称为广角镜头，该镜头的焦距通常在 2.8 mm 以下。短焦距镜头主要用于环境照明条件差，监视范围要求宽的场合。焦距大于成像尺寸的称为长焦距镜头，长焦距镜头又称为望远镜头，这类镜头的焦距一般在 150 mm 以上，主要用于监视较远处的景物（边防、油田等现场的监控）。

电动变焦距镜头可以和任何 CCD 摄像机配套，在各种光线下都可以使用。变焦距镜头是通过遥控装置来进行对焦的。

### 4. 选择镜头的计算方法

视场和焦距的计算：视场指被摄物体的大小，视场的大小是由镜头到被摄物体的距离、镜头焦距及所要求的成像大小确定的。

镜头的焦距，视场大小及镜头到被摄物体距离的计算公式如下：

$$f = wL/W \quad 与 \quad f = hL/H$$

其中，$f$——镜头焦距；$w$——图像的宽度（被摄物体在 CCD 靶面上成像宽度）；$W$——被摄物体宽度；$L$——被摄物体到镜头的距离；$h$——图像高度（被摄物体在 CCD 靶面上的成像高度）或视场（摄取场景）高度；$H$——被摄物体的高度。

由于摄像机画面宽度和高度与电视机画面宽度和高度一样，其比例都是 4:3，当 $L$ 不变，$H$ 或 $W$ 增大时，$f$ 变小；当 $H$ 或 $W$ 不变，$L$ 增大时，$f$ 增大。

### 5. 镜头的安装方法

镜头的安装方法有 C 型和 CS 型两种，C 型安装的镜头在 CCD 摄像机与镜头之间多了 5 mm 的调整光圈的环。C 型安装的摄像机可用 CS 型镜头，但 CS 型安装的摄像机不能使用 C 型镜头。

在安防视频监控系统中常用的镜头是 C 型镜头，而大多数摄像机的镜头接口则做成了 CS 型的，将 C 型镜头安装到 CS 接口的摄像机上时需要增加一个 5 mm 厚的垫圈，而将 CS 型镜头安装到 CS 接口的摄像机上时不需要垫圈。

在实际应用中，如果误将 CS 型镜头加装垫圈后安装到 CS 接口摄像机上，会因为镜头的成像面不能落到摄像机的 CCD 靶面上而得不到清晰的图像；如果 C 型镜头不加垫圈就直接安装到 CS 接口摄像机上，则可能使镜头的后镜面接触到 CCD 靶面的保护玻璃，造成 CCD 摄像机的损坏。这一点在使用中需要特别注意。

#### 6. 自动光圈/手动调焦镜头调节

1）自动光圈/手动调焦镜头（如图 2-13 所示）的安装方法

（1）取下镜头防尘罩，并取下摄像机镜头安装防尘罩。

（2）镜头旋入摄像机镜头安装处。

（3）镜头"自动光圈插线"插入摄像机侧面（或后面板）"LENS"处，注意此插头有个对正的凸点。

焦距调节
视场角调节
自动光圈插线

图 2-13　自动光圈/手动调焦镜头

2）自动光圈/手动调焦镜头的调节方法

（1）将摄像机通电，并将摄像机视频 BNC 输出连接到显示设备上。

（2）根据镜头光圈驱动方式，选择摄像机后面板的拨码开关到"Video 或 DC"位置。

（3）逆时针方向旋松"焦距调节"锁紧螺钉，在查看显示画面效果的同时，先旋转"焦距调节"环，使要看的物体全部在显示画面内。

（4）逆时针方向旋松"视场角调节"锁紧螺钉，在查看显示画面效果的同时，慢慢旋转"视场角调节"环，使要看的物体达到最清晰的效果。

（5）仔细来回调整两环，保证最终画面所拍摄物的面积和效果均良好，锁紧两个调节螺钉。

### 2.2.2　镜头的调整

通常摄像机只要正确安装镜头及视频电缆，接通电源就可以工作了。但是在实际使用中，如果不能正确调整摄像机及镜头的状态，就不容易达到预期的使用效果。因此，本节介绍摄像机的正确使用与镜头的安装、调整方法。

#### 1. 安装镜头

摄像机必须安装镜头才可以使用，但镜头合适与否，要根据应用现场的实际情况来选配。例如，有定焦镜头与变焦镜头、手动光圈与自动光圈镜头、标准镜头与广角镜头以及长焦镜头和特殊镜头，等等。此外，还应该注意镜头与摄像机尺寸的匹配，它们之间的接口是 C 型还是 CS 型，以及是否要加 5 mm 的接口垫圈，等等。

安装镜头时，首先要去掉摄像机及镜头的保护盖，然后将镜头轻轻旋入摄像机的镜头接口并使之到位。如果是自动光圈镜头，还应该将镜头的控制线连到摄像机的 AI 插口。

#### 2. 连接电源线与信号线

镜头安装完成后，就可以连接电源线及视频信号线了。对 12 V 供电摄像机，应该通过 AC 220 V 转 DC 12 V 的电源适配器，将 12 V 的输出插头插入摄像机的电源插座。摄像机的电源插座多数是内嵌式的针型插座，将 12 V 小电源输出小套筒插头插入即可。但有的摄像机是两个接线端子，这就需要旋动接线端子上的螺钉，将 12 V 小电源输出线剪开插入并拧紧螺钉。注意电源线的"＋""－"极性，以防接反而烧坏摄像机。

摄像机输出的视频信号由其后面板上的 BNC 插座引出。使用具有 BNC 接头的 75 Ω 同轴电缆，一端接入摄像机的视频输出（Video Out）插座，另一端接到监视器的视频输入（Video In）插座上。最后，接通电源并打开监视器即可看到摄像机摄取的图像。

### 3. 镜头光圈与对焦的调整

在安装好镜头、连接好电源与信号线之后，往往得不到理想而清晰的图像，这就需要调整镜头的光圈与对焦。为此，首先关闭摄像机上电子快门及逆光补偿等开关，将摄像机对准要监控的场景，再调整镜头的光圈与对焦环，使监视器上的图像达到最优化。如果是在光照度变化比较大的场合使用摄像机，最好配接自动光圈镜头并使摄像机的电子快门置于 OFF 位置。如果选用了手动光圈应该将摄像机的电子快门置于 ON 位置，并在应用现场最为明亮（环境光照度最大）时，将镜头光圈开到最大并使图像达到最优，这时镜头调整完毕。这样，当现场照度降低时，电子快门将自动调整为慢速，再配合较大的光圈，使图像达到满意的效果。

☞注意：在调整过程中，如果不注意光线明亮时将镜头的光圈开至最大，而是关得比较小，摄像机的电子快门会自动调到低速状态，这样虽然能够在监视器上形成较好的图像，但光线再变暗时，因镜头的光圈比较小，而电子快门已经处于最慢（1/50 s）状态，此时成像就昏暗一片了。

在镜头的光圈对焦调整好后，最后安装防护罩并上好支架。

☞注意：如果是电动变焦镜头（二可变或三可变），其镜头前部取景镜面与防护罩取景玻璃面之间必须充分预留出聚集动作所需的工作空间，否则，镜头在聚集动作时将会伸出一定长度与防护罩的窗口玻璃发生碰撞，从而可能造成聚集电动机损坏。但预留的聚集工作距离不能过长，过长会妨碍镜头的光通量特性进而影响成像效果。最好的办法是手动旋转镜头聚集取景部位，分别在左、右两个方向上轻轻旋转至底部直到不能调节为止，这时就可以精确地找出应该预留的工作距离。

### 4. 镜头后焦距的调整

后焦距也称为背焦距，它指的是安装上标准镜头（标准 C/CS 接口镜头）时，能使被摄景物的成像恰好在 CCD 图像传感器的感光面上。一般摄像机在出厂时，对后焦距做了适当的调整，因此在配接定焦距镜头时，通常不需要调整摄像机的后焦距。

但是在有些应用场合，可能出现当镜头对焦环调整到极限时，仍不能使图像清晰的情况。这时，首先确认镜头的接口是否正确，如果确认无误，就需要对摄像机的后焦距进行调整。

1）定焦镜头后焦距的调整

步骤 1：将镜头正确安装到摄像机上；

步骤 2：打开摄像机自动电子快门，将镜头光圈开到最大，并将对焦环旋转至无限远处；

步骤 3：对准摄像机拍摄一个 20 m 以外的物体；

步骤 4：将摄像机前端用于固定后焦调节环的内六角螺钉旋松，并旋转后焦调节环（没有后焦调节环的摄像机直接旋转镜头而带动其内置的后焦环），直至画面清晰为止；

步骤 5：重新旋紧内六角螺钉。

2）变焦镜头后焦距的调整

在绝大多数摄像机配接电动变焦镜头的应用场合，往往需要对摄像机的后焦距进行调整。其调整步骤如下：

步骤 1、步骤 2 和步骤 3：与定焦镜头的调整一致；

步骤 4：用镜头控制器调整镜头的变焦，将景物推至最远，即望远状态；

步骤5：用镜头控制器调整镜头的变焦，将景物拉至最近，即广角状态；

步骤6：将摄像机前端用于固定后焦调节环的内六角螺钉旋松，并旋转后焦调节环（没有后焦调节环的摄像机直接旋转镜头而带动其内置的后焦环），直至画面清晰为止；

步骤7：重新将镜头推至望远状态，观察步骤4拍摄的物体是否仍然清晰，如果不清晰再重复步骤4、步骤5和步骤6，直至景物在镜头变焦过程中始终清晰为止；

步骤8：旋紧内六角螺钉。

## 2.2.3　支架

支架是固定摄像机、防护罩、云台的部件。根据应用环境的不同，支架的形状、尺寸大小各异。

### 1. 普通支架

摄像机的支架一般是小型支架，有注塑和金属两类，它可以直接固定摄像机，也可以通过防护罩固定摄像机。普通支架形状有短的、长的、直的、弯的，可以根据不同的需要，选择不同的型号。室外支架主要考虑负载能力是否符合要求。常见的摄像机支架的外形结构，如图2-14所示。

### 2. 云台支架

云台是安装、固定摄像机的支撑设备，分为固定云台和电动云台两种。

固定云台适用于监视范围不大的现场，在固定云台上安装好摄像机后可调整摄像机的水平和俯仰的角度，达到最好的工作姿态后只要锁定调整支架就可以了。

电动云台适于对大范围进行扫描监视，它可以扩大摄像机的监视范围。电动云台的高速旋转是由两台执行电动机来实现的，电动机接收来自控制器的信号以精确地进行定位。在控制信号的作用下，云台上的摄像机既可以自动扫描监视区域，也可以在监控中心值班人员的操纵下跟踪监视对象。

图 2-14　普通摄像机支架

云台根据其回转的特点可分为只能左右旋转的水平旋转云台和既能左右旋转又能上下旋转的全方位云台。一般来说，水平旋转角度为 0～350°，垂直旋转角度为 +90°。恒速云台的水平旋转速度一般为 3～10(°)/s，垂直速度为 4(°)/s 左右。变速云台的水平旋转速度一般为 0～32(°)/s，垂直旋转速度为 0～16(°)/s。在一些高速摄像系统中，云台的水平旋转速度高达 480 (°)/s 以上，垂直旋转速度在120(°)/s 以上。

云台支架一般是金属结构，因为要固定云台、防护罩及摄像机，所以对云台支架有承重要求。显然，这种支架的尺寸比单纯的摄像机或防护罩的支架大，如图2-15 所示。考虑到云台自身已经具有方向调节功能，因此，云台支架一般不再有方向调节功能。

图 2-15　云台支架

## 2.2.4　云台

### 1.　云台概述

云台是由两个交流电动机组成的安装平台，如图2-16所示。云台可以水平和垂直运动，将摄像机安装在其上面，可实现摄像机多个自由度运动，满足对固定监控目标的快速定位，或对大范围监控环境的全景观察。

图2-16　云台

#### 1）承重

为适应安装不同的摄像机及防护罩，云台的承重是不同的。要根据选用的摄像机及防护罩的总质量来选用合适承重的云台。室内云台的承重较小，云台的体积和自重也较小。室外用云台因为要在它的上面安装带有防护罩（往往还是全天候防护罩）的摄像机，所以承重比较大，它的体积和自重也较大。目前出厂的室内云台承重为1.5~7 kg，室外用云台承重大约为7~50 kg。还有些云台是微型云台，比如与摄像机一起安装在半球型防护罩内或全天候防护罩内的云台。

#### 2）控制方式

一般的云台属于有线控制的电动云台。控制线的输入端有5个，其中一个为电源的公共端，另外4个分为上、下、左、右控制端。如果将电源的一端接在公共端上，电源的另一端接在"上"时，云台带动摄像机头向上转动，其余类推。还有的云台内装继电器等控制电路，这样的云台一般有6个控制输入端：一个是电源的公共端，另外4个是上、下、左、右端，还有一个则是自动转动端。当电源的一端接在公共端，电源另一端接在"自动"端时，云台将带动摄像机按一定的转动速度进行上、下、左、右的自动转动。

#### 3）云台供电

在电源供电电压方面，目前常见的有交流24 V和220 V两种。云台的耗电功率一般是承重小的功耗小，承重大的功耗大。目前，还有直流6 V供电的室内用小型云台可在其内部安装电池，用红外遥控器进行遥控。目前大多数云台仍采用有线遥控方式。如果云台的安装位置距离控制中心较近，而且数量不多时，可以从控制台直接输出控制信号进行控制。而当云台的安装位置距离控制中心较远且数量较多时，往往采用总线方式传送编码的控制信号并通过终端解码器解出控制信号再去控制云台的转动。

#### 4）云台选型

在选购云台时，最好选用在云台固定不动的位置上安装有控制输入端及视频输入/输出端接口的云台，并且在固定部位与转动部位之间（即与摄像机之间）有用软螺旋线形成的摄像机及镜头的控制输入线和视频输出线的连线。这样的云台投入使用后不会因长期使用而导致转动部分的连线损坏，特别是室外用的云台更应如此。

在挑选云台时要考虑安装环境、安装方式、工作电压、负载大小，也要考虑性价比和外形是否美观。

## 2. 云台分类

1）根据云台的承载能力划分

- 轻载云台——最大负重 20 磅（1 磅 = 0.4536 kg），如图 2-17 所示；
- 中载云台——最大负重 50 磅，如图 2-18 所示；
- 重载云台——最大负重 100 磅，如图 2-19 所示；
- 防爆云台——用于危险环境下能够防爆和防粉尘的云台，带高转矩交流电机和可调螺杆驱动，可负重 100 磅。

图 2-17　轻载云台　　　　　　图 2-18　中载云台　　　　　　图 2-19　重载云台

2）按云台的使用环境分类

按云台的使用环境可以分为室内型（见图 2-20）和室外型（见图 2-21），主要区别是室外型密封性能好，防水、防尘、负载大。

3）根据云台的回转范围分类

- 水平旋转有 0 ~ 355°云台，两端设有限位开关，还有 360°自由旋转云台，可以做任意的 360°旋转。
- 垂直俯仰均为 90°，现在已出现垂直可 360°旋转并可在垂直回转至后方时自动将影响调整为正向（Auto Image Invert for Tilt）的新产品。

4）根据云台使用电压类型分类

20 V 交流云台、24 V 交流云台、直流供电云台。

5）根据云台的旋转速度分类

- 恒速云台：如图 2-22 所示，只有一挡速度，一般水平旋转速度最小值为 6 ~ 12(°)/s，垂直俯仰速度为 3 ~ 3.5(°)/s。但快速云台水平旋转和垂直俯仰速度更高。
- 变速云台：如图 2-23 所示，水平旋转速度范围为 0 ~ 400(°)/s，垂直倾斜速度范围多为 0 ~ 120(°)/s，但目前已经有最高达 400(°)/s 的产品了。

图 2-20　室内云台　　　图 2-21　室外云台　　　图 2-22　恒速云台　　　图 2-23　变速云台

### 2.2.5 防护罩

监控摄像机防护罩是监控系统中的重要组件，如图 2-24 所示，它是使摄像机在有灰尘、雨水、高低温等情况下仍能正常使用的防护装置。防护罩是为了保证摄像机和镜头有良好工作环境的辅助性装置，它将二者包容于其中。支架是固定云台及摄像机防护罩的安装部件。一般的组合方式为在支架上安装云台，再将带或不带防护罩的摄像机固定在云台上。

图 2-24　防护罩

防护罩可分为一般防护罩和特殊防护罩两种。

**1. 一般防护罩**

一般防护罩主要分为室内和室外两种。

室内用防护罩如图 2-25 所示。这种防护罩结构简单，价格便宜，一般用铝合金或塑料制造，具有美观轻便等特点。其主要功能是防止摄像机落灰并有一定的安全防护作用，如防盗、防破坏等。

图 2-25　室内防护罩

室外用防护罩如图 2-26 所示。这种防护罩一般为全天候防护罩，具有降温、加温、防雨、防雪等功能，即无论刮风、下雨、下雪、高温、低温等恶劣情况，都能使安装在防护罩内的摄像机正常工作。同时，为了在雨雪天气仍然能够使摄像机正常摄取图像，一般在全天候防护罩的玻璃窗前安装有可控制的雨刷。

图 2-26　室外防护罩

室外防护罩密封性能一定要好，保证雨水不能进入防护罩内部侵蚀摄像机。有的室外防护罩还带有排风扇、加热板、雨刮器，可以更好地保护设备。当气温过高时，排风扇自动工作；气温过低时加热板自动工作；当防护罩玻璃上有雨水时，可以通过控制系统启动雨刮器。

摄像机防护罩的选择，首先是要能够包容所使用的摄像机和镜头，并留有适当的工作空间，其次是依据使用环境选择适合的防护罩类型，在此基础上，将包括防护罩及云台在内的整个摄像前端的质量累计，选择具有相应承重值的支架；还要注意整体结构，安装孔越少越利于防水，内部线路是否便于连接；最后考虑外观、质量、安装基座等。

**2. 特殊防护罩**

由于摄像机可以根据需要安装在各种场合，如有时必须安装在监狱等高度敌对环境内，为了避免摄像机遭到破坏，应当使用高度安全的特种防护罩。这些防护罩有的可以耐受手掷物体和火药弹的冲击，有的防护罩可以耐高温、灰尘、风沙、液体，以及适用于爆炸性气体环境，等等。

1）防暴型防护罩

防暴型防护罩又称高度安全防护罩，如图 2-27 所示。它最适于安装在监狱囚室或拘留室内，因为它可以最大限度地防止人为破坏，这种防护罩的特点是具有很强的抗冲击与防拆卸功能。它没有暴露在外面的硬件部分，其机壳以大号机械锁封闭，而且在机壳锁好之前，钥匙也无法正常取下。防暴型防护罩机壳可以耐受铁锤、石块或某些枪弹的撞击。

2）高压防护罩

高压防护罩通过在机壳内填充加压惰性气体，可以安装在有害气体中使用，并且要达到国家防火协会第 946 号指标中的要求。由于这种防护罩要求完全密闭，保持 15PSI 的正压差，并且还要求能够耐受爆炸环境。

3）耐高温防护罩

耐高温防护罩如图 2-28 所示，全部用不锈钢制成，为圆筒形双层结构，内有纵向隔板形成曲径水冷石英玻璃，风斗保护，有效使用空间为 125 mm × 426 mm，可安装定焦及变焦镜头，视窗耐 1 371 ℃ 高温，有送进退出机构和红外反射玻璃选件。

4）特级水下防爆防护罩

特级水下防爆炸摄像机防护罩如图 2-29 所示，采用特殊密封结构，可长期在水下 0～80 m 工作，不变形、无渗漏，保证摄像机、镜头的正常工作。其结构为薄壁圆筒形，前端为斜口，不必另加遮阳罩；视窗玻璃为钢化玻璃，用螺纹压环压紧在圆筒内壁上的弹簧胀圈上，再用专用密封胶密封；后盖通过螺纹旋紧到圆筒后部，也用专用密封胶密封。电缆引入装置采用气密典型结构，专用密封胶密封；圆筒与支座之间采用不锈钢扎带扎紧。内部抽屉板可以从后面拉出，以方便安装调试。

图 2-27　防暴型防护罩　　　　图 2-28　耐高温防护罩　　　图 2-29　特级水下防暴防护罩

## 2.3　监控系统前端设备的选择

在安防视频监控系统中，由于设备选择不当，导致图像质量下降或者浪费大量资金的现象屡见不鲜。合理选择监控设备，选择集成度较高、性价比较高的系统，是安全防范行业一直追求的目标。

监控系统前端设备主要包括：摄像机、镜头、云台、防护罩、支架、控制解码器、射灯等。目前，这些设备生产厂商很多，其品牌、型号、功能各异。因此，合理选择这些设备，对提高监控系统图像质量尤其重要。

### 2.3.1　摄像机的选择

摄像机是视频监控系统的核心设备，根据用户要求，合理选择非常重要。现在安全防范视频监控系统一般都采用 CCD 摄像机，因为 CCD 摄像机与真空管摄像机相比具有体积小、质量轻、灵敏度高、图像均匀性好、抗冲击性好和寿命长等优点。在实际工程中，如果监视目标照度不高，而用户对监视图像清晰度要求较高时，宜选用黑白 CCD 摄像机。如果用户要求彩色监视时，应该考虑加辅助照明装置，或选用彩色黑白自动转换的 CCD 摄像机，这种摄像机当监视目标照度不能满足彩色摄像要求时自动转换为黑白摄像。

在确定选用黑白摄像机还是用彩色摄像机之后需要考虑摄像机的技术指标。主要指标如下。

1）分辨率（清晰度）

分辨率表示摄像机分辨图像细节的能力，通常用电视线（TVL）表示。它取决于 CCD 芯片的像素数、镜头的分辨率和摄像系统的带宽。

黑白摄像机水平清晰度一般要选择450TVL左右的，考虑到施工等因素，系统的最终清晰度能满足我国行业标准 GB/T 16676—2010 中规定的 380TVL。

彩色摄像机水平清晰度一般要选择大于 350TVL 的，因为人眼对彩色难于分辨得更细，这样选择也能满足 GB/T 16676—2010 中对彩色监视系统 270TVL 的要求。

2）灵敏度

灵敏度是在镜头光圈大小一定的情况下，获取规定信号电平所需要的最低靶面照度。例如：使用 F1.2 的镜头，当被摄物体表面照度为 0.04 lx 时，摄像机输出信号的幅值为 350 mV，即最大幅值的 50%，则称此摄像机的灵敏度为 0.04 lx/F1.2。如果被摄物体表面照度再低，监视器屏幕上将是一幅很难分辨层次的灰暗图像。根据经验一般所选摄像机的灵敏度为被摄物体表面照度的 1/10 时较为合适。

3）信噪比

信噪比即信号电压与噪声电压的比值。CCD 摄像机信噪比的典型值在 45～55 dB 之间。一般的电视监控系统中要选 50 dB 左右的，这样不仅能满足行业标准中规定系统信噪比不小于 38 dB 的要求，更重要的是当环境照度不足时，信噪比越高的摄像机图像越清晰。

4）工作温度

－10～+50℃是绝大多数摄像机生产厂家的温度指标。根据使用地区的温度变化加装防护或特别防护。

5）电源电压

国外摄像机交流电压适应范围一般是 198~264 V，抗电源电压变化能力较强。国内摄像机交流电压适应范围一般是 200~240 V，抗电源电压变化能力较弱，在系统中使用时一般需要稳压电源。

## 2.3.2　镜头的选择

镜头种类繁多，分类方式有好几种，这里仅从控制方式上讲解如何选择摄像机镜头。

1）手动光圈定焦镜头

这种镜头用于监视固定目标，而且光照度变化较小的场合。这种镜头价格比较低。

2）自动光圈定焦镜头

当进入镜头的光通量变化时，摄像机 CCD 成像面上产生的电荷也相应变化，使视频信号电平发生变化，产生一个控制信号，驱动镜头内的微型电机正向或反向转动，从而调整光圈的大小。当视场照度变化在 100 倍以上时，选这种镜头。但需注意的是，如果视场照度不均匀，特别是监视目标与背景光反差较大时，选用这种镜头摄像效果不理想。

3）自动光圈电动变焦镜头

此自动光圈电动变焦镜头与自动光圈定焦镜头相比增加了两个微型电机，其中一个电机与镜头的变焦环啮合，受控转动时可改变镜头的焦距；另一个电机与镜头的聚焦环啮合，受控转动时完成镜头的聚焦。由于增加了两个微型电机，这种镜头的价格较贵。

4）电动三可变镜头

与自动光圈变焦镜头相比，电动三可变镜头只是对光圈的调整由自动控制方式改为遥控控制。它也含 3 个微型电机，通过一组 6 芯控制线与控制器相连。目前这种镜头应用较多。

在选择镜头时，除根据不同场合、不同要求选择不同控制方式的镜头外，还要考虑下面的问题：

- 镜头尺寸要与摄像机成像面尺寸一致，例如，1/3 英寸摄像机要选 1/3 英寸镜头。在难以一致时，可用大尺寸镜头配小尺寸摄像机，反之不行。
- 镜头接口与摄像机接口要一致，不一致时要加连接圈。例如，C 型镜头安装在 CS 型摄像机上时，必须在 C 型镜头上加连接圈，如果不加连接圈就可能碰坏 CCD 成像面的保护玻璃，造成 CCD 摄像机的损坏。

## 2.3.3　云台、防护罩、支架、控制解码器的选择

### 1. 云台

云台可以简单地理解成安装摄像机的底座，只是这个底座可以全方位（水平和垂直两个方向或水平方向）转动。因此，云台的使用扩大了摄像机的视野。在监控系统中，需要巡回监视的场所（如大厅等）要使用云台。选用云台时要注意以下几点。

（1）所选云台的负荷能力要大于实际负荷的 1.2 倍。就是说云台上所有设备质量之和应小于云台的负荷能力，如果让云台满负荷或是超负荷运行，虽能勉强工作，但启动时惯性大，特别是垂直转动时困难，会极大影响巡视效果。

（2）云台转动停止时应有较好的自锁性能，刹车时的回程角度应小于 1°。

（3）室内云台在最大负荷时，噪声应小于 50 dB。

### 2. 防护罩

用于保护摄像机的装置叫作防护罩。它有室内、室外之分，室内防护罩的主要作用是防尘。而室外防护罩除防尘之外，更主要的作用是保护摄像机在较恶劣的自然环境（如雨、雪、低温、高温等）下工作，这不仅要求有严格的密封结构，还要有雨刷、喷淋装置等，同时具有升温和降温功能。由此决定了室外防护罩的价格远高于室内防护罩。选择防护罩时还应注意的是：防护罩的标称尺寸应与摄像机标称尺寸一致，即 1/3 英寸摄像机选用 1/3 英寸防护罩。若难于一致时，可用大尺寸防护罩配小尺寸摄像机，反之不行。

### 3. 支架

它是用于固定摄像机的部件，有壁装、吊装等形式。支架的选择比较简单，只要其负荷能力大于其所装设备总质量即可，否则易造成支架变形、云台转动时产生抖动、影响监视图像质量。

### 4. 控制解码器

在有云台、电动镜头和室外防护罩的视频监控系统中，必须配备有控制解码器。这样在控制室中操纵键盘上的相应按键即可完成对前端设备各动作及功能的控制。控制解码器必须与系统主机为同一品牌，这是因为不同厂家生产的控制解码器与系统主机的通信协议、编码方式一般不相同，除非某控制解码器在说明书中特别说明该设备与某个品牌的主机兼容，否则绝不可选用。

### 5. 射灯

目前绝大多数监控系统均配置随摄像机转动的射灯以辅助照明，其最大的好处是灵活、方便，且价格不贵。黑白电视监控系统宜配置高压水银灯，彩色电视监控系统宜配置碘钨灯。当需要夜间隐蔽监视时应用红外射灯。有一种红外射灯是在普通照明灯前加滤光片，另一种则由红外发光二极管阵列构成。前者耗能较大，且常产生"红暴"（由于滤光不净，有少量红光被人眼看到）；后者极少产生"红暴"，但照射距离较近。另外，还需提醒的是，红外射灯对彩色电视监控系统不起作用，这是由于红外光被彩色摄像机中的彩色滤色器滤掉的缘故。

# 2.4　安防视频监控系统的防雷

## 2.4.1　监控系统防雷概述

雷电是一种常见的自然现象，它具有极大的破坏力，对人类的生命、财产安全造成巨大的危害。在 1987 年联合国确定的"国际减灾十年"中，雷电成为对人类危害最大的 10 种自然灾害之一。人类进入电气化时代以后，雷电的破坏由先前的以直接击毁人和物为主，发展到以通过金属导线传输雷电波，破坏电气设备为主。近年来随着电子技术的飞速发展，计算机系统的网络化程度越来越高，人类对电气设备尤其是计算机设备的依赖越来越强。而电子元器件的微型化、集成化程度越来越高，各类电子设备的耐过电压能力在下降，雷电和过电压破坏的比例呈不断上升的趋势，这对设备与网络的安全运行造成了严重威胁。据不完全统计，全世界每年因雷害造成的损失高达 10 亿美元以上。

**1. 有关防雷的法律和规范**

我国有关部门对防雷减灾工作非常重视，制定和编译了相关的法律、法规及相应的标准和规范。

- 《建筑物防雷设计规范》GB 50057—2010；
- 《数据中心设计规范》GB 50174—2017；
- 《电子设备雷击试验方法》GB/T 3482—2008；
- 《计算站场地安全要求》GB 9361—2011；
- 《工业与民用电力装置的过电压保护设计规范》GBJ 64—1983；
- 《通信建筑工程设计规范》YD 5003—2014；
- 《移动通信基站防雷与接地设计规范》YD 5068—1998；
- 《计算机信息系统防雷保安器》GA 173—2002；
- 《雷电电磁脉冲的防护》IEC 1312。

**2. 雷电对电气设备的影响**

雷电对电气设备的影响主要由以下 4 个方面造成。

1）直击雷

直击雷蕴含极大的能量，电压峰值可达 5 000 kV，具有极大的破坏力。如果建筑物直接被雷电击中，巨大的雷电流沿引线入地，会造成以下 3 种影响：

- 巨大的雷电流在数微秒内流下，使地电位迅速抬高，造成反击事故，危害人身和设备安全；
- 雷电流产生强大的电磁波，在电源线和信号线上产生感应极高的脉冲电压；
- 雷电流流经电气设备产生极高的热量，造成火灾或爆炸事故。

2）传导雷

传导雷是远处的雷电击中线路或因电磁感应产生的极高电压，由室外电源线路和通信线路传至建筑物内，损坏电气设备。

3）感应雷

云层之间的频繁放电产生强大的电磁波，在电源线和信号线上感应产生极高的脉冲电压，峰值可达 50 kV。

4）开关过电压

供电系统中的电感应和电容性负载开启或断开、地极短路、电源线路短路等，都能在电源线路上产生高压脉冲，其脉冲电压可达到线电压的 3.5 倍，从而损坏设备，破坏效果与雷击类似。

由以上原因产生的雷电过电压对电子设备的破坏主要有以下几个方面：

（1）损坏元器件。

- 过高的过电压击穿半导体，造成永久性损坏；
- 较低而更为频繁的过电压虽在元器件的耐压范围之内，也会使元器件的工作寿命大大缩短；
- 电能转化为热能，毁坏触点、导线及印制电路板，甚至造成火灾。

（2）雷电引起的设备误动作，破坏数据文件。

### 2.4.2　监控系统雷电防护措施

**1. 监控系统防雷概述**

目前，所有电子设备的防雷手段，主要采用分流、接地、屏蔽、等电位连接和过电压保护5种方法：

（1）分流。利用避雷针、避雷带和避雷网等手段将雷电流沿引线安全地导入大地，防止雷电直接击在建筑物和设备上。

（2）接地。在计算机网络系统中，为保证其稳定可靠地工作，保护计算机网络设备和人身安全，解决环境电磁干扰及静电危害，需要一个良好的接地系统。

（3）屏蔽。计算机系统所有的金属导线，包括电力电缆、通信电缆和信号线均采用屏蔽线或穿金属管屏蔽，在机房建设中，利用建筑物钢筋网和其他金属材料，使机房形成一个屏蔽笼，用来防止外来电磁波（含雷电的电磁波和静电感应）干扰机房内设备。

（4）等电位连接。将机房内所有金属物体，包括电缆屏蔽层、金属管道、金属门窗、设备外壳等金属构件进行电气连接，以均衡电位。

（5）过电压保护。在电子设备的信号线、电源线上安装相应的过电压保护器，利用其非线性效应，将线路上过高的脉冲电压滤除，保护设备不被过电压破坏。主要的保护器件为氧化锌压敏电阻、二极或三极放电管等，根据需要进行组合，形成完整的防雷保护系统。

**2. 电源线路的防雷**

（1）10 kV高压供电线路的末端采用金属护套或绝缘护套电缆穿钢管埋地引入配电房，金属护套和钢管两端就近可靠接地。

（2）10 kV高压线末端接入电源变压器处，每相线安装电源避雷器。

（3）电源变压器的机壳、电源低压侧零线、电缆的金属护套均应就近接地。

（4）由电源变压器到配电房之间的低压输电线路应埋地布线，其长度不宜小于50 m。

（5）在配电房的低压配电屏上安装电源避雷器，其熔通电流为50 000 A，将电源线上出现的巨大浪涌电流吸收。

（6）由配电房到监控楼的供电电缆采用屏蔽电缆埋地引入。楼内配电箱的零线不做重复接地，电缆两端的屏蔽层就近接地。

（7）在监控楼内的配电箱里安装电源防雷器，每相熔通电流为40 000 A。防雷器附带有声光报警装置，能提醒用户及时更换损坏的模块。

（8）在每台户外摄像机（如广场摄像机、车道摄像机）的电源输入端安装电源防雷器。广场摄像机可以采用带遥控监测功能的防雷器，便于了解防雷器的状态。

**3. 监控系统的防雷**

监控系统（室外摄像机）防雷示意图如图2-30所示。例如，室外有6～8路摄像机，应采取如下防雷措施：

（1）在每台摄像机的视频输出端口安装馈线防雷器，防雷器就近接机壳或接地。

（2）防雷器要达到C级防雷器标准，可防直击雷的影响。

（3）摄像机后端有字符叠加器，如两台广场的全景摄像机，可将馈线防雷器安装于字符叠加器的输出端，摄像机到字符叠加器间的电源线、馈线应尽可能短，并保证接地线是相连

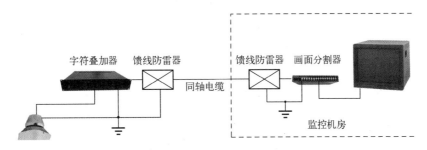

图 2-30　监控系统防雷示意图

的，确保两台设备处于等电位状态。

（4）视频馈线的敷设应穿金属管埋地布线。摄像机的电源输入端安装电源防雷器。

（5）视频馈线进入监控机房后，在每个视频分配器的输入端口处安装馈线防雷器。防雷器就近接机壳或接地。

对于室外安装要根据实际情况，在保证电气安全的前提下，做好必要的防护措施：

- 信号传输线必须与高压设备或高压电缆之间保持至少 50 m 的距离；
- 室外布线尽量选择沿屋檐下走线；
- 对于空旷地带必须采用密封钢管埋地方式布线，并对钢管采用一点接地，禁止采用架空方式布线；
- 在强雷暴地区或高感应电压地带（如高压变电站等），必须采取额外加装大功率防雷设备以及安装避雷针等措施；
- 室外装置和线路的防雷与接地设计必须结合建筑物防雷要求统一考虑，并符合有关国家标准、行业标准的要求；
- 系统必须等电位接地，接地装置必须满足系统抗干扰和电气安全的双重要求，并不得与强电网零线短接或混接。

系统单独接地时，接地阻抗不大于 4 Ω，接地导线截面积必须不小于 25 mm。

 ## 2.5　前端设备实训

### 实训一　制作同轴电缆的 BNC 接头

**【实训目的】**

学会制作同轴电缆 BNC 接头。

**【实训要求】**

完成同轴电缆 BNC 接头的制作，完成结果如图 2-31 所示。

**【实训设备、材料和工具】**

（1）同轴电缆、BNC 接头（压接式、组装式和焊接式）；

（2）卡线钳、电工刀；

（3）焊接工具。

**【实训步骤】**

同轴电缆两端通过 BNC 接头连接 T 型 BNC 接头，通过 T 型 BNC 接头连接摄像机等监控设备。使用同轴电缆组建模拟监控系统，需要在同轴电缆两端制作 BNC 接头。BNC 接头有免焊接型（压接式）和焊接型两种。

制作免焊接型 BNC 接头（如图 2-32 所示）需要专用的卡线钳和电工刀。

步骤 1：剥线。

同轴电缆由外向内分别为保护胶皮、金属屏蔽网线（接地屏蔽线）、乳白色透明绝缘层和芯线（信号线），芯线由一根或几根铜线构成，金属屏蔽网线是由金属线编织的金属网，内外层导线之间用乳白色透明绝缘物填充，内外层导线保持同轴所以称为同轴电缆。用刀剥开同轴电缆外层保护胶皮，剥去约 1.5 cm（小心不要割伤金属屏蔽线），再将芯线外的乳白色透明绝缘层剥去 0.6 cm，使芯线裸露，如图 2-33 所示。

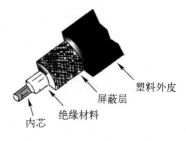

图 2-31　同轴电缆　　　　图 2-32　压接式 BNC 接头　　　　图 2-33　剥开的同轴电缆

步骤 2：连接芯线。

BNC 接头由 BNC 接头本体、屏蔽金属套筒、芯线插针 3 部分组成，如图 2-34 所示。芯线插针用于连接同轴电缆芯线。剥好线后将芯线插入芯线插针尾部的小孔中，用专用卡线钳前部的小槽用力夹一下，使芯线压紧在小孔中。

图 2-34　BNC 接头

可以使用电烙铁焊接芯线与芯线插针，在焊接芯线插针尾部的小孔中置入一点松香粉或中性焊剂后焊接，焊接时注意不要将焊锡流露在芯线插针外表面，否则会导致芯线插针报废。

☞注意：如果没有专用卡线钳可用电工钳代替，但需注意一方面是不要使芯线插针变形太大，另一方面是将芯线压紧以防止接触不良。

步骤 3：装配 BNC 接头。

　　连接好芯线后，先将屏蔽金属套筒套入同轴电缆，再将芯线插针从 BNC 接头本体尾部孔中向前插入，使芯线插针从前端向外伸出，最后将金属套筒前推，使套筒将外层金属屏蔽线卡在 BNC 接头本体尾部的圆柱体上，如图 2-35 所示。

图 2-35　焊接装配 BNC 接头

　　步骤 4：压线。

　　保证套筒与金属屏蔽线接触良好，用卡线钳上的六边形卡口用力夹，使套筒形变为六边形。重复上述方法，在同轴电缆另一端制作 BNC 接头。制作完成的 BNC 接头如图 3-36 所示。使用前最好用万用表检查一下，断路和短路均会导致不能通信。

　　☞注意：制作组装式 BNC 接头需要使用小螺丝刀和电工钳，按前述方法剥线后，将芯线插入芯线固定孔，再用小螺丝刀固定芯线，将外层金属屏蔽线拧在一起，用电工钳固定在屏蔽线固定套中，最后将尾部金属拧在 BNC 接头本体上。

图 2-36　制作完成的 BNC 接头

　　制作焊接式 BNC 接头需使用电烙铁，按前述方法剥线后，只需用电烙铁将芯线和屏蔽线焊接在 BNC 接头上的焊接点上，套上硬绝缘套软尾套即可。

## 实训二　安装监控摄像机

### 【实训目的】
学习安装监控摄像机。

### 【实训设备】
摄像机、镜头、硬盘录像机、监视器、带 BNC 接头的同轴电缆。

### 【实训拓扑】
实训拓扑结构如图 2-37 所示。

### 【了解监控摄像机】
摄像机外观如图 2-38 所示。面板结构如图 2-39 所示。

（1）PWR LED（电源指示灯）：电源接通后 PWR 红灯长亮。

（2）STATE LED（工作指示灯）：摄像机正常工作时 STATE 红灯闪亮。

（3）LAN：RJ-45 接口可以连接 5 类双绞线（IEEE 802.3、IEEE 802.3af 10BaseT 标准）。网络链路已连接时 NETWORK LED（网络指示灯）两个灯都亮。

（4）网络工作中：绿灯高频率闪烁时为自适应 10/100 Mb/s。网络连接断开：黄、绿灯都不亮。

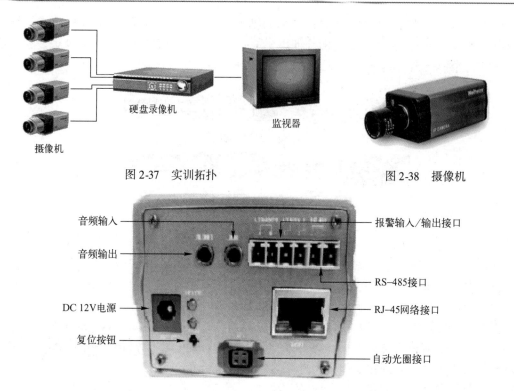

图 2-37　实训拓扑　　　　　　　　图 2-38　摄像机

图 2-39　摄像机面板结构

（5）SW（光纤/ RJ – 45 网口选择）开关：光纤/RJ – 45 网口选择开关置位 0，即拨到下方时，只支持 RJ – 45 网口；选择开关置位 1，即拨到上方时，支持光纤（注意：此时不要同时给摄像机连接 RJ – 45 网口和光纤）。

（6）DC 12 V 电源：供电环境为直接连接直流电源输入，规格为 12 V/1 A。（注意：应使用正规合格电源供电。）如果是 PoE 网络摄像机，则支持两种供电模式（PoE/DC 12 V），但任何时候都只能选择一种供电模式，不能同时采用两种供电模式。PoE/DC 12 V 电源供电选择开关置位 0，即拨到上方时，只支持外接 DC 12 V 电源适配器；PoE/DC 12 V 电源供电选择开关置位 1，即拨到下方时，支持 PoE 供电。

（7）RS – 485 接口：机体的 RS – 485 接口端子，可与云台解码器连接，控制云台。Protocol-P 协议波特率为 9 600 B，Protocol-D 波特率为 2 400 B，有效地址是 1（需要根据云台配合设置）。

（8）ALMOUT：报警信号输出。

（9）ALMIN：报警信号输入。

（10）Reset：在开始通电状态下，长按 Reset 可使摄像机恢复至出厂设置。

**【安装注意事项】**

（1）安装之前，仔细阅读随机说明书，并了解所有的安全注意事项。

（2）利用网线将摄像机直接连接到交换机上，连接到局域网。

（3）摄像机应安装在室内，如果安装在室外，应该加装防水外罩以及防雷设备。

（4）不要触摸摄像机镜头，这样会在上面留下指纹污迹造成图像模糊或看不到图像。只有厂家认可的维修人员才能维修本网络摄像机。

**【硬件安装】**

步骤 1：安装镜头。

摄像机镜头的安装支持 C 接口和 CS 接口两种方式，两者的螺纹和直径相同，差别是镜头距 CCD 靶面的距离不同，C 接口安装座从基准面到焦点的距离为 17.562 mm，比 CS 接口距离 CCD 靶面多一个专用接圈的长度，CS 接口距焦点距离为 12.5 mm。所以 C 接口安装方式需要一个镜头接圈。同时 PoE 网络摄像机的安装接口有一个后向调节环来进行后向调节。调节时，用螺丝刀拧松调节环侧面上的卡位螺钉，转动调节环，此时 CCD 靶面会相对安装基座向后（前）运动，起到调整镜头焦距的作用。

步骤 2：安装固定座。

摄像机机壳的上下面各有一个标准的摄像机安装固定座（M5 英制）。

步骤 3：连接。

用做好的带 BNC 接头的同轴电缆，将网络摄像机连接到监视器上。

步骤 4：接通电源。

使用外接电源适配器，并确认电源适配器规格与电源线相配套，将电源连接到网络摄像机上。如果连接正确，应该能在监视器上看到摄像机的图像。

步骤 5：检查连接。

查看电源指示灯 LAN 上的 LED 工作指示灯是否亮着。

# 实训三　安装网络摄像机（IPC）

**【实训目的】**

学会网络摄像机（标准网络摄像机、PoE 网络摄像机、光纤网络摄像机）的安装方法。

**【实训设备、软件】**

网络摄像机、双绞线、交换机、计算机、camsearch 软件。

**【实训拓扑】**

实训拓扑如图 2-40 所示。

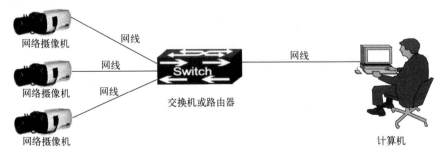

图 2-40　网络摄像机实训拓扑

**【注意事项】**

（1）PoE 网络摄像机支持 PoE 供电和外接电源适配器供电两种供电方式，在安装和使用时应注意供电方式，只能选择两种方式中的一种。可以通过摄像机尾部的 PoE/DC 12 V 电源供电选择开关置来位选择供电方式：置位 0，即拨到上方时，只支持外接 DC 12 V 电源适配器；置位 1，即拨到下方时，支持 PoE 供电，此时不要同时给摄像机外接 DC 12 V 电源适配器。

（2）光纤网络摄像机支持光纤传输数据和 RJ-45 接口网线两种传输数据的方式，但在安装使用时注意数据传输方式只可以选择两种方式其中之一。可以通过摄像机尾部 SW 选择开关置位来选择数据传输方式：置位 0，即拨到下方时，只支持 RJ-45 传输数据；置位 1，即拨到上方时，支持光纤接口传输数据，此时不要同时给摄像机 RJ-45 网口再接入网络。

（3）无线网络摄像机支持无线和有线网络两种连接方式，有线网络连接方式和上述 3 种摄像机的网络连接完全相同，无线网络连接步骤在后面详述。

**【安装网络摄像机】**

步骤 1：得到 IP 地址。

（1）可以查看随机说明书、光盘，得到摄像机的默认网络设置。

（2）也可以使用工具软件。例如，IP 搜索工具（Search IP Address）可以迅速地找到网络摄像机的 IP 地址。单击 "camsearch. exe" → "search" 按钮，如果连接有网络摄像机，就会显示出网络摄像机的 IP 地址及其 MAC 地址等信息，如图 2-41 所示。

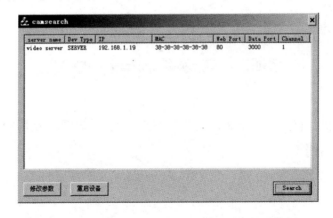

图 2-41　使用 camsearch 软件查找网络摄像机的 IP 地址

选中搜索出的设备，单击 "修改参数"，进入修改摄像机参数界面，如图 2-42 所示，可以对摄像机的网络参数进行修改，修改完成后单击 "确定" 按钮即可保存修改。

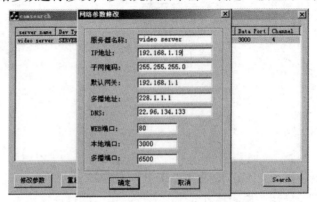

图 2-42　修改网络摄像机的网络参数

步骤 2：连接网络摄像机。

将摄像机通过网线连接到交换机，确认网线连接正常（摄像机背后的黄绿信号灯正常发亮），就可以在同一局域网中访问该网络摄像机了。

步骤 3：查看网络参数。

PC 的网络参数只有与摄像机的网络参数网段一致才可以连接成功。首先网关要相同，例如，摄像机默认网关为 192.168.1.1，则 PC 的网关也要是 192.168.1.1 才可以将它们连接起来。IP 地址也要在同一地址段，例如，摄像机默认的 IP 地址为 192.168.1.19，则 PC 的 IP 地址是 192.168.1.1～192.168.1.255 中的一个（192.168.1.19 除外）。

如果网络参数设置与摄像机的默认设置不一致，就需要按照以上要求将 PC 的网络参数修改成与网络摄像机设置相一致。

用鼠标右键单击"网上邻居"，单击"属性"→"本地连接"→"属性"，选择 TCP/IP 协议，单击"属性"，查看或修改网络参数。

步骤 4：测试网络连接。

确认 PC 的网络设置与摄像机的网络设置在同一网段后，单击"开始"→"运行"，在对话框中输入"ping 网络摄像机 IP-t"（未修改过网络参数的摄像机输入"ping 192.168.1.19-t"），用 ping 命令确认网络摄像机的连接是否正常。

步骤 5：安装插件。

随机附带的光盘上有摄像机的插件安装程序。打开"安装 IE 插件"目录，如图 2-43 所示。然后单击批处理文件"安装插件.bat"，开始安装，安装成功弹出注册成功对话框。

图 2-43　插件安装程序

步骤 6：IE 浏览器设置。

在完成插件的安装后，如果出现错误或者是不能播放等问题，要将浏览器上的 ActiveX 控制选项启用。如果是第一次进入客户端设置，浏览器会提示安装一个 ActiveX 插件，这个插件是用来设置浏览器的客户端参数的。如果浏览器没有提示用户安装插件，应检查浏览器的安全级别设置，将它调低以安装插件。启用 ActiveX 插件的步骤是，单击 IE 浏览器工具栏的"工具"→"选项"→"安全"→"自定级别"，将安全级别调到"中"，启用和 ActiveX 相关的设置，如图 2-44 所示。

步骤 7：视频设置。

当已经知道网络摄像机的 IP 地址后，就可以打开 IE 浏览器，在地址栏内输入 IP 地址，对网络摄像机进行连接。连接时会弹出一个对话框，如果管理员是初次使用，则应输入默认的用户名和密码。然后单击"进入"，弹出操作网络摄像机的主窗口，如图 2-45 所示。

（1）服务器设置：可以 PAL/NTSC 制式选择、时钟设定、用户管理。制式选择如图 2-48 所示，时钟设定如图 2-47 所示。

（2）音/视频设置：一般设置包括字符叠加、云台协议、检测及备份、码率、画面大小、色彩调整、音频参数等，如图 2-48 所示。视频参数设置如图 2-49 所示。

图2-44　启用 ActiveX 的相关设置

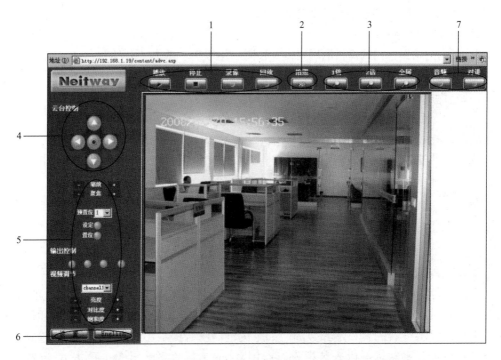

1——播放、停止、录像；2——拍照；3——影像放大的倍率；4——云台控制功能；
5——缩放、聚焦、视频调节、置位；6——设置中英文模式；7——音频、对讲
图2-45　网络摄像机操作主窗口

图2-46　制式选择

图2-47　时钟设置

（3）网络设置：网络设置包括网络参数、无线网络、动态域名转向等，如图2-50所示。无线网络设置如图2-51所示。

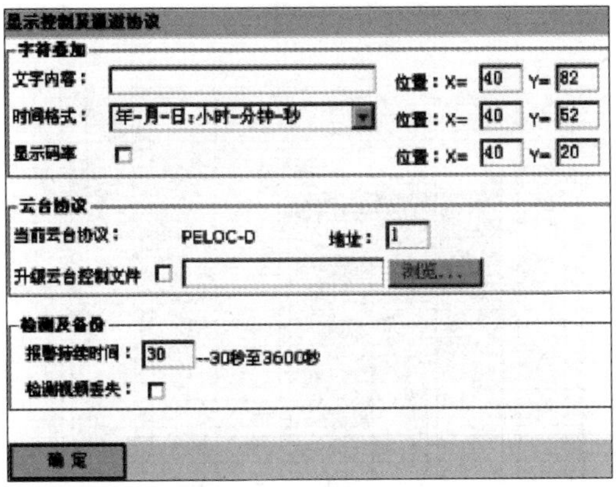

图 2-48  一般设置 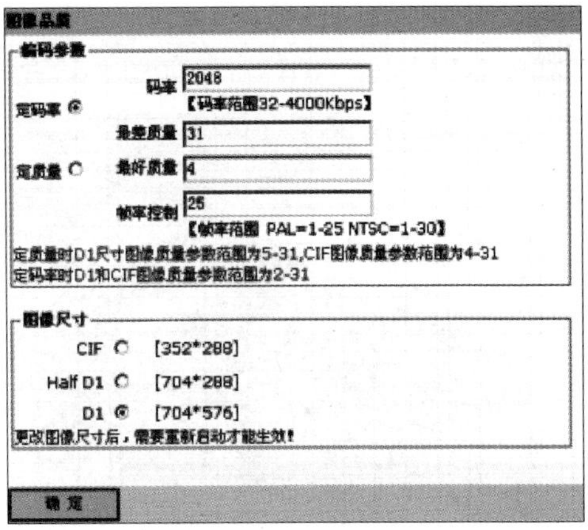            图 2-49  视频参数设置

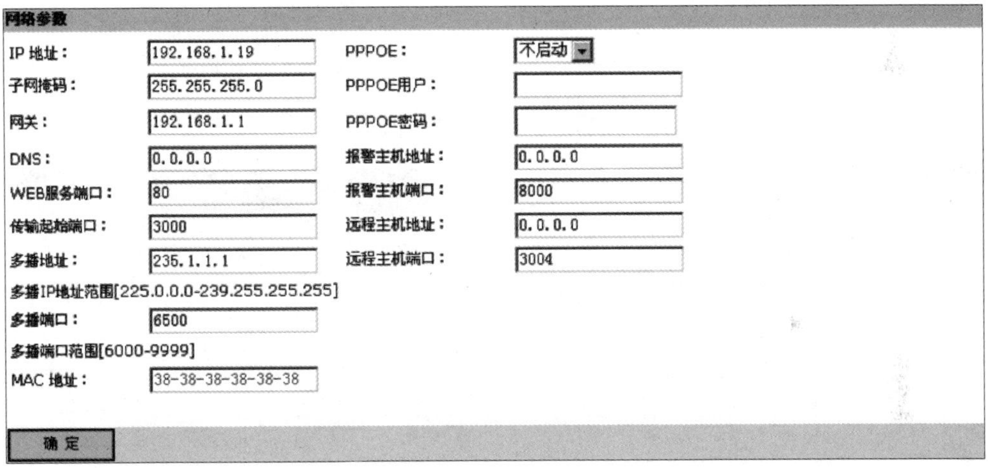

图 2-50  网络设置

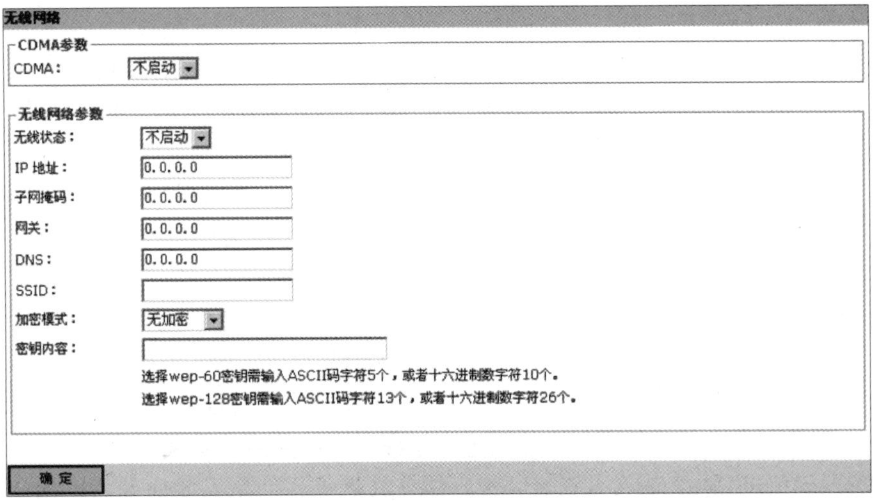

图 2-51  无线网络设置

（4）事件检测：包括移动侦测、图像屏蔽、计划任务、探头检测等功能设置。其中移动侦测如图2-52所示，图像屏蔽如图2-53所示。

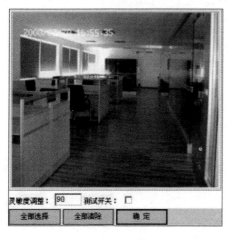

图2-52　移动侦测

图2-53　图像屏蔽

计划任务如图2-54所示，探头检测如图2-55所示。

图2-54　计划任务

图2-55　探头检测

（5）参数保存：包括保存当前设定、重新启动、恢复出厂设置等选项。

图2-56　软件升级

（6）软件版本升级：软件升级界面中会显示当前产品的软件版本，可选择系统升级文件进行升级，如图2-56所示。单击"浏览"按钮，选择升级文档，单击"确定"按钮之后，开始软件升级。

☞注意：网络摄像机升级时，不要切断电源，升级完成后，网络摄像机会自动刷新。

步骤8：录像回放。

在IE中单击"回放"，会弹出录像列表，录像回放功能需要安装播放软件。

☞注意：确认PC内之前没有安装其他媒体播放软件，如果安装播放软件失败，需要重新安装操作系统，然后再安装播放软件。

# 实训四　安装一体化智能球

## 【实训目的】

- 学会红外智能球和网络红外智能球的安装；
- 学会支架的安装方法；
- 学会拨码器的设置方法。

## 【实训设备】

智能球、M6 膨胀螺钉、六角螺钉（M8×30）、螺帽、弹簧垫圈和平垫片、柱杆装卡箍、螺丝刀、活动扳手、一字螺丝刀。

## 【实训拓扑】

实训拓扑如图 2-57 所示。

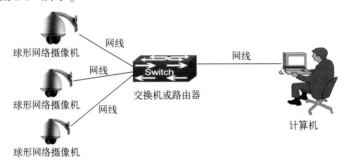

图 2-57　一体化智能球实训拓扑图

## 【安装准备】

（1）基本要求：所有的电气工作都必须遵守最新的电气法规、防火法规及其他有关的法规。

（2）核查安装空间：确认安装地点有容纳智能球及其安装结构件的足够空间。核查安装地点构造的强度，确保安装智能球的天花板、墙壁等的承受能力必须能够支撑智能球及其安装构件质量的 4 倍。

（3）电缆的准备工作：根据传输距离选择所需视频电缆。视频同轴电缆的最低规格要求是：75 Ω 阻抗，全铜芯导线，95% 编织铜屏蔽，RS-485 通信电缆和 24 V AC，电源电缆要符合标准。

## 【安装支架】

不同类型的支架，安装方法有所不同。

### 1. 墙面安装支架

墙面安装快球适用于室内外环境的硬质墙壁结构，安装环境必须具备以下条件：

- 墙壁的厚度应足够安装膨胀螺钉；
- 墙壁至少能承受 8 倍智能球和支架等附件的质量。

安装后的墙面安装支架如图 2-58 所示。

墙面安装支架的安装步骤如下：

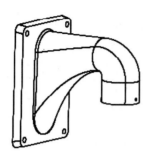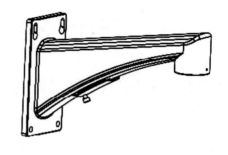

图 2-58　墙面安装支架

步骤 1：打孔并安装膨胀螺钉。

在墙面需要安装支架的位置上，根据壁装支架的孔位，标记并打 4 个孔，再将 M6 膨胀螺钉插入打好的孔内。

步骤 2：将壁装支架固定到墙面上。

用 4 颗六角螺母垫上平垫圈穿过壁装支架和橡胶垫后旋入对应的膨胀螺钉，如图 2-59 所示。

步骤 3：安装智能球。

将电缆穿过球罩顶部的孔，然后把外罩顶部的管螺纹旋进壁装支架的螺纹孔中，最后用 M3 螺钉固定防松，如图 2-60 所示。

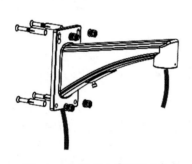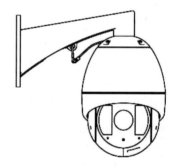

图 2-59　打孔并安装膨胀螺钉　　　　图 2-60　安装智能球

☞注意：短壁装支架墙角安装步骤与长壁装支架一致，在此不再赘述。安装室外球应注意防水，不建议使用短壁装支架。

**2. 墙角安装支架**

壁装支架用于室内及室外悬挂球罩，可与墙角装支架、壁装支架或柱杆装支架配合使用。墙角装快球适用于室内外环境成 90°夹角的硬质墙壁结构，安装环境必须具备以下条件：

● 墙壁的厚度应足够安装膨胀螺钉；

● 墙壁至少能承受 8 倍智能球加支架等附件的质量。

墙角安装支架的步骤如下：

步骤 1：安装墙角支架。

在墙角需要安装的位置上，根据墙角位置装支架的孔位标记并打 4 个孔，再将 M6 的膨胀螺钉插入打好的孔内。然后将电源线、视频信号线和控制线从墙角装支架中心孔穿出，最后将墙角装支架的 4 个孔插入膨胀螺钉后用垫片和螺帽固定牢，如图 2-61 所示。

☞注意：钢质膨胀螺钉由用户自备。确认出线有足够的长度。若智能球用于室外环境，再在出线孔上打上玻璃胶密封防水。

步骤 2：将壁装支架固定到墙角装支架上。

用 4 颗六角螺钉垫上弹簧垫圈后穿过壁装支架和橡胶垫后旋入墙角装支架，将壁装支架固定于墙角装支架上，如图 2-62 所示。

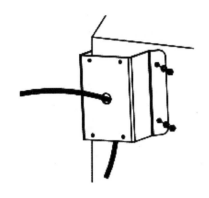
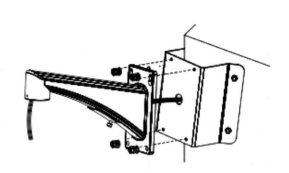

图 2-61 安装墙角支架          图 2-62 将壁装支架固定到墙角装支架上

☞注意：在拧紧螺钉时，先将弹簧垫片压紧，再拧半圈为宜，这样既可以压紧橡胶垫起到密封作用，又不会用力过度损坏螺纹。

**3．安装室外摄像机柱杆**

步骤 1：施工准备。

（1）制作要求：

● 安装应符合中华人民共和国国家标准 GB 50168—2018《电气装置安装工程电缆线路施工及验收标准》的有关规定。

● 基础与窨井之间应有穿线管，且放置铁丝。

● 基础钢板上钢筋按 M20 标准攻丝，配镀锌螺丝两个，平光垫圈和弹簧垫圈各一个。

（2）安装图纸、位置、型号。

● 摄像机柱杆基础结构及尺寸如图 2-63 所示；

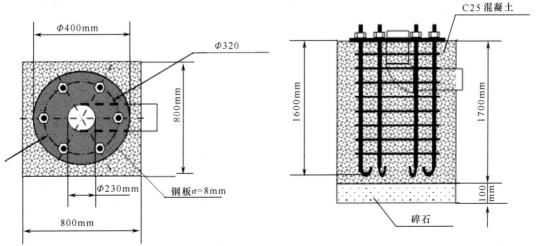

图 2-63 摄像机柱杆基础结构及尺寸

- 确定所需固定的摄像机柱杆型号；
- 确定安装位置，按照施工图所标注的摄像机柱杆位置制作柱杆基础。

（3）材料：8 mm 钢板、20 mm 钢筋、C25 混凝土、碎石、2.5 英寸 PVC 管。

步骤 2：制作窨井。

为方便线缆敷设及系统检测维修，应制作窨井。窨井根据在施工图标注的窨井位置制作。窨井的基础结构及尺寸如图 2-64 所示。图中仅标明井深、井高和井宽，其他尺寸根据现场情况决定。

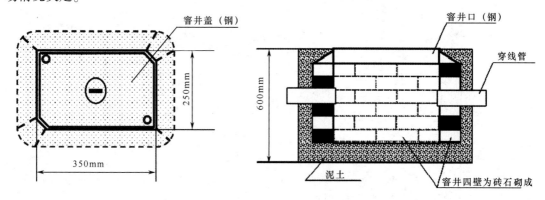

图 2-64　窨井基础结构及尺寸

制作要求：

- 安装应符合中华人民共和国国家标准《电气装置安装工程电缆线路施工及验收规范》（GB 50168—2018）的有关规定；
- 安装应符合中华人民共和国国家标准《综合布线工程设计规范》（GB 50311—2016）的有关规定；
- 窨井密封性能和防水性能良好。

步骤 3：敷设线管。

为防止线缆损伤，需要在窨井敷设线管，按照施工图标注的管道类型和路由敷设明管、暗管。

（1）制作要求：

- 线缆管密封好，防水性能良好；
- 线缆管离地面应不小于 0.7 m；
- 线缆管内放置穿线铁丝。

（2）制作材料：

- 暗管敷设使用钢管；
- 明管敷设使用 PVC 管。

步骤 4：接地安装。

为防止外界电压、浪涌等危害，抑制电气干扰，保证设备正常工作，摄像机柱杆需要良好地接地。接地体结构及尺寸如图 2-65 所示，接地体安装位置如图 6-66 所示。

（1）安装要求：

- 接地体的焊接应采用搭焊，搭焊长度为圆钢直径的 6 倍；
- 接地体安装点下方应无任何管道、线缆经过。

（2）安装材料：2.5 英寸钢管和 30 mm×5 mm 扁钢。

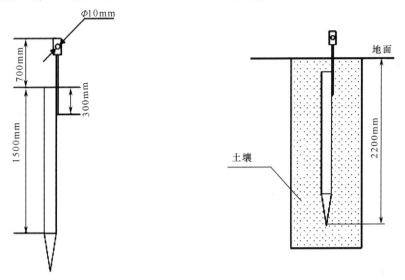

　　　图 2-65　接地体结构及尺寸　　　　　　　图 2-66　接地体安装位置

步骤 5：安装柱杆

通过基础预埋螺杆与摄像机柱杆基础连接固定，如图 2－67 所示。安装要求如下：

- 安装要牢固；
- 摄像机柱杆中心线应与水平面垂直；
- 摄像机柱杆上成 180°角的两个腰形孔的中心连线应与道路走向平行；
- 在摄像机柱杆底部窨井到各腰形孔之间放置穿线用铁丝。

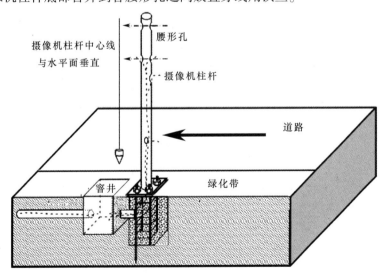

　　　　　图 2-67　安装摄像机柱杆

**4. 柱杆装支架**

柱杆装快球适用于室内外环境的硬质柱状结构，安装环境必须具备以下条件：

● 柱状结构的直径应符合卡箍的安装尺寸；

● 柱状结构至少能承受8倍于智能球加支架等附件的质量。

柱杆装支架的安装步骤如下：

步骤1：组配柱杆装支架。

用一字螺丝刀将3个柱杆装卡箍旋开，并分别穿入柱杆装支架的长方形孔内，如图2-68所示。

步骤2：安装柱杆装支架。

将控制线、视频线和电源线从支架中心孔穿出，将3个卡箍掰开卡在想要固定的柱杆状物体上，再将3个柱杆装卡箍扣住后用螺丝刀将其上的螺钉拧紧，如图2-69所示。最后将壁装支架固定到墙角装支架上，如图2-70所示。

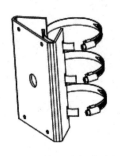 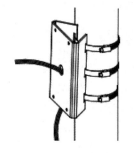 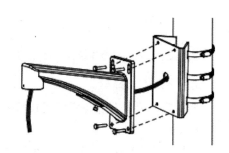

图2-68　组配柱杆装支架　　　图2-69　安装柱杆装支架　　　图2-70　壁装支架固定到墙角装支架上

☞注意：如果智能球用于室外环境，应在柱杆装支架的出线孔处密封防水。

**【安装快球】**

以壁装支架为例，安装红外智能球顶盖，如图2-71所示。将一体化连接线通过支架和红外智能球顶盖引出，撕掉保护贴纸，如图2-72所示。

☞注意：室外球安装时，在智能球外罩与支架接口处塞入防湿气塞并用生料带缠好，以防出现漏水现象。

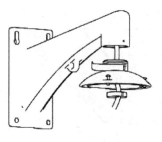 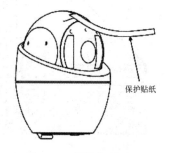

图2-71　安装球机顶盖　　　　　　图2-72　撕掉保护贴纸

**【拨码设置】**

设置智能球地址和波特率等参数。红外智能球底盘和网络红外智能球底盘分别如图2-73

和图 2-74 所示，在底板上有 SW1、SW2 两个拨码开关，用来设置智能球的地址码、波特率、通信协议等参数。

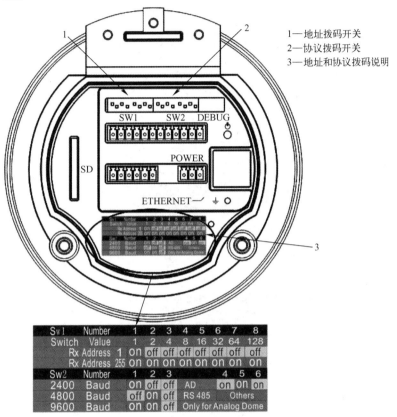

<table>
<tr><td>Sw1</td><td>Number</td><td></td><td>1</td><td>2</td><td>3</td><td>4</td><td>5</td><td>6</td><td>7</td><td>8</td></tr>
<tr><td>Switch</td><td>Value</td><td></td><td>1</td><td>2</td><td>4</td><td>8</td><td>16</td><td>32</td><td>64</td><td>128</td></tr>
<tr><td></td><td>Rx Address</td><td>1</td><td>on</td><td>off</td><td>off</td><td>off</td><td>off</td><td>off</td><td>off</td><td>off</td></tr>
<tr><td></td><td>Rx Address</td><td>255</td><td>on</td><td>on</td><td>on</td><td>on</td><td>on</td><td>on</td><td>on</td><td>on</td></tr>
<tr><td>Sw2</td><td>Number</td><td></td><td>1</td><td>2</td><td>3</td><td></td><td>4</td><td>5</td><td>6</td><td></td></tr>
<tr><td>2400</td><td>Baud</td><td></td><td>on</td><td>off</td><td>off</td><td>AD</td><td>on</td><td>on</td><td>on</td><td></td></tr>
<tr><td>4800</td><td>Baud</td><td></td><td>off</td><td>on</td><td>off</td><td>RS 485</td><td colspan="3">Others</td><td></td></tr>
<tr><td>9600</td><td>Baud</td><td></td><td>on</td><td>on</td><td>off</td><td colspan="4">Only for Analog Dome</td><td></td></tr>
</table>

图 2-73　红外智能球底盘示意图

说明：
1—地址拨码开关
2—协议拨码开关
3—地址和协议拨码说明

步骤 1：初始设置。

● 地址码：0；

● 波特率：2 400；

● 120 Ω 匹配电阻：OFF。

步骤 2：开关设置。

（1）红外智能球和网络红外智能球开关设置。

在机芯底盘上有两个拨码开关，SW1 和 SW2 用于确定智能球的地址、波特率和通信协议等参数（如图 2-73 所示，开关拨到 ON 为 1 ，在 SW1 和 SW2 中，1 为最低位，8 为最高位）。

☞注意：

● 红外智能球自适应地选择 Pelco－D、Pelco－P 、HIK－Code、VICON 和 KALATEL－32 协议，网络红外智能球自适应地选择 Pelco－P、Pelco－D 和 HIK－Code 协议，所以控制协议不用通过拨码方式设定。

● 在球机受到外界干扰时，可拆除球机接地螺钉，则球机内电路板与机壳不连通；装上接地螺钉，则球机内电路板与机壳连通，初始默认是连通的。

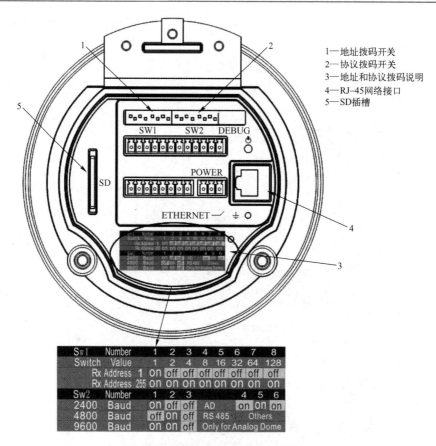

1—地址拨码开关
2—协议拨码开关
3—地址和协议拨码说明
4—RJ-45网络接口
5—SD插槽

图 2-74    网络红外智能球底盘示意图

（2）智能球地址设置。

SW1 用来设置智能球地址，如表 2-1 所示。

表 2-1    地址设置

| 智能球地址 | 拨码设置示意图 | 1 | 2 | 3 | 4 | 5 | 6 | 7 | 8 |
|---|---|---|---|---|---|---|---|---|---|
| 0 | SW1 | OFF | OFF | OFF | OFF | OFF | OFF | OFF | OFF |
| 1 | SW1 | ON | OFF | OFF | OFF | OFF | OFF | OFF | OFF |
| 255 | SW1 | ON | ON | ON | ON | ON | ON | ON | ON |

步骤 3：波特率设置。

SW2 中的开关 1、2、3 用来设置智能球波特率，100、010 和 101 分别代表 2 400 B/s、4 800 B/s 和 9 600 B/s 的波特率（B/s 表示波特/秒）。如果设置值不在以上范围之内，则波特率取默认值2 400 b/s。具体波特率对应的拨码方式如表 2-2 所示。

步骤 4：协议设置。

SW2 中的开关 4、5、6 用来选择智能球的通信协议，具体通信协议对应的拨码方式如表 2-3 所示。注意，网络智能球不支持曼彻斯特码（简称曼码）协议。

步骤 5：单工/半双工设置。

SW2 的第 7 位用来选择 RS-485 通信为单工或半双工，如表 2-4 所示。

步骤 6：终端匹配电阻设置。

SW2 的第 8 位用来设置 120 Ω 终端匹配电阻，如表 2-5 所示。

**表 2-2　波特率设置**

| SW2——波特率开关设置 | | | | |
|---|---|---|---|---|
| 波特率/(B/s) | 拨码设置示意图 | 1 | 2 | 3 |
| 2 400 | SW2 | ON | OFF | OFF |
| 4 800 | SW2 | OFF | ON | OFF |
| 9 600 | SW2 | ON | ON | OFF |

**表 2-3　协议设置**

| SW2——奇偶校验和曼码协议开关设置 | | | | |
|---|---|---|---|---|
| 功能说明 | 拨码设置示意图 | 4 | 5 | 6 |
| Boach 曼码 | SW2 | OFF | ON | ON |
| AD 曼码 | SW2 | ON | ON | ON |
| 协议自适应 | 其他 | | | |

**表 2-4　单工/半双工设置**

| SW2——单工/半双工设置 | | |
|---|---|---|
| 功能说明 | 拨码设置示意图 | 7 |
| 单工 | SW2 | OFF |
| 半双工 | SW2 | ON |

**表 2-5　终端匹配电阻设置**

| SW2——终端匹配电阻设置 | | |
|---|---|---|
| 功能说明 | 拨码设置示意图 | 8 |
| 无端接电阻 | SW2 | OFF |
| 有端接电阻 | SW2 | ON |

**【密封圈安全绳安装】**

套入密封圈，如图 2-75 所示。挂上安全绳，如图 2-76 所示。

☞注意：必须套入密封圈，防止红外智能球进水。

图 2-75　套入密封圈

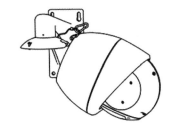

图 2-76　挂上安全绳

**【连接线】**

将红外智能球吊钩挂在顶盖上，然后将一体化连接线按照提示标识插入相应的插槽里。电路连接图如图 2-77 所示。

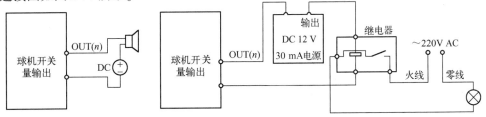

图 2-77　电路连接图

红外智能球和网络红外智能球可接 7 路报警信号（DC 0～12 V）输入和 2 路开关量输出。电缆连接如图 2-78 所示。

**【固定球机】**

打入安装螺钉，固定红外智能球，如图 2-79 所示。

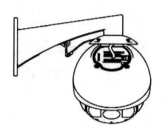 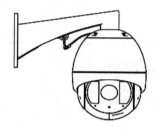

图 2-78 电缆连接          图 2-79 固定球机

# 第3章

# 安防视频监控系统的传输信道

本章主要介绍安防视频监控系统中传输信道的构建原则、组网模式、技术要求以及与其他系统的互联,同时也介绍无线监控系统的构建、系统分类、选择原则以及与联网系统的关系等内容。

##  3.1 传输信道的构建原则

(1)规范性与兼容性原则:传输节点之间,管理平台设备与前端监控资源、用户终端之间,均应能有效地进行通信和共享数据,能够实现不同厂商、不同规格的设备或系统间的兼容和互操作。传输协议、接口协议、传输格式等应符合相应国家标准、行业标准的规定。

(2)安全性与原始完整性原则:应通过技术和管理手段共同保障传输网络的安全性,采取适当的措施保证信息传输过程中的保密性和真实性。

(3)可靠性与可用性原则:传输网络应有可靠性指标要求,应满足对关键设备、关键传输通道采取备份、冗余等可靠性保障措施,有较强的容错和系统恢复能力,能够保证传输网络的长期正常运行,并保证在实际使用中具有快速保障措施。

(4)实用性与经济性原则:传输网络技术选择要考虑当前的网络和线路实际情况,能够满足不同地区、不同用户的各类要求,并具有一定的前瞻性。在满足上术要求的情况下,应尽量简化,降低运行维护成本。

(5)可管理与可维护原则:所有传输网络设备应可管理、可维护,提供清晰、简洁、友好的人机交互界面,实现统一的业务调试和管理,具备远程维护和管理手段。

(6)扩展性与升级能力原则:在设计传输网络时,应采用模块化设计原则,便于系统在规模和功能上升级扩充。设备应具备可升级能力。

##  3.2 传输信道整体架构

### 3.2.1 传输信道结构

传输信道承载联网系统信息和数据,连接监控资源、监控中心和用户终端及其他相关应用系统。传输信道从结构上可分为接入网络、监控互联网络。接入网络从功能上又可以分为监控资源接入网络、用户终端接入网络。同时，联网系统还需要与其他应用系统进行互联。传输信道结构如图 3-1 所示。

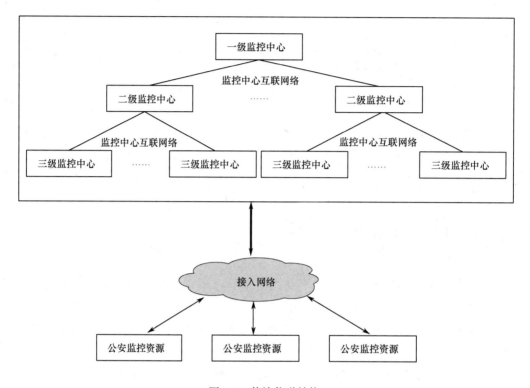

图 3-1　传输信道结构

　　整体上传输信道为分层结构。根据系统规模大小、地理位置的分布，传输信道可以采用一级或多级级联方式。

## 3.2.2　传输信道组成

　　传输信道通常由传输介质、传输节点和传输接口构成，从逻辑上构成了联网系统的基础支撑。

　　传输信道可使用公安专网、公共通信网络或专为联网系统建设的独立网络构建。当传输信道使用公共通信网络构建时，应采用 VPN 等方式进行相应的安全隔离。

　　当联网信道使用公安专网以外的网络作为传输网络，而需要与公安专网进行互联时，应在地级以上的公安专网接入，可采用模拟接入或使用隔离设备数字单向传输方式，应采取相应措施保障公安网的安全。

## 3.2.3　传输信道的组网模式

　　传输网络从技术类型可分为数字和模拟两种类型，二者也可根据转换接口进行混合组网。模拟传输与数字传输的组网接入方式，有如下几种组网模式。

**1. 数字接入方式的模数混合型监控系统**

监控中心同时存在模拟、数字两种控制和处理设备，监控中心本地对视频图像的切换、控制通过视频切换设备完成，监控管理平台实现对数字视频、音频等数据的网络传输和管理。

视频编码设备放置在靠近前端设备处，将若干路模拟视频信号进行数字化、编码压缩，转换为可以在网络上传输的数据包（或直接使用网络摄像机），通过 IP 网络（有线/无线方式）传送到监控中心。在监控中心内，视频解码设备将数字视频信号转换成模拟视频信号接入视频切换设备。

该组网模式宜在监控点与监控中心之间使 IP 网络传输的情况下改造原有模拟监控系统时使用，如图 3-2 所示。

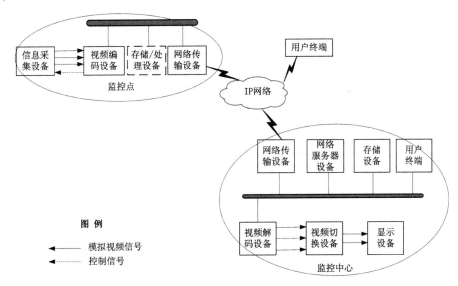

图 3-2 数字接入方式的模数混合型监控系统

**2. 模拟接入方式的模数混合型监控系统**

监控中心同时存在模拟、数字两种控制和处理设备，监控中心本地对视频图像的切换、控制通过视频图像切换设备完成，监控管理平台实现对数字视音频和控制等数据的网络传输和管理。

前端设备通过模拟视频传输设备将模拟视频、音频信号汇总接入监控中心。

模拟视频信号接入监控中心网络的方式可以有两种：

（1）视频分配器首先将每一路模拟视频信号分成两路输出，一路接入到视频切换设备，另一路接入到视频编码设备，见图 3-3 中的监控中心 A。

（2）模拟视频信号首先接入视频图像切换设备，视频图像切换设备的视频输出端分别接显示设备和视频编码设备，见图 3-3 中的监控中心 B。

视频解码设备将数字视频解码后接入视频图像切换设备，送到显示设备供监视和浏览。

需要注意的是，为了实现统一控制的功能，应保证视频编码/解码设备能兼容视频图像切换矩阵。

该组网模式宜在监控点与监控中心之间使用专线传输情况下新建监控系统或者改造模拟监控系统时采用，如图 3-3 所示。

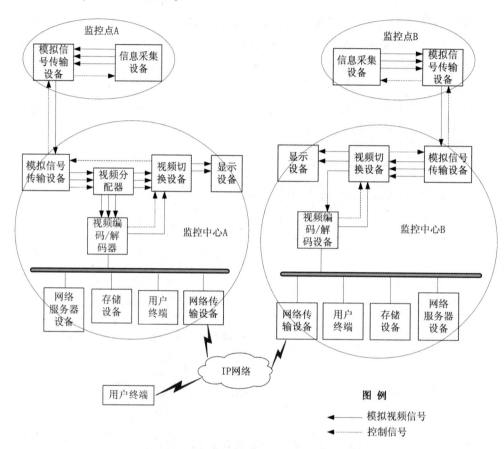

图 3-3　模拟接入方式的模数混合型监控系统

### 3. 数字接入方式的数字型监控系统

监控中心只存在数字控制和处理设备，监控管理平台实现对数字视频、音频和控制等数据的网络传输和管理。

视频编码设备放置在靠近前端设备处，将若干路模拟视频信号进行数字化、编码压缩，转换为可以在网络上传输的数据包（或直接使用网络摄像机）。通过 IP 网络（有线/无线方式）传送到监控中心。监控中心对数字视频进行传输、存储和管理，视频解码设备将数字视频解码后送显示设备显示。

该组网模式宜在监控点和监控中心之间使用 IP 网络传输的情况下新建监控系统时采用，如图 3-4 所示。

### 4. 模拟接入方式的数字型监控系统

监控中心只存在数字控制和处理设备，监控管理平台实现对数字视频、音频和控制信号

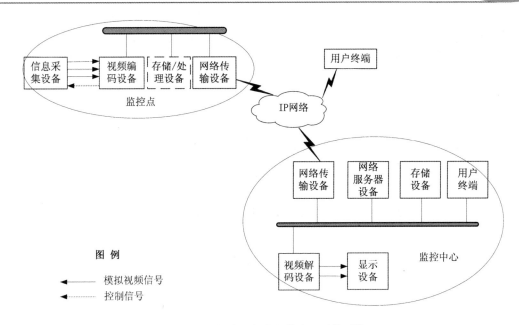

图 3-4　数字接入方式的数字型监控系统

等数据的网络传输和管理。

　　监控前端设备通过模拟视频传输设备将视频、音频信号汇总接入监控中心的视频编码设备，该设备将模拟视频信号数字化、编码并组成 IP 包通过 IP 网络传输。监控中心对数字视频进行传输、存储和管理，视频解码设备将数字视频解码后送显示设备显示。

　　该组网模式宜在监控控点与监控中心之间使用专线传输情况下新建监控系统时采用，如图 3-5 所示。

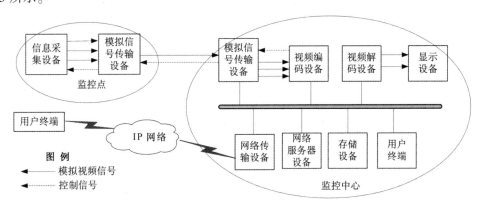

图 3-5　模拟接入方式的数字型监控系统

### 5. 双级联方式的模数混合型监控系统

　　该组网模式在前述"模拟接入方式的模数混合型监控系统"的基础上，监控中心之间的级联采用模拟级联方式和数字级联方式，即监控中心之间通过模拟视频信号传输设备传输实时监视图像信号，通过 IP 网络传输实时监视图像和历史图像。

　　该模式宜在监控点与监中心之间使用专线传输情况下改造模拟监控系统时采用，如图 3-6所示。

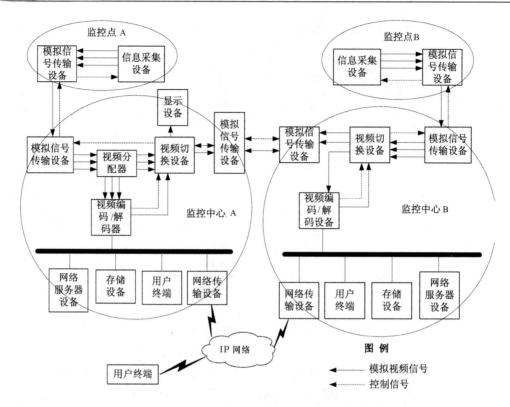

图 3-6　双级联方式的模数混合型监控系统

 # 3.3　传输信道技术要求

## 3.3.1　总体要求

### 1. 规划设计

传输网络可采用数字方式或模拟方式进行传输，所有传输设备应统一编址，其中采用数字方式的传输设备，其 IP 地址分配应遵循统一规划、统一分配的原则，地址宜采用 IPv4，条件成熟时可采用 IPv6，地址分配应有利于路由的收敛聚合。

传输网络的关键部分应采用双归属或环网等拓扑组网。

### 2. 功能及性能要求

传输网络应具备如下能力：

（1）传输网络中传输实时监控视频宜采用 IP 组播或媒体分发服务器等方式进行，IP 交换机、路由器等数字传输网络设备应能支持组播转发方式。

（2）传输网络应设定控制、音频、报警和视频等业务优先级，应能优先转发控制和报警业务。

（3）传输网络的传输延迟是指从前端设备到图像显示设备之间的网络延迟（不含图像编解码的延迟），其指标要求如下：

- LAN 接入方式端到端传输延迟平均值小于 14.5 ms，最大值为 15.5 ms；
- WLAN 接入方式端到端传输延迟平均值小于 14.5 ms，最大值为 17.5 ms；
- ADSL 接入方式端到端传输延迟平均值小于 168.5 ms，最大值为 209.5 ms；
- 基于公网的无线接入方式端到端传输延迟平均值小于 204.5 ms，最大值为 209.5 ms。
- 传输网络的传输抖动应满足表 3-1 所规定的 1 级（交互式）或 1 级以上 QoS 等级规定，延迟抖动上限值为 50 ms。

表 3-1 IP 网端到端性能指标

| 项目 | 网络性能指标的性质 | 不同 QoS 等级下的性能指标 | | | | |
|------|------------------|------|------|------|------|------|
| | | 默认值 | 0 级 | 1 级（交互式） | 2 级（非交互式） | 3 级（U 级） |
| IPTD | 平均 IPTD 的上限值 | 需要规定 | 150 ms | 400 ms | 1 s | U |
| IPDV | IPTD 的 $1 \times 10^{-3}$ 百分位值减去 IPTD 的最小值 | 需要规定 | 50 ms | 50 ms | 1 s | U |
| IPLR | 包丢失率的上限值 | 需要规定 | $1 \times 10^{-3}$ | $1 \times 10^{-3}$ | $1 \times 10^{-3}$ | U |
| IPER | 包误差率的上限值 | $1 \times 10^{-4}$ | 默认 | 默认 | 默认 | 默认 |
| SPR | 虚假包率的上限值 | 默认（待定） | 默认 | 默认 | 默认 | 默认 |

（4）传输网络的丢包率应满足 YD/T 1171—2001 中第 7 章所规定的 1 级（交互式）或 1 级以上 QoS 等级规定，丢包率上限值为 $1 \times 10^{-3}$。

（5）网络带宽设计应能满足前端设备接入监控中心、监控中心互联、用户终端接入监控中心的带宽要求并留有余量。网络带宽的估算方法如下：

- 前端设备接入监控中心所需的网络带宽，应不小于允许并发接入的视频路数×单路视频码率；
- 监控中心互联所需的网络带宽，应不小于并发接入的视频路数×单路视频码率；
- 用户终端接入监控中心所需的网络带宽，应不小于并发显示的视频路数×单路视频码率；
- 预留的网络带宽应根据联网系统的应用情况确定，一般应包括其他业务数据传输带宽、业务扩展所需带宽和网络正常运行所需的冗余带宽。

CIF 分辨率的单路视频码率可按 512 kb/s 估算（25 帧/秒），4CIF 分辨率的单路视频码率可按 1 536 kb/s 估算（25 帧/秒）。

**3. 可靠性要求**

传输网络的可靠性要求如下：

（1）传输网络的整体可靠性指标应在子系统、子系统所属各组成设备间进行逐级合理分配，各设备 MTBF 不应小于其 MTBF 分配指标，传输网络设备的 MTBF 最低不应小于20 000 h。

（2）传输网络内的关键链路、通道应采用冗余设计。

（3）传输网络的关键部分应采用节点设备冗余备份，以保障系统正常运行或快速恢复。

（4）传输网络设备宜具备备份、热补丁功能，以提高系统的可靠性、可维修性和维护保障性。

#### 4．安全要求

传输网络的安全要求如下：

（1）当联网系统使用公安专网、公共网络、无线网络进行传输时，应分别符合相关部门对各个网络的安全管理规定或标准。

（2）公安专网的接入安全。当其他网络需要与公安专网进行数据交换时，应采取相应措施保障公安专网的安全。要在如下方案中选择：

● 将模拟视频输出信号接入由公安部门认可的视频编码设备，然后接入公安监控中心。视频编码设备既可放置在社会监控中心，也可放置在公安监控中心。

● 社会监控中心将数字图像单向传输给公安监控中心。当与公安专网接口时，应符合公安专网的安全管理规定。

（3）以各种方式登录传输网络设备时应采取密码保护，宜采用本地认证或远程认证方式。

（4）传输网络设备应具备保证信息安全的措施，应具备登录安全认证机制。

（5）传输设备的管理用户应分不同操作级别，各级管理员根据不同级别具备相应的控制权限。

#### 5．供电要求

传输网络设备的供电满足如下要求：

（1）重点监控点应配置备用电源，备用电源应能延长供电时间不少于 8 小时。

（2）监控中心配电系统应满足系统运行的要求，并有一定的余量。监控中心应配备备用电源，备用电源应能保证对监控中心内报警设备及监控核心设备延长供电时间不少于 8小时。

（3）监控中心内系统宜采用两路独立电源供电，并在末端自动切换。电源质量应满足下列要求：

● 稳态电压偏移不大于 ±2%；

● 稳态频率偏移不大于 ±0.2 Hz；

● 电压波形畸变率不大于 5%；

● 允许断电持续时间为 0～4 ms。

当不能满足上述要求时，应采用稳频稳压、不间断电源供电或备用发电机发电等措施。

### 3.3.2　接入网络的传输

#### 1．基于专网

1）以太网

以太网接入技术要求如下：

（1）传输媒介中多模光纤应符合 ITU－T G.651 的规定，单模光纤应符合 ITU－T G.652 的规定，非屏蔽双绞线应符合 YD/T 926.2—2019 的规定；

（2）应提供业务服务质量能力，应能优先转发控制和报警等信息；

（3）应提供接入安全功能，宜提供安全隔离、报文过滤、地址绑定等功能；

（4）宜提供符合 IEEE 802.3ah—2004 和 IEEE 802.1ag—2007 的以太网 OAM 功能。

2）EPON

EPON 接入技术要求如下：

（1）要符合 IEEE 802.3ah—2004 标准的规定，满足标准规定的单模光纤波分复用技术（下行 1 490 nm，上行 1 310 nm）；

（2）传输媒介应使用符合 ITU - T G. 624 规定的单模光纤；

（3）应提供业务服务质量能力，应能优先转发控制和报警等信息；

（4）应具有安全功能，宜具备加密、ONU 合法性检查和 ONU 间隔离等功能；

（5）支持光纤掉电保护功能；

（6）应支持对 OLT 和 ONU 的配置、故障、性能、安全等管理功能。

3）WLAN

WLAN 技术要求如下：

（1）要符合 IEEE 802.11b/802.11g 标准，具有同时与 IEEE 802.11b 及 IEEE 802.11g 终端通信的能力，并通过 Wi - Fi 联盟互操作性认证。符合 IEEE 802.11a，IEEE 802.11n draft2.0 的要求。

（2）符合无线服务质量 WMM 的要求。

（3）符合 IEEE 802.11i 安全标准的要求，应支持基于共享密钥的 WEP 加密、WPA、WPA2 安全协议的要求，应支持 TKIP、CCMP 加密方式的要求。

（4）应符合 GB/T 15629.11—2003（WAPI）的要求。

（5）WLAN 设备应具备安全隔离和过滤特性，应支持用户隔离、基于 MAC 地址的过滤和基于流规则的过滤功能。

4）模拟基带传输

不采用调制或编码技术而直接传输基带的模拟视频、音频等信号，宜在传输距离相对较短的场合应用。一般使用符合 GB/T 14864—1993 规定的同轴电缆（视频电缆）作为传输媒介，也可采用光纤方式进行点对点的传输。

5）数字基带传输

对模拟视频、音频等信号进行 A/D 转换，以非压缩方式进行传输，并可同时传输单向/双向控制信号（RS-485/RS-422/RS-232C）及其他辅助信号。数字基带传输采用光纤作为传输媒介，多模光纤要符合工 TU - T G.651 的规定，单模光纤符合 ITU - T G.652 的规定。

**2. 基于公网**

1）专线

传输网络的专线接入有：数字传输专线 SDH、DDN 专线、帧中继专线、ATM 专线和以太网专线等多种传输方式，各种专线接入应采用相应的标准接口和线缆，互联接口应相互匹配。

传输网络专线接入应与其他网络至少保证电路隔离。

2）VPN

基于运营商社会公共信息网构建，通过划分 VPN，承载视频、音频及控制信号等信息的传输，前端监控点通过 VPN 隧道接入网络，使得联网系统在逻辑上的专用网络得以连通和运行。

通过租用 VPN 接入的方式中，宜采用 MPLS VPN，同时按相关安全要求进行隔离后接入联网系统。

3）DSL

DSL 接入通常指 DSL 专线接入，该方式宜作为监控资源的接入和用户终端的接入补充，相关技术应满足相应的行业标准，其中 ADSL 技术要符合 YD/T 1323—2004 的要求，HDSL 技术要符合 YDN 056—1997 的要求。

4）无线传输

基于公网的无线传输，可采用 Wi – Fi/GPRS/EDGE/CDMA – EVDO/3G 等无线公共网络方式进行接入，作为监控资源接入、无线移动终端的补充手段；但应对无线信道采取加密保护措施。

### 3.3.3 各级监控中心互联

监控中心互联网络要求如下：

（1）联网系统各级监控中心间互联，宜通过 IP 网络传输，采用光纤直连或租用运营商数字专线。

（2）监控中心间互联网络与其他业务网络的连接应保证安全性，满足相关部门的安全管理规定，并要符合 GA/T 669. 2—2008 中第 7 章的要求。

（3）监控中心互联部分可采用树状、环状、网状等多种拓扑连接方式，拓扑结构设计应考虑关键节点及链路的冗余备份，以提高网络的可靠性。

（4）为满足跨城市间相互调阅监控图像需求的网络互联，应统一从城市监控报警系统市一级中心出口，上联到上级网络，互联网络线路应满足相关部门的安全管理规定，并满足 GA/T 669. 2—2008 中第 7 章的要求。

##  3.4 联网系统与其他系统的互联

### 3.4.1 社会资源接入

**1. 接入方式**

社会监控资源接入联网系统，在网络传输上可采用模拟方式或数字方式。

**2. 模拟方式**

社会资源可通过模拟光端机、矩阵等方式输出模拟视频信号，将模拟视频输出信号接入由公安部检测机构检测通过的视频编码设备，经过采样编码后接入公安监控系统。

### 3. 数字方式

社会资源与联网系统进行数字接入，应满足相关部门的安全管理规定，可采用公安机关认可的安全隔离设备（如网闸），对社会资源进行隔离，社会资源数字视频信号应通过网络接口接入到安全隔离设备，再由安全隔离设备接入到联网系统。社会资源监控中心的数字图像应单向传输给公安监控中心。

## 3.4.2　与公安专网的连接

当联网系统使用公安专网以外的网络作为传输网络，需要与公安专网进行数据交换时，应在地级市以上的公安专网接入，可采用模拟接入或使用隔离设备数字单向传输方式；公安专网应专网专用，当其他网络需要与公安专网进行数据交换时，应采取相应措施保障公安专网的安全。宜在如下方案中选择：

（1）将模拟视频输出信号接入由公安部门认可的视频编码设备，然后接入公安监控系统。

（2）社会监控中心将数字图像单向传输给公安监控中心。当与公安专网接口时，应符合公安专网的安全管理规定。

（3）公安监控中心数字图像在输出给社会监控中心时，应按照公安专网的安全管理规定，经安全隔离设备后方可输出。

## 3.4.3　与其他应用系统互联

联网系统与公安业务应用系统互联时，宜采用 IP 互联方式，如其他系统不支持 IP 网络，也可采用其他系统所支持的接口（RS-232、RS-485 等）及其相应的协议。联网系统图像对外输出应满足相关部门的安全管理规定，网络间的互联应满足如下的安全要求：

### 1. 网络传输的安全

当联网系统使用公安专网、公共网络、无线网络进行传输时，应分别符合相关部门对各个网络的安合管理规定或标准。

公共网络、无线网络在条件允许的情况下，宜采用虚拟专用网络（VPN）或者传输层安全（TLS）协议来保证传输的安全。

### 2. 双网并存

当不能解决公安专网与其他网络的隔离问题时，要在公安监控中心设置两套完个物理隔离的监控系统，一套直接连接公安专网，另一套连接社会监控中心。

## 3.4.4　网络系统互联示例

联网系统内部主要组成结构及实现内部设备、子系统间互联的示例如图 3-7 所示。

图 3-7 所示的联网系统主要由以下部分组成：

（1）公安监控中心：内含公安专网监控和社会资源监控两个相互物理隔离的子系统。其中，公安专网监控子系统中包含有可以提供 SIP 服务的各种服务器，所使用的内部网络为

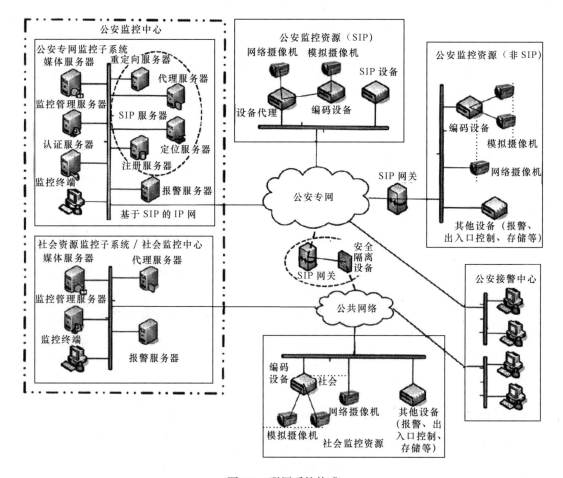

图 3-7 联网系统构成

支持城市监控报警联网系统相关标准所规定的通信协议（SIP）的 SIP 网；社会资源监控子系统可以是一个社会监控中心，也可以是一台能够调用社会监控资源的监控终端。

（2）公安监控资源（非 SIP）：公安专网内不支持本部分及其他城市监控报警联网系统相关标准规定的通信协议（SIP）的监控资源。

（3）公安监控资源（SIP）：公安专网内支持本部分及其他城市监控报警联网系统相关标准规定的通信协议（SIP）的监控资源，主要特征是内部网络及设备支持城市监控报警联网系统相关标准所规定的 SIP 协议。

（4）社会监控子系统/社会监控中心：是指非公安性质的其他社会单位管理和使用的监控子系统/监控中心。主要特征是其网络环境是非公安专网。

（5）SIP 网关：负责在 SIP 网络与非 SIP 网络之间进行协议转换，以实现网络之间的信息交互。

（6）SIP 设备：支持本部分及其他城市监控报警联网系统相关标准规定的通信协议的所有相关设备，如网络摄像机、编码器、报警、出入口控制、存储设备等。

（7）公安接警中心：接收和处理报警信息的机构，可在公安监控中心内，也可在公安监控中心外。

（8）公安专网：目前相关管理标准或法规要求与公共网络之间实施物理隔离。

（9）公共网络：所有不属公安专网的 IP 网络，包括公共通信网络和专为联网系统建设的独立网络等。

（10）安全隔离设备：负责在公安专网和公共网络间实施安全隔离的设备或设施。

 # 3.5　联网系统通信协议结构

**1. 联网系统通信工程协议结构概述**

联网系统内部进行视频、音频、数据等信息传输、交换、控制时，应遵循联网系统通信协议结构所规定的通信协议，通信协议的结构如图 3-8 所示。

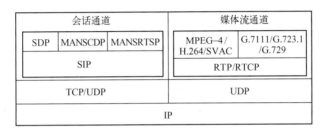

| 会话通道 | | | 媒体流通道 | |
|---|---|---|---|---|
| SDP | MANSCDP | MANSRTSP | MPEG-4/ H.264/SVAC | G.7111/G.723.1 /G.729 |
| SIP | | | RTP/RTCP | |
| TCP/UDP | | | UDP | |
| IP | | | | |

图 3-8　视频监控通信协议结构图

联网系统在进行视/音频传输及控制时应建立两个传输通道：会话通道和媒体流通道。会话通道用于在设备之间建立会话并传输系统控制命令，媒体流通道用于传输视/音频数据，经过压缩编码的视/音频流采用流媒体协议 RTP/RTCP 传输。

**2. 会话初始协议**

安全注册、实时媒体点播、历史媒体的回放等应用的会话控制采用 SIP 规定的 Register、Invite 等请求和响应方法实现，历史媒体回放控制采用 SIP 扩展协议 RFC2976 规定的 INFO 方法实现，前端设备控制、信息查询、报警事件通知和转发等应用的会话控制采用 SIP 扩展协议 RFC3428 规定的 Message 方法实现。

SIP 消息应支持基于 UDP 和 TCP 的传输。

**3. 会话描述协议**

联网系统有关设备之间会话建立过程的会话协商和媒体协商应采用 SDP 协议描述，主要内容包括会话描述、媒体信息描述、时间信息描述。会话协商和媒体协商信息应采用 SIP 消息的消息体携带传输。

**4. 控制描述协议**

联网系统有关前端设备控制、报警信息、设备目录信息等控制命令应采用监控报警联网系统控制描述协议（MANSCDP）描述。联网系统控制命令应采用 SIP 消息 Message 的消息体携带传输。

**5. 媒体回放控制协议**

历史媒体的回放控制命令应修改采用 MANSRTSP 协议描述，实现设备在端到端之间对视/音频流的正常播放、快速、暂停、停止、随机拖动播放等远程控制。历史媒体的回放控制命令采用 SIP 消息 INFO 的消息体携带传输。

**6. 媒体传输和媒体编/解码协议**

媒体流在联网系统 IP 网络上传输时应支持基于 UDP 的 RTP 传输，RTP 的负载应采用如下两种格式之一：基于 PS 封装的视/音频数据或视/音频基本流数据。媒体流的传输应采用 RTP 协议，提供实时数据传输中的时间戳信息及各数据流的同步。应采用 RTCP 协议，为按序传输数据包提供可靠保证，提供流量控制和拥塞控制。

#  3.6　视频监控系统网络传输、交换和控制的基本要求

## 3.6.1　视频监控系统传输的要求

### 1. 监控系统传输概述

在视频监控系统中，监控视频的传输是整个系统的一个至关重要环节，选择什么样的介质、设备传送视频和控制信号将直接关系到监控系统的质量和可靠性。目前，在监控系统中用来传输视频信号的介质主要是同轴电缆、双绞线和光纤，对应的传输设备分别是同轴视频放大器、双绞线视频传输器和光端机。

同轴电缆是使用较早，也是使用时间最长的传输方式。后来，由于远距离和大范围视频监控的需要以及人们对监控图像质量要求的提高，视频监控网络中开始大量使用光纤来传输视频图像信号。双绞线被应用到视频监控网络中是近几年出现的，它主要可以很好地解决两个方面的问题：一方面，它解决了 200～2 000 m 距离范围内高质量视频图像信号传输的问题，因为在这段距离范围内同轴电缆传输在不使用放大器的情况下难以达到要求，而使用同轴视频放大器和光纤传输又显得不够经济；另一方面，它解决了大规模密集型监控网络的布线问题，双绞线自身的尺寸和柔软性克服了大量使用同轴电缆时的布线困难。当然，双绞线还具有抗干扰能力强、价格低廉等优点。正是由于双绞线很好地解决了长期困扰着人们的这些问题，所以它在监控网络的应用立即引起了监控行业的广泛关注，在较短的时间内已经被大量使用到工程实践中，并且取得了很好的应用成果。

每个监控工程都有其自身的特点和特殊性，因此在组建监控网络时需要充分考虑这些具体情况，选用最为合适的视频图像和信号传输方式。

### 2. 监控系统传输要求

（1）网络传输协议要求：联网系统网络层要支持 IP 协议，传输层要支持 TCP 和 UDP 协议。

（2）媒体传输协议要求：视/音频流在基于 IP 的网络上传输时要支持 RTP/RTCP 协议，视/音频流的数据封装格式要符合以下要求：媒体流在联网系统 IP 网络上传输时要支持基于 UDP 的 RTP 协议，RTP 的负载要采用如下两种格式之一：基于 PS 封装的视/音频数据或视/音频基本流数据，媒体流的传输要采用 RTP 协议，提供实时数据传输中的时间戳信息及各数据流的同步，要采用 RTCP 协议，为按序传输数据包提供可靠保证，提供流量控制和拥塞

控制。

（3）信息传输延迟时间：当信息（可包括视/音频信息、控制信息及报警信息等）经由 IP 网络传输时，端到端的信息延迟时间（包括发送端信息采集、编码、网络传输、信息接收端解码、显示等过程所经历的时间）应满足下列要求：

- 前端设备与信号直接接入的监控中心相应设备之间端到端的信息延迟时间应不大于 2 s；
- 前端设备与用户终端设备间端到端的信息延迟时间应不大于 4 s。

（4）网络传输带宽：SIP 联网系统网络带宽设计要能满足前端设备接入监控中心、监控中心互联、用户终端接入监控中心的带宽要求，并留有余量。前端设备接入监控中心的单路网络传输带宽应不低于 512 kb/s，重要场所的前端设备接入监控中心的单路网络传输带宽应不低于 1 536 kb/s，各级监控中心间网络的单路网络传输带宽应不低于 2.5 Mb/s。

（5）网络传输质量：SIP 联网系统 IP 网络的传输质量（如传输延迟、丢包率、包误差率、虚假包率等）应符合如下要求：

- 网络延迟上限值为 400 ms；
- 延迟抖动上限值为 50 ms；
- 丢包率上限值为 $1 \times 10^{-3}$；
- 包误差率上限值为 $1 \times 10^{-4}$。

（6）视频帧率：本地录像可支持的视频帧率应不低于 25 帧/秒，图像格式为 CIF 时，网络传输的视频帧率应不低于 15 帧/秒，图像格式为 4CIF 时，网络传输的视频帧率应不低于 10 帧/秒。

## 3.6.2　视频监控系统交换的基本要求

（1）统一编码规则：联网系统应对前端设备、监控中心设备、用户终端进行统一编码，该编码具有全局唯一性。编码应采用 20 位十进制数字字符编码规则。局部应用系统也可用 18 位十进制数字字符编码规则。联网系统管理平台之间的通信、管理平台与其他系统之间的通信应采用统一编码标识联网系统的设备和用户。

（2）SIP URI 编码规则。

联网系统标准设备的 SIP URI 命名宜采用如下格式：

$$Sip[s]：username@ domain$$

用户名 username 的命名应保证在同一个 SIP 监控域内具有唯一性。

SIP 监控域名 domain 部分包含一个完整的 SIP 监控域名。

（3）媒体压缩编/解码。

联网系统中视频压缩编/解码采用视频编解码标准 H.264/MPEG-4，在适用于安防监控的 SVAC 标准发布后，优先采用适用于安防监控的 SVA 标准；音频编解码标准推荐采用 G.711/G.723.1/G.729。

（4）媒体存储格式：在联网系统中，视/音频等媒体数据的存储应为 PS 格式。

（5）网络传输协议的转换：应支持将非 SIP 监控域设备的网络传输协议与 SIP 网络传输协议进行双向协议转换。

（6）控制协议的转换：应支持将非 SIP 监控域设备的设备控制协议与 SIP 协议中规定的会话初始协议、会话描述协议、控制描述协议和媒体回放控制协议进行双向协议转换。

（7）媒体传输协议的转换：应支持将非 SIP 监控域设备的媒体传输协议和数据封装格式与媒体传输协议和数据封装格式进行双向协议转换。

（8）媒体数据的转换：应支持将非 SIP 监控域设备的媒体数据转换为符合 SIP 监控域中规定的媒体编码格式的数据。

（9）与其他系统的数据交换：联网系统通过接入网关提供与其他应用系统的接口。接口的基本要求、功能要求、数据规范、传输协议和扩展方式应符合要求。

### 3.6.3 视频监控系统控制的基本要求

（1）设备注册：应支持设备进入联网系统时向 SIP 服务器进行注册登记的工作模式。如果设备注册不成功，可延迟一定的随机时间后重新注册。

（2）实时媒体点播：应支持按照指定设备、指定通道进行图像的实时点播，支持多用户对同一图像资源的同时点播。要支持监控点与监控中心之间、监控中心与监控中心之间的语音实时点播或语音双向对讲。会话描述信息采用 SDP 协议规定的格式。

（3）历史媒体回放：应支持对指定设备上指定时间的历史媒体数据进行远程回放，回放过程应支持正常播放、快速播放、慢速播放、画面暂停、随机拖放等媒体回放控制。

（4）设备控制：应支持向指定设备发送控制信息，如球机/云台控制、录像控制、报警设备的布防/撤防等，实现对设备的各种动作进行遥控。

（5）报警事件通知和分发：应能实时接收报警源发送来的报警信息，根据报警处置预案将报警信息及时分发给相应的用户终端或系统设备。

（6）设备信息查询：应支持分级查询并获取联网系统中注册设备的目录信息、状态信息等，其中设备目录信息包括设备名、设备地址、设备类型、设备状态等信息。应支持查询设备的基本信息，如设备厂商、设备型号、版本、支持协议类型等信息。

（7）设备状态信息报送：应支持以主动报送和被动查询的方式搜集、检测网络内的监控设备、报警设备、相关服务器的运行情况。

（8）历史媒体文件检索：应支持对指定设备上指定时间段的历史媒体文件进行检索。

（9）网络校时：联网系统内的 IP 网络服务器设备应支持 NTP 协议的网络统一校时服务。网络校时设备分为时钟源和客户端，支持客户端/服务器的工作模式；时钟源应支持 TCP/IP、UDP 及 NTP 协议，能将输入的或自身产生的时间信号以标准的 NTP 信息包格式输出。联网系统内的 IP 网络接入设备应支持 SIP 信令的统一校时，接入设备应在注册时接收来自 SIP 服务器通过消息头 Date 域携带的授时。

（10）订阅和通知：应支持订阅和通知机制，支持事件订阅和通知，支持目录订阅和通知。

### 3.6.4 视频监控系统传输的特点

#### 1. 监控视频传输概述

视频信号带宽 0~6 MHz，现在市场上视频线按线径大致分成 75 Ω−3、75 Ω−5、75 Ω−7 三种。它是唯一可以直接进行视频传输的线缆，线径越大，传输距离越远，价格也越高。它可以将视频信号传输 150~500 m，对于传输更远距离，可以采用视频放大器设备，一根视频线可以传输一路视频信号，在传统的监控工程中，这种方式被大量采用。

传统的视频监控通常采用"一机一线"的星形拓扑，即对每一台摄像机都要单独配置一根视频同轴电缆，把现场的视频信号传输至控制室，再由视频矩阵进行信号分配，最终送往 CRT 监视器阵列（电视墙）和模拟/数字录像设备。如果该摄像机配置了云台或变焦功能，则需要另外配线。随着技术的发展，现在已经出现了将云台控制信号调制在视频通道上进行传输的技术，但总体上，"一机一线"的拓扑形式没有改变。

**2. 视频传输的特点**

一般在小范围的监控系统中，由于传输距离较近，使用同轴电缆直接传送监控图像对图像质量的损伤不大，完全可以满足实际要求。但是，根据对同轴电缆自身特性的分析，当信号在同轴电缆内传输时其受到的衰减与传输距离和信号本身的频率有关。一般信号频率越高，衰减越大。所以，同轴电缆只适合于 0～200 m 距离传输图像信号，当传输距离超过200 m 时，图像质量将会明显下降，特别是色彩变得暗淡，有失真感。

在工程实际中，为了延长传输距离，要使用同轴放大器。同轴放大器对视频信号具有放大功能，并且还能通过均衡调整对不同频率成分分别进行不同大小的补偿，使接收端输出的视频信号失真小，传输距离远。同轴放大器也不能无限制级联，一般在一个点到点系统中同轴放大器最多只能级联 1～2 个，否则无法保证视频传输质量，并且调整起来也很困难。因此，在监控系统中使用同轴电缆时，为了保证有较好的图像质量，一般将传输距离范围限制在 200 m 左右，即节约成本又不需要放大补偿。

在监控系统中，常见的是使用 75 Ω – 5 的同轴电缆。一般这种同轴电缆的分布电容在5～60 pF/m 之间，再加上电缆的直流电阻，会使被传输信号受到衰减。测试表明，频率为5 MHz 的信号在 75 Ω – 5 的同轴电缆内传输 100 m 时，将衰减 5 dB 左右，信号频率越高，衰减越大。图像信号是一种高频宽带信号，图像彩色部分位于频率高端，当用同轴电缆传输彩色图像信号时，其亮度和色彩都会受到衰减，特别是随着传输距离增加，图像的色彩会变淡甚至失真。在实验室进行测试发现，彩色图像信号在 75 Ω – 5 的同轴电缆内传输200 m 左右时，其幅度和色彩已经有了明显的衰减。如果要传输更远距离，需要加入同轴视频放大器。

 # **3.7 视频监控系统的传输方式**

## **3.7.1 共缆传输**

射频传输又称为共缆传输，将视频信号调制到一定的频段进行传输，即采用有线电视的传输方式，一条射频电缆传输多路视频信号。这种传输方式的优点是传输距离远，抗干扰能力强，缺点是前后端都需要接调制解调器等系列设备，设计施工技术要求高。

随着工程规模的扩大，工程中对监控的要求也越来越高，一个楼宇（小区）监控系统中使用数十个甚至上百个监控点（摄像机）也常见，而基于传统"一机一线"的拓扑形式将导致系统布线规模的迅速加大，给工程师们设计以及施工人员的施工，特别是工程的日常维护都带来了极大的不便。此外，由于工程规模的扩大，监控点与控制中心的距离也越来越远，视频信号的传输衰减问题也越来越突出。

**1. 共缆传输监控系统**

共缆传输监控系统如图 3-9 所示，就是将一到数十个摄像监控点的音/视频信号和系统的控制信号经过信号复合使用，通过一根普通同轴电缆进行长达 5 km 的远距离传输，并达到实时监看和控制效果的一套高科技专业传输系统。

共缆传输技术是基于传统 CATV 多载频射频调制共缆传输原理的新型视/音频传输技术。共缆传输把多个视/音频乃至控制/数据信号调制在不同的频带在一根电缆上混合传输而不相互干扰，因此在实际应用中可实现各种信号的总线方式传输，从而大大减少了布线规模。共缆传输结构清晰，布线简单，调试方便，使监控工程的设计、施工、维护都显得十分简便。

共缆传输总线上可直接使用 CATV 的各种成熟产品（如分支/分配器、信号放大器等），从而使系统具有超长距离传输的能力并大大降低了系统的建造成本与维护成本。

共缆传输可广泛应用于智能化楼宇、住宅小区、大型仓储、超市、标准化考场、银行业务、生产指挥监控、城市联网保安、高速公路监控、公安司法监管等场所的多监控点，长距离传输的各类图像监控系统中。

**2. 共缆传输的特点**

16 路共缆传输监控系统如图 3-9 所示，它采用树形自由拓扑结构，这种结构便于设计、施工和日常维护。由于是树形结构，可以随意增减前端的设备数量，而不破坏已有的布线结构。

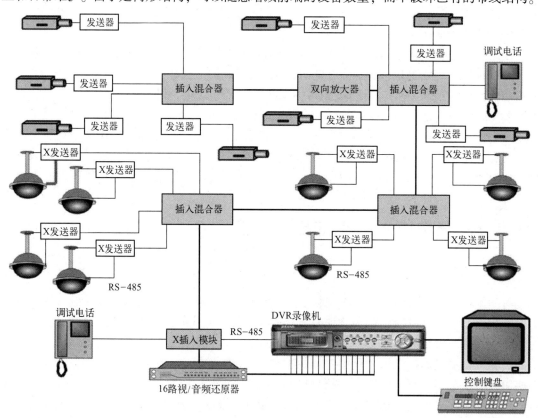

图 3-9　16 路共缆传输监控系统

宽带全信号传输——视频、音频、RS-485 控制 3 种信号混合调制，每路信道为 12 MHz 带宽，在同一根同轴电缆上传输 16 路 3 种信号。

远距离实时传输——800 m 同轴电缆无须采用任何中继放大设备，如果线路延长可相应增加干线放大器。

抗电源干扰——与 220 V AC 电缆平行敷设不受电源信号的干扰。

集散式布线方式——完全根据现场需要，随时增加或减少布线规模。另外，在维护期间，可以随时更换损坏的线路，而不影响整体布线规模和系统分布结构。如果系统总控制中心需要迁移，只需将原来的信号传输方向进行相应的调整，即可实现。完全解决了传统的集中式布线方式带来的弊端和不便。

兼容性强——由于采用协议透明传输方式，可将各种基于 RS–485 接口传输的协议自由传输，真正实现各类型设备之间的无缝连接。

软路由功能——只要采用宽频总线技术网络的系统均可以实现内部路由功能。也就是说，所有信号的传输均会被系统软件自动选取最佳的物理链路进行传输，以减少信号的传输时间。另外，当线路故障或断开时，系统软件可自动选择最佳传输路线，完成信号的传输（除非所有的线路均已断开）。

市场应用广阔——铁路客运系统安全监控、货运系统列车编组、智能化小区系统集成、楼宇自动控制、民航机场、高速公路、港口货场、监狱、看守所、收容所、消防系统监控等由多个子系统构成的大型系统。

适用环境——前端设备分散、数量多、传输距离较长（1 km 以上）的系统特别可以体现较高的优越性和性价比（如民航机场、高速公路等）。

共缆传输系统由摄像机、云台、报警探头、录像机、监视器等通用前后端设备和宽频总线智能终端、信道调制器、通用解码器、报警集线器、级联/多路混合器、分支/放大器（可选）等组成，传输线采用标准 75 Ω 同轴电缆。

视/音频信号经由信道调制器调制至 45～750 MHz 的载频信号。每个摄像机均配置一个信道调制器，载频信号通过级联/多路混合器接入主干电缆中，形成上行多载频信号群，送至宽频总线智能终端（如需实现超距传输则视实际情况插入放大器），完成信号的解调和矩阵切换。信道调制器采用与大多数摄像机相容的 DC 12 V 直流供电形式，可直接与摄像机共用电源。每根主干电缆可同时传输 16 路视/音频信号。

宽频总线智能终端对信号的解调和矩阵切换由值班计算机通过 RS–485 串行总线加以控制，每路 RS–485 总线可直接挂接 16 台宽频总线智能终端（通过前面板的“本机码址”区分各台设备），若配置总线扩展器则可以直接把一个 PC 串行口扩展为 4 路 RS–485 总线，这时系统将最多可管理 64 台宽频总线智能终端，对应 64 根主干电缆，多达 1 024 个前端摄像机。

宽频总线智能终端同时可将值班计算机的数据输出信号调制为 MSK 格式并馈入主干电缆形成总线下行信号。

在信道调制器和主干电缆之间可插入通用解码器。通用解码器接收总线下行信号，从中解调出符合自身地址的有效云台控制信号直接驱动云台电机，并通过 RS–485 端口向报警集线器等其他数字通信设备转发来自值班计算机的数字信息；此外，通用解码器同时将来自 RS–485 端口的数字信息调制为 MSK 格式送至信道调制器的音频端，附带在其载频信号上经由主干电缆回传至值班计算机，从而实现数据的双向传输。

通用解码器采用 AC 220 V 电源并可向摄像机、信道调制器和报警集线器提供 DC 12 V

电源。报警集线器可连接各种现场报警探头，记录报警信号，以 RS – 485 总线与通用解码器连接，响应值班计算机的远程访问。

综上所述，总线系统具有极大的可伸缩性，其前端设备既可以是单独的信道调制器，完成基本的视/音频信号调制与传输；也可以是以通用解码器为中心的完整的局部通信网络，并与主系统相连，完成包括云镜控制、报警乃至远程抄表等数据通信功能。整个系统采用清晰的树形拓扑结构，极大简化了系统布线，实现了极高的性价比。

**3. 共缆传输的应用**

目前的射频传输系统到底可以有效传输多少路视/音频和控制信号呢？对于项目是否合适呢？这是在项目设计之前必须考虑清楚的问题。

根据我国有线电视的制定标准（50 ~ 750 MHz），理论上一条 SYWV 75 – 5 的线缆可以同时传输大约 64 个频道的节目。但是实际上还要考虑去掉 FM 调频广播的频段，以及各信道之间为了不相互干扰，而必须隔离的频段。那么，大约只有 50 多个频道了。但这些频段也并不完全适合工程使用。因为考虑到工程性价比的问题，只有 VHF 频段是最经济适用的。而 UHF 频段的视频调制器不能用工程价格解决信号之间的互相干扰问题。所以，真正适合监控系统使用的信道，大约也只有 30 个了。也就是说绝大多数工程项目，也只能在一条射频同轴电缆上同时传输最多 30 路音/视频和控制信号。但实际的使用情况是，目前也只有 24 路音/视频和控制信号可以在 1 条同轴电缆上真正地实现实时传输。那么，再多的系统信号就需要用到几条或者十几条同轴电缆来传输了。否则，工程是不可能通过验收的。

不过总的来说，目前可以把多类、多路信号实时传输 300 m ~ 10 km，既经济又能采用自由拓扑体系结构的传输系统，只有射频传输可以解决。

## 3.7.2 双绞线传输

双绞线（TP, Twisted Pair）是综合布线工程中最常用的一种传输介质。双绞线由两根具有绝缘保护层的铜导线组成。将两根绝缘的铜导线按一定密度互相绞在一起，可降低信号干扰的程度，每一根导线在传输中辐射的电波会被另一根线上发出的电波抵消。与其他传输介质相比，双绞线在传输距离、信道宽度和数据传输速度等方面均受到一定限制，但其价格较为低廉。

**1. 双绞线的类别**

根据双绞线电缆的外层是否有铝箔包裹，可将双绞线分为非屏蔽双绞线（UTP, Unshielded Twisted Pair）和屏蔽双绞线（STP, Shielded Twisted Pair）。双绞线的结构如图 3-10 所示。

按电气性能划分，双绞线可以分为：1 类、2 类、3 类、4 类、5 类、超 5 类、6 类、超 6 类、7 类共 9 种类型。类型数字越大，版本越新，技术越先进，带宽也越宽，当然价格也越贵。这些不同类型的双绞线标注方法是这样规定的：如果是标准类型则按 "cat*x*" 方式标注，如常用的则在线的外包皮上标注为 "cat5"，注意字母通常是小写，而不是大写。而如果是改进版，就按 "*x*e" 进行标注，如超 5 类线就标注为 "5e"，同样字母也是小写，而不是大写。

　　　　　　　撕裂绳
　　　　　　　裸铜导线
　　　　　　聚乙烯绝缘
　　　　　　　引流线
　　　　　　铝箔屏蔽

　　　　　聚氯乙烯护套

超 5 类单屏蔽室内网线：4×2×0.51

图 3-10　双绞线的结构（超 5 类线）

　　双绞线技术标准是由美国通信工业协会（TIA）制定的，其标准是 EIA/TIA – 568B，具体如下：

　　（1）1 类（Category 1）线是 ANSI/EIA/TIA – 568A 标准中最原始的非屏蔽双绞铜线电缆，它开发之初的目的不是用于计算机网络数据通信，而是用于电话语音通信。

　　（2）2 类（Category 2）线是 ANSI/EIA/TIA – 568A 和 ISO 2 类/A 级标准中第一个可用于计算机网络数据传输的非屏蔽双绞线电缆，传输频率为 1 MHz，传输速率达 4 Mb/s，主要用于旧的令牌网。

　　（3）3 类（Category 3）线是 ANSI/EIA/TIA – 568A 和 ISO 3 类/B 级标准中专用于 10BASE – T 以太网的非屏蔽双绞线电缆，其传输频率为 16 MHz，传输速率可达 10 Mb/s。

　　（4）4 类（Category 4）线是 ANSI/EIA/TIA – 568A 和 ISO 4 类/C 级标准中用于令牌环网络的非屏蔽双绞线电缆，其传输频率为 20 MHz，传输速率达 16 Mb/s。主要用于基于令牌的局域网和 10BASE – T/100BASE – T。

　　（5）5 类（Category 5）线是 ANSI/EIA/TIA – 568A 和 ISO 5 类/D 级标准中用于运行 CD-DI（CDDI 是基于双绞铜线的 FDDI 网络）和快速以太网的非屏蔽双绞线电缆，传输频率为 100 MHz，传输速率达 100 Mb/s。

　　（6）超 5 类（Category excess 5）线（参见图 3-10）是 ANSI/EIA/TIA – 568B.1 和 ISO 5 类/D 级标准中用于运行快速以太网的非屏蔽双绞线电缆，传输频率也为 100 MHz，传输速率也可达到 100 Mb/s。与 5 类线相比，超 5 类线在近端串扰、串扰总和、衰减和信噪比 4 个主要指标上都有较大的改进。

　　（7）6 类（Category 6）线是 ANSI/EIA/TIA – 568B.2 和 ISO 6 类/E 级标准中规定的一种非屏蔽双绞线电缆，它主要应用于百兆位快速以太网和千兆位以太网中。因为它的传输频率可达 200 ~ 250 MHz，是超 5 类线带宽的 2 倍，最大速率可达到 1 000 Mb/s，满足千兆位以太网需求。

　　（8）超 6 类（Category excess 6）线是 6 类线的改进版，同样是 ANSI/EIA/TIA – 568B.2

和 ISO 6 类/E 级标准中规定的一种非屏蔽双绞线电缆，主要应用于千兆网络中。在传输频率方面与 6 类线一样，也是 200~250 MHz，最大传输速率也可达到 1 000 Mb/s，只是在串扰、衰减和信噪比等方面有较大改善。

（9）7 类（Category 7）线是 ISO 7 类/F 级标准中最新的一种双绞线，主要为了适应万兆位以太网技术的应用和发展。但它不再是一种非屏蔽双绞线了，而是一种屏蔽双绞线，所以它的传输频率至少可达 500 MHz，又是 6 类线和超 6 类线的 2 倍以上，传输速率可达 10 Gb/s。

**2. 双绞线的性能指标**

对于双绞线，用户最关心的是表现其性能的几个指标。这些指标包括衰减、近端串扰、阻抗特性、分布电容、直流电阻等。

（1）衰减：衰减（Attenuation）是沿链路的信号损失度量。衰减与线缆的长度有关，随着长度的增加，信号衰减也随之增加。衰减用"dB"作为单位，表示源发送端信号到接收端信号强度的比率。由于衰减随频率而变化，因此，应测量在应用范围内的全部频率上的衰减。

（2）近端串扰：串扰分近端串扰（NEXT）和远端串扰（FEXT），测试仪主要用于测量 NEXT，由于存在线路损耗，因此 FEXT 的量值的影响较小。近端串扰（NEXT）损耗是测量一条 UTP 链路中从一对线到另一对线的信号耦合。对于 UTP 链路，NEXT 是一个关键的性能指标，也是最难精确测量的一个指标。随着信号频率的增加，其测量难度将加大。NEXT 并不表示在近端点所产生的串扰值，它只是表示在近端点所测量到的串扰值。这个量值会随电缆长度不同而改变，电缆越长，其值变得越小。同时发送端的信号也会衰减，对其他线对的串扰也相对变小。实训证明，只有在 40 m 内测量得到的 NEXT 是比较真实的。

（3）直流电阻：TSB67（由 TIA/EIA 制定的非屏蔽双绞线系统性能的现场测试规范）无此参数。直流环路电阻会消耗一部分信号，并将其转变成热量。它是指一对导线电阻的和，ISO 11801（由国际标准化委员会 ISO 制定的综合布线国际标准）规格的双绞线直流电阻不得大于 19.2 Ω。每对间的差异不能太大（小于 0.1 Ω），否则表示接触不良，必须检查连接点。

（4）特性阻抗：与环路直流电阻不同，特性阻抗包括电阻及频率为 1~100 MHz 的电感阻抗及电容阻抗，它与一对电线之间的距离及绝缘体的电气性能有关。各种电缆有不同的特性阻抗，而双绞线电缆则有 100 Ω、120 Ω 及 150 Ω 几种。

（5）衰减串扰比（ACR）：在某些频率范围内，串扰与衰减量的比例关系是反映电缆性能的另一个重要参数。ACR 有时也以信噪比（SNR，Signal－Noise Ratio）表示，它由最差的衰减量与 NEXT 量值的差值计算。ACR 值越大，表示抗干扰的能力越强。一般系统要求至少大于 10 dB。

**3. 双绞线视频传输特点**

双绞线的使用由来已久，在很多工业控制系统中和干扰较大的场所以及距离较远的传输中都使用了双绞线，广泛使用的局域网也使用双绞线。双绞线之所以使用如此广泛，是因为它具有抗干扰能力强、布线容易、价格低廉，而且具有经过放大补偿传输距离远等许多优点。双绞线传输信号也存在着较大的衰减，视频信号如果直接在双绞线内传输，也会衰减很大，只能传输 60 ~ 80 m。所以视频信号在双绞线上要实现远距离传输，必须进行放大和补偿，全自动双绞线视频传输设备就可以完成这种功能。加上一对双绞线视频传输器后，可以将视频图像传输最远达到 1.8 km。增加双绞线视频传输器的监控视频传输，如图 3-11 所示。

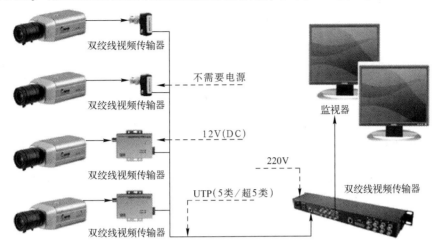

图 3-11　双绞线远距离监控视频传输

双绞线和双绞线视频传输器价格都很便宜，不但没有增加系统造价，反而在距离增加时其造价与同轴电缆相比下降了许多。所以，监控系统中用双绞线进行较远距离传输具有明显的优势：

（1）传输距离较远，传输质量较高。由于使用了全自动双绞线收发器，补偿了双绞线视频信号的衰减以及不同频率间的衰减差，保持了原始图像的亮度和色彩以及实时性，在传输距离达到 1 km 或更远时，图像信号失真较小。

（2）布线方便、线缆利用率高。一对普通电话线就可以用来传送视频信号。另外，在楼宇大厦内广泛敷设的 5 类非屏蔽双绞线中任取一对就可以传送一路视频信号，无须另外布线，即使是重新布线，5 类双绞线也比同轴电缆和光纤容易施工。此外，一根 5 类双绞线内有 4 对双绞线，如果使用一对线传送视频信号，另外的几对线还可以用来传输音频信号、控制信号或其他信号，提高了线缆利用率，同时避免了各种信号单独布线带来的麻烦，减少了工程造价。

（3）抗干扰能力较强。双绞线能有效抑制干扰，即使在强干扰环境下，双绞线也能传送较好的视频图像信号。而且，使用一根双绞线内的几对双绞线分别传送不同的信号，相互之间不会发生干扰。

（4）可靠性高、使用方便。利用双绞线传输视频信号，在前端要接入 UTP 信号发送设备，在控制中心要接入全自动双绞线视频传输设备。这种双绞线传输设备价格便宜，使用起来也很简单，即插即用，不需要专业知识，也不需要其他的操作，一次安装，长期稳定工作。

（5）价格便宜，取材方便。普通 5 类非屏蔽电缆应用广泛，购买容易，而且价格也很便宜，给工程应用带来极大的方便。

## 3.7.3　同轴电缆传输

同轴电缆的结构如图 3-12 所示。一般在小范围的监控系统中，由于传输距离较近，使

用同轴电缆直接传送监控图像对图像质量的损伤不大，完全可以满足实际要求，传输系统如

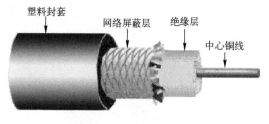

塑料封套　网络屏蔽层　绝缘层　中心铜线

图 3-12　同轴电缆的结构

图 3-13 所示。但是，当信号在同轴电缆内传输时，其受到的衰减与传输距离和信号本身的频率有关。一般来讲，信号频率越高，衰减越大。所以，同轴电缆传输距离适合 0～300 m 距离传输图像信号，当传输距离超过 300 m 时，图像质量将会明显下降，特别是色彩变得暗淡，有失真感。

在实际工程中，为了延长传输距离，要使用同轴放大器。同轴放大器对视频信号具有放大功能，并且还能通过均衡调整对不同频率分别进行不同大小的补偿，使接收端输出的视频信号失真小，传输距离远。同轴放大器不能无限制级联，一般在一个点到点系统中同轴放大器最多只能级联 1～2 个，否则无法保证视频传输质量，并且调整起来也很困难。因此，在监控系统中使用同轴电缆时，为了保证有较好的图像质量，一般将传输距离范围限制在 200 m 左右，既节约成本又不需要放大补偿。

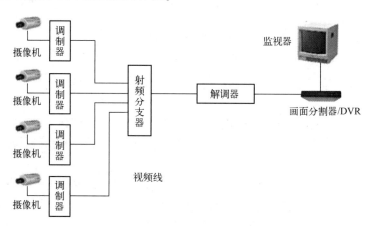

图 3-13　同轴电缆视频传输系统

同轴电缆在监控系统中传输图像信号存在以下缺点：
- 同轴电缆本身受气候变化影响大，图像质量也会受到一定影响；
- 同轴电缆较粗，在密集监控应用时布线不太方便；
- 同轴电缆一般只能传视频信号，如果系统中需要同时传输控制数据、音频等信号时，则需要另外布线；
- 同轴电缆抗干扰能力有限，无法应用于强干扰环境；
- 同轴电缆造价比较高，同轴放大器也不便宜。

同轴视频有线传输的方式主要有两种：基带同轴传输和射频同轴传输。还有一种"数字视频传输"，如互联网，属于综合传输方式。

值得一提的是目前已经产生的数字电视传输技术，会不会发展到监控行业里来，值得探讨和关注。这里主要讲解前两类的技术原理。从工程应用角度看，重要的是掌握电缆的传输特性和传输设备的基本性能，更要特别注意的是线缆加传输设备共同组成的"视频传输通道特性"。

**1. 同轴电缆射频传输**

同轴电缆的射频传输是有线电视的成熟传输方式，它通过视频信号对射频载波进行调幅，视频信息承载并隐藏在射频信号的幅度变化里，形成一个 8 MB 标准带宽的频道，不同的摄像机视频信号调制到不同的射频频道，然后用多路混合器将所有频道混合到一路宽带射频输出，实现一条传输电缆里同时传输多路信号。在末端，再用射频分配器将信号分成多路，每路信号用一个解调器解调出一个频道的视频信号。对一个频道（8 MB）内电缆传输产生的频率失真，应该由调制解调器内部的加权电路完成；对于各频道之间宽带传输频率失真，由专用均衡器在工程现场检测调试完成；对于传输衰减，通过计算和现场的场强检测调试完成，包括远程传输串接放大器、均衡器前后的场强电平控制。射频多路传输对于几千米以内的中远距离视频传输有明显优势。射频传输方式继承了有线电视的成熟传输方式，在监控行业应用，其可行性、可信度和可靠性，在技术上是成熟的。但技术的成熟，不等于具体产品和具体工程就一定成功，射频网络设计与调试的知识与经验，工程技术人员的水平，检测设备的配套等，也是工程能否成功的关键因素。在监控工程视频传输系统的设计时要注意与其他传输方式的合理搭配，切忌"一统天下"的设计方案。

**2. 同轴电缆的视频基带传输**

同轴电缆的视频基带传输是一种最基本，最普遍，应用最早，使用最多的一种传输方式，也是技术进步最慢的一种传输方式。同轴电缆低频衰减小，高频衰减大，但射频早在 20 多年以前就实现了多路远距离传输，而视频基带传输却长期停留在单路 100 m 的距离，监控工程中在降低对图像质量要求情况下，也只能用到三四百米。

同轴电缆的视频基带传输技术进步的难点就是同轴视频基带传输的频率失真太严重的问题。射频传输的一个频道的相对带宽（8 MB）只有百分之几，高低频衰减差很小，一般都可以忽略；但在同轴视频基带传输方式中，低频 $10 \sim 50$ Hz 与高频 6 MHz，高低频相差十几万至几十万倍，高低频衰减（频率失真）太大，而且不同长度电缆的衰减也不同，不可能用一个简单的、固定的频率加权网路来校正电缆的频率失真。用宽带等增益视频放大器，也无法解决频率失真问题。所以要实现同轴远距离基带传输，就必须解决加权放大技术问题，而且这种频率加权放大的"补偿特性"必须与电缆的衰减和频率失真特性保持相反、互补、连续可调，以适应工程不同型号，不同长度电缆的补偿需要，这是技术进步最慢的历史原因。近几年，由于研究的进步和推广应用，已经大幅度提高了同轴视频监控的距离和范围——由 100 m 扩展到了 $2 \sim 3$ km，有效提高了图像传输质量，降低了远距离传输电缆的成本。"末端补偿"有效简化了传输系统，方便了工程的安装调试，并且首次实现了工程中图像质量的现场可调控制。但是这类视频，只能一对一地应用，不能多路共缆，也不能作为抗干扰设备使用。

**3. 安防视频监控线缆的选择**

（1）视频线：摄像机到监控主机的距离 $\leq 200$ m，用 RG59（128 编）视频线；摄像机到监控主机距离 $>200$ m，用 SYV75 – 5 视频线。

（2）云台控制线：云台与控制器距离 $\leq 100$ m，用 RVV6 × 0.5 护套线；云台与控制器距离 $>100$ m，用 RVV6 × 0.75 护套线。

（3）镜头控制线：采用 RVV4 × 0.5 护套线。

（4）解码器通信线：采用 RVV2 × 1 屏蔽双绞线。

（5）摄像机电源线：若系统有 20 台普通摄像机，摄像机到监控主机的平均距离为 50 m，则应使用 BVV 6 m² 铜芯双塑线做电源主线，不同距离所使用的电源线如表 3-2 所示。

表 3-2　不同距离使用的电源线规格

| 摄像机到监控主机的平均距离 | 电源线规格 |
| --- | --- |
| ≤20 m | 2.5 m² |
| 31～33 m | 4 m² |
| 34～50 m | 6 m² |

### 3.7.4　光纤传输

**1. 光纤概述**

光纤是一种将信息从一端传送到另一端的媒介，是一条以玻璃或塑料纤维作为让信息通过的传输媒介。光纤和同轴电缆相似，只是没有网状屏蔽层，中心是光传播的玻璃芯。在多模光纤中，芯的直径是 15～50 μm，大致与人的头发丝粗细相当。而单模光纤芯的直径为 8～10 μm。芯外面包围着一层折射率比芯低的玻璃封套，以使光纤保持在纤芯内。再外面是一层薄的塑料外套，用来保护封套。光纤通常被扎成束，外面有外壳保护。纤芯通常是由石英玻璃制成的横截面积很小的双层同心圆柱体，它质地脆，易断裂，因此需要外加一层保护层。

1）光纤与光缆的区别

通常"光纤"与"光缆"两个名词会被混淆。光纤在实际使用前，其外部要由几层保护结构包覆，光纤被包覆后的线缆即称为光缆。外层的保护结构可防止不良环境对光纤的伤害，如水、火、电击等。光缆包括光纤、缓冲层及披覆。

2）光纤的类别及其特性

（1）单模光纤：纤芯直径为 8～10 μm，长距离传输达 21 km（典型距离）。主要用于长途电信、长途 CCTV、长途广播和长途数据通信。带宽为 4 GHz，损耗典型值为 0.3～0.7 dB/km（光纤/波长固定），纤芯直径为 8～10 μm，使用 1 310～1 550 nm 传输，用边发射 LED 或激光发射，连续成本较高。典型距离（连续光纤无连接点）：1 210 nm（工作波长），距离达 16 km；1 550 nm（激光），距离达 25 km。

（2）多模光纤：纤芯直径 50～100 μm，传输距离可达 3 km（典型距离），带宽达 600 MHz/km，损耗为 1～4 dB/km（光纤/波长固定），纤芯直径为 50/62.5/85/100 μm，使用 850 nm 及 1 310 nm 传输，原器件及设备成本从中到低，通常使用 LED 发射。典型距离（连续光纤无连接点）：多模 850 nm（LED），距离可达 3 km；多模 1 310 nm（LED），距离可达 6 km。

3）光纤的传输特点

由于光纤是一种传输媒介，它可以像一般铜缆线一样传送语音或数据等，所不同的是，光纤传送的是光信号而非电信号，光纤传输具有同轴电缆无法比拟的优点而成为远距离信息传输的首选设备：

- 性能稳定。光纤不易受潮湿影响，不易被腐蚀，无须定期维护，寿命长，使用更少的中继器，光学性能更好，传输距离远，信号品质稳定。
- 传输保密。不产生辐射，不产生电磁脉冲，不产生无线电频率，不产生任何可以被检测到的电信号。

- 高带宽。通过一根光缆可以传输更多的信息。
- 抗噪声。光纤是绝缘材料，不受电磁干扰（EMI），不受无线电干扰（RFI），不受高压影响，不受地回路电压影响。
- 安全。发生火灾时不短路，用于危险环境、爆炸环境非常理想。
- 不会短路。光纤是玻璃材料的，不携带电流，不产生热、火花。
- 体积小。光缆与铜缆比较：10 mm 8 芯光缆可传输远于 2 km 的 64 路视频，而 0.29 mm 的铜缆只能传输小于 1 路视频。
- 质量轻。光缆对铜缆：1 芯 PVC 封装光纤是 10.45 kg/km，普通钢缆 RG – 11/U 是 121.68 kg/km。

**2. 光纤的传输原理和工作过程**

光纤是光波传输的介质，是由介质材料构成的圆柱体，分为芯子和包层两部分。光波沿芯子传播。在实际工程应用中，光纤是指由预制棒拉制出纤丝经过简单被覆后的纤芯，纤芯再经过被覆，加强防护，成为能够适应各种工程应用的光缆。

1）光纤传输原理

光波在光纤中的传播过程是利用光的折射和反射原理进行的，一般来说，光纤芯子的直径要比传播光的波长高几十倍以上，因此利用几何光学的方法定性分析就足够了，而且对问题的理解也很简明、直观。

2）光纤传输过程

首先由发光二极管（LED）或注入式激光二极管（ILD）发出光信号沿光媒体传播，在另一端则由 PIN 或 APD 光电二极管作为检波器接收信号。对光载波的调制称为移幅键控法，又称亮度调制（Intensity Modulation）。典型的做法是在给定的频率下，以光的出现和消失来表示两个二进制数字。发光二极管和 ILD 的信号都可以用这种方法调制，PIN 和 ILD 检波器直接响应亮度调制。功率放大——将光放大器置于光发送端之前，以提高入纤的光功率，使整个线路系统的光功率得到提高。在线中继放大——建筑群较大或楼间距较远时，可起到中继放大作用，提高光功率。前置放大——在接收端的光电检测器之后将微信号进行放大，以提高接收能力。

3）光纤熔接技术原理

光纤连接采用熔接的方式。熔接是通过将光纤的端面熔化后将两根光纤连接到一起的，这个过程与金属线焊接类似，通常要用电弧来完成。熔接的示意图如图 3-14 所示。

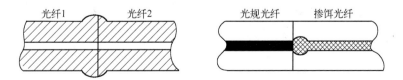

图 3-14　光纤熔接示意图

熔接光纤不产生缝隙，因此不会引入反射损耗，入射损耗也很小（在 0.01 ~ 0.15 dB 之间）。在光纤进行熔接前要把它的涂敷层剥离。机械接头本身是保护连接的光纤的护套，但熔接在连接处却没有任何保护。因此，熔接光纤设备包括重新涂敷器，它用来涂敷熔接区域。另一种方法是使用熔接保护套管。它们是一些分层的小管，其基本结构和通用尺寸如图 3-15 所示。

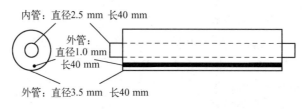

内管：直径 2.5 mm　长 40 mm
外管：直径 1.0 mm　长 40 mm
外管：直径 3.5 mm　长 40 mm

图 3-15　光纤熔接保护套管的基本结构和通用尺寸

将保护套管套在接合处，然后对它们进行加热。内管是由热缩材料制成的，因此这些套管就可以牢牢地固定在需要保护的地方，加固件可避免光纤在这一区域受到弯曲。

**3. 光纤接续的过程和步骤**

（1）开剥光缆。将光缆固定到接续盒内，在开剥光缆之前应去除施工时受损变形的部分，使用专用开剥工具，将光缆外护套开剥约 1 m 左右的长度。

（2）分纤。将不同束管，不同颜色的光纤分开，分别穿过热缩管。剥去涂覆层的光纤很脆弱，使用热缩管可以保护光纤熔接头，如图 3-16 所示。

（3）准备熔接机。打开熔接机电源，采用预置的程式进行熔接，并在使用中和使用后及时去除熔接机中的灰尘，特别是夹具、各镜面和 V 形槽内的粉尘和光纤碎末。熔接前要根据系统使用的光纤和工作波长来选择合适的熔接程序。如没有特殊情况，一般都选用自动熔接程序。

（4）制作对接光纤端面。光纤端面制作的好坏将直接影响光纤对接后的传输质量，所以在熔接前一定要做好被熔接光纤的端面。首先用光纤熔接机配置的光纤专用剥线钳剥去光纤纤芯上的涂覆层，再用蘸酒精的清洁棉花在裸纤上擦拭几次，用力要适度，如图 3-17 所示，然后用精密光纤切割刀切割光纤，切割长度一般为 10～15 mm，如图 3-18 所示。

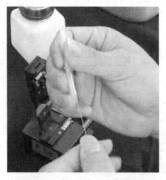　　　　

图 3-16　光纤穿热缩护套图　　　　图 3-17　用剥线钳去除纤芯涂层

（5）放置光纤。将光纤放在熔接机的 V 形槽中，小心压上光纤压板和光纤夹具，要根据光纤切割长度设置光纤在压板中的位置，一般将对接的光纤的切割面基本都靠近电极尖端位置。关上防风罩，按"SET"键即可自动完成熔接。需要的时间根据使用的熔接机不同而不同，一般需要 8～10 s，如图 3-19 所示。

图 3-18　用光纤切割刀切割光纤

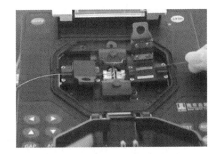

图 3-19　熔接光纤放置光纤

（6）移出光纤用加热炉加热热缩管。拨开防风罩，把光纤从熔接机上取出，再将热缩管放在裸纤中间，再放到加热炉中加热。加热器可使用 20 mm 微型热缩套管和 40 mm 及 60 mm 一般热缩套管，20 mm 热缩管需 40 s，60 mm 热缩管为 85 s，如图 3-20 所示。

图 3-20　用加热炉加热热缩管

（7）盘纤固定。将接续好的光纤盘到光纤收容盘内，在盘纤时，盘圈的半径越大，弧度越大，整个线路的损耗越小。所以一定要保持一定的半径，使激光在光纤传输时，避免产生一些不必要的损耗。

（8）密封和挂起。野外熔接时，接续盒一定要密封好，防止进水。接续盒进水后，由于光纤及光纤熔接点长期浸泡在水中，可能会出现部分光纤衰减增加的情况。最好将接续盒做好防水措施并用挂钩挂在吊线上。至此，光纤熔接完成。

**4. 光缆接续的质量检查**

在熔接的整个过程中，都要用 OTDR 测试仪表加强监测，保证光纤的熔接质量，减小因盘纤带来的附加损耗和封盒可能对光纤造成的损害，决不能仅凭肉眼进行判断。

（1）熔接过程中对每一芯光纤进行实时跟踪监测，检查每一个熔接点的质量。

（2）每次盘纤后，对所盘光纤进行例行检测，以确定盘纤带来的附加损耗。

（3）封接续盒前对所有光纤进行统一测定，查明有无漏测和光纤预留空间对光纤及接头有无挤压。

（4）封盒后，对所有光纤进行最后检测，以检查封盒是否对光纤有损害。

（5）降低光纤熔接损耗的措施：

- 一条线路上尽量采用同一批次的优质名牌裸纤；
- 光缆架设按要求进行；
- 挑选经验丰富、训练有素的光纤接续人员进行接续；
- 接续光缆应在整洁的环境中进行；
- 选用精度高的光纤端面切割器来制备光纤端面；
- 正确使用熔接机。

### 5. 光缆的施工

多年来，光缆施工已经有了一套成熟的方法和经验。较长距离的光缆敷设最重要的是选择一条合适的路径。最短的路径不一定就是最好的，还要注意土地的使用权，架设的或地埋的可能性等。必须有很完备的设计和施工图纸，以便施工和今后检查方便可靠。施工中要时时注意不使光缆受到重压或被坚硬的物体扎伤。光缆转弯时，其转弯半径要大于光缆自身直径的20倍。

1）户外架空光缆施工

（1）吊线托挂架空方式。这种方式简单便宜，在我国应用最广泛，但挂钩加挂、整理较费时。

（2）吊线缠绕式架空方式。这种方式较稳固，维护工作少，但需要专门的缠扎机。

（3）自承重式架空方式。对线杆要求高，施工、维护难度大，造价高，国内目前很少采用。

（4）架空时，光缆引上线杆处必须加导引装置，并避免光缆拖地。光缆牵引时注意减小摩擦力，每根杆上要余留一段用于伸缩的光缆。

（5）要注意光缆中金属物体的可靠接地。特别是在山区、高压电网区和多雷地区。一般要每千米有3个接地点，甚至选用非金属光缆。

2）户外管道光缆施工

（1）施工前应核对管道占用情况，清洗、安放塑料管，同时放入牵引线；

（2）计算好布放长度，一定要有足够的预留长度；

（3）一次布放长度不要太长（一般为2km），布线时应从中间开始向两边牵引；

（4）布缆牵引力一般不大于120kg，而且应牵引光缆的加强芯部分，并做好光缆头部的防水加强处理；

（5）光缆引入和引出处必须加顺引装置，不可直接拖地；

（6）管道光缆也要注意可靠接地。

3）直埋光缆的敷设

（1）直埋光缆的沟要按标准进行挖掘，光缆埋深标准见表3-3；

表3-3  直埋光缆埋深标准

| 敷设地段或土质 | 埋　深 | 备　　注 |
|---|---|---|
| 普通土（硬土） | 1.2 | |
| 半石质（沙砾土、风化石） | 1.0 | |
| 全石质 | 0.8 | 在沟底加垫10cm厚的细土或沙土 |
| 流沙 | 0.8 | |
| 市郊、村镇 | 1.2 | |
| 市内人行道 | 1.0 | |
| 穿越铁路、公路 | 1.2 | 距道渣或距路面 |
| 沟、渠、塘 | 1.2 | |
| 农田排水沟 | 0.8 | |

（2）不能挖沟的地方可以架空或钻孔预埋管道敷设；

（3）沟底应保证平缓坚固，需要时可预填一部分沙子、水泥或支撑物；

（4）敷设时可用人工或机械牵引，但要注意导向和润滑；

（5）敷设完成后，应尽快回土覆盖并夯实。

　　4）建筑物内光缆的敷设

　　（1）垂直敷设时，应特别注意光缆的承重问题，一般每两层要将光缆固定一次；

　　（2）光缆穿墙或穿楼层时，要加带护口的保护用塑料管，并且要用阻燃的填充物将管子填满；

　　（3）在建筑物内也可以预先敷设一定量的塑料管道，待以后要敷设光缆时再用牵引或真空法布设光缆。

　　**6. 光纤链路的测试**

　　测试前应对所有的光连接器件进行清洗，并将测试接收器校准至零位。

　　测试应包括以下内容：

　　（1）在施工前进行器材检验时，一般检查光纤的连通性，必要时宜采用光纤损耗测试仪（稳定光源和光功率计组合）对光纤链路的插入损耗和光纤长度进行测试。

　　（2）对光纤链路（包括光纤、连接器件和熔接点）的衰减进行测试，同时测试得到光跳线的衰减值作为设备连接光缆的衰减参考值，整个光纤信道的衰减值应符合设计要求。

　　在两端对光纤逐根进行双向（收与发）测试，其连接方式如图 3-21 所示。

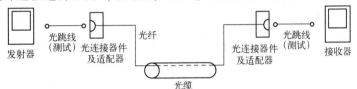

图 3-21　光纤链路测试连接（单芯）

　　☞注意：

- 光连接器件可以为工作区 TO、电信间 FD、设备间 BD、CD 的 SC、ST、SFF 连接器件；
- 光缆可以为水平光缆、建筑物主干光缆和建筑群主干光缆；
- 光纤链路中不包括光跳线。

　　布线系统所采用光纤的性能指标及光纤信道指标应符合设计要求。不同类型的光缆在标称的波长，每千米的最大衰减值应符合表 3-4 的规定。

表 3-4　光缆衰减

| 光缆类别 | OM1、OM2 及 OM3 多模 | | OS1 单模 | |
|---|---|---|---|---|
| | 850 nm | 1 300 nm | 1 310 nm | 1 550 nm |
| 最大衰减系数/（dB/km） | 3.5 | 1.5 | 1.0 | 1.0 |

　　光缆布线信道在规定的传输窗口测量出的最大光衰减（介入损耗）应不超过表 3-5 的规定，该指标已包括接头与连接插座的衰减在内。

表 3-5　光缆信道衰减范围

| 级　　别 | 最大信道衰减/dB | | | |
|---|---|---|---|---|
| | 单模 | | 多模 | |
| | 1 310 nm | 1 550 nm | 850 nm | 1 300 nm |
| OF－300 | 1.80 | 1.80 | 2.55 | 1.95 |
| OF－500 | 2.00 | 2.00 | 3.25 | 2.25 |
| OF－2000 | 3.50 | 3.50 | 8.50 | 4.50 |

　　☞注意：每个连接处的衰减值最大为 1.5 dB。

光纤链路的插入损耗极限值可用以下公式计算：

光纤链路损耗 = 光纤损耗 + 连接器件损耗 + 光纤连接点损耗

光纤损耗 = 光纤损耗系数（dB/km）×光纤长度（km）

连接器件损耗 = 连接器件损耗/个×连接器件个数

光纤连接点损耗 = 光纤连接点损耗/个×光纤连接点个数

光纤链路损耗参考值如表3-6所示。

表3-6　光纤链路损耗参考值

| 光 纤 种 类 | 工作波长/nm | 衰减系数/（dB/km） |
|---|---|---|
| 多模光纤 | 850 | 3.5 |
| 多模光纤 | 1 300 | 1.5 |
| 单模室外光纤 | 1 310 | 0.5 |
| 单模室外光纤 | 1 550 | 0.5 |
| 单模室内光纤 | 1 310 | 1.0 |
| 单模室内光纤 | 1 550 | 1.0 |
| 注：连接器件衰减，0.75 dB；光纤连接点衰减，0.3 dB | | |

所有光纤链路测试结果应有记录，记录在管理系统中并纳入文档管理。

**7. 光纤传输在视频监控中的应用**

光纤传输在视频监控中的应用，如图3-22所示。

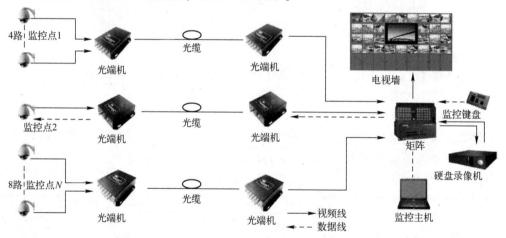

图3-22　光纤在视频监控中的传输

因为光纤具有传输带宽宽、容量大、不受电磁干扰、受外界环境影响小等诸多优点，一根光纤就可以传送监控系统中需要的所有信号，传输距离可以达到上百千米。光端机可以提供一路和多路图像接口，还可以提供双向音频接口、一路和多路各种类型的双向数据接口（包括 RS–232、RS–485、以太网等），可以将它们集成到一根光纤上传输。光端机为监控系统提供了灵活的传输和组网方式。

用光缆代替视频线进行视频信号传输，为电视监控系统增加了高质量、远距离的传输方式，抗干扰能力强，但缺点是造价高，许多企事业单位对用光缆传输的工程造价难以接受。另外光传输需要接入光纤设备，施工难度大，一般用于传输距离大于 1 500 m 的视频工程。

光纤和光端机应用在监控领域里主要是为了解决两个问题：一是传输距离，二是环境干扰。双绞线和同轴电缆只能解决较短距离、小范围内的监控图像传输问题，如果需要传输数千米甚至上百千米距离的图像信号则需要采用光纤传输方式。另外，对一些超强干扰场所，为了不受环境干扰影响，也要采用光纤传输方式。光端机为监控系统提供了灵活的传输和组网方式，信号质量好、稳定性高。

不过，使用光纤和光端机需要一定的专业知识和专用设备，这给工程施工和用户使用带来了一定的困难。另外，对于短距离、小规模的监控系统来说，使用光纤传输也显得不够经济。

**8. 光端机**

视频光端机就是把 1 到多路的模拟视频信号通过各种编码转换成光信号通过光纤介质来传输的设备，由于视频信号转换成光信号的过程中会通过模拟转换和数字转换两种技术，所以视频光端机又分为模拟光端机数字光端机，如图 3-23 和图 3-24 所示。光端机原理就是把信号调制到光上，通过光纤进行视频传输。

图 3-23　视频光端机

图 3-24　数字视频光端机

1）模拟光端机

模拟光端机采用了 PFM 调制技术实时传输图像信号，是前些年使用较多的一种方式。发射端将模拟视频信号先进行 PFM 调制后，再进行电—光转换，光信号传到接收端后，进行光–电转换，然后进行 PFM 解调，恢复视频信号。由于采用了 PFM 调制技术，其传输距离很容易就能达到 30 km 左右，有些产品的传输距离可以达到 80 km，甚至上百千米。并且，图像信号经过传输后失真很小，具有很高的信噪比和很小的非线性失真。通过使用波分复用技术，还可以在一根光纤上实现图像和数据信号的双向传输，满足监控工程的实际需求。这种模拟光端机也存在一些缺点：

- 生产调试较困难；
- 单根光纤实现多路图像传输较困难，性能会下降，目前光端机能做到单根光纤上传输 16 路图像 +1 路音频 +2 路反向 485 数据；
- 抗干扰能力差，受环境因素影响较大，有温漂；
- 由于采用的是模拟调制解调技术，其稳定性不够高，随着使用时间的增加或环境特性的变化，光端机的性能也会发生变化，给工程使用带来一些不便。

2）数字视频光端机

由于数字技术与传统的模拟技术相比在很多方面都具有明显的优势，所以正如数字技术在许多领域取代了模拟技术一样，光端机的数字化已成为目前光端机的主流趋势。目前，数字图像光端机主要有两种技术方式：一种是 MPEG-2 图像压缩数字光端机，另一种是非压缩数字图像光端机。图像压缩数字光端机一般采用MPEG-2图像压缩技术，它能将活动图像压缩成 $N \times 2\,\text{Mb/s}$ 的数据流通过标准电信通信接口传输或者直接通过光纤传输。由于采用了图像压缩技术，它能大大降低信号传输带宽。数字视频光端机相比模拟视频光端机具有明显的优势：

- 传输距离较长：可达80 km，甚至更远（120 km）；
- 支持视频无损再生中继，因此可以采用多级传输模式；
- 受环境干扰较小，传输质量高；
- 支持的信号容量可达16路，甚至更多（32路、64路、128路）。

3）光端机的命名规则

产品型号：DS－3　　A　0　1　T－A　U
序　　号：　①　　②　③　④　⑤　⑥　⑦

① "DS－3"：视频传输系统。

② 型号类别：A——视频，B——视频＋音频，C——视频＋以太网＋音频。

③ 数据类型：0——RS－485数据，1——RS－485数据＋RS－232数据/开关量。

④ 视频通道数：1——1路视频，2——2路视频，4——4路视频，8——8路视频，16——16路视频。

⑤ 视频方向：T——发送光端机，R——接收光端机。

⑥ 传输距离：A——0 km，B——40 km，C——80 km，M——10 km。

⑦ 机架类型：空——独立式，U——插卡式。

4）光端机在视频监控中的应用

光端机在视频监控中的应用，如图3-25所示。

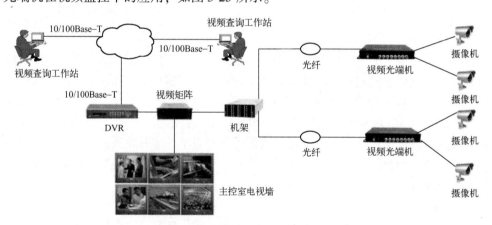

图3-25　光端机在工程中的应用

# 3.8　无线传输

## 3.8.1　无线传输系统

### 1. 无线传输概述

随着网络技术和无线技术的迅猛发展，各种网络技术、网络产品应运而生，无线传输技术应用越来越被各行各业所接受。无线图像传输作为一个特殊使用方式也逐渐被广大用户看好。其安装方便、灵活性强、性价比高等特性使得更多行业的监控系统采用无线传输方式，建立被监控点和监控中心之间的连接。

无线视/音频信号采集设备与监控中心之间的信号传输，需要首先通过无线（radio 或 wireless）信道的视音频监控系统。无线视音频监控系统也被简称为"无线监控系统"或"移动监控系统"。对于联网系统而言，无线监控系统是其中的一个区域监控子系统。

无线监控三大优点：

（1）综合成本低，只需一次性投资，无须挖沟埋管，特别适合室外距离较远及已装修好的场合。在许多情况下，用户往往由于受到地理环境和工作内容的限制，例如山地、港口和开阔地等特殊地理环境，对有线网络、有线传输的布线工程带来极大的不便，采用有线的施工周期将很长，甚至根本无法实现。这时，采用无线监控可以摆脱线缆的束缚，有安装周期短、维护方便、扩容能力强，迅速收回成本的优点。

（2）组网灵活，可扩展性好，即插即用。管理人员可以迅速将新的无线监控点加入到现有网络中，不需要为新建传输铺设网络、增加设备，轻而易举地实现远程无线监控。

（3）维护费用低。无线监控维护由网络提供商维护，前端设备是即插即用、免维护系统。

无线传输技术存在组网灵活方便、开通迅速、维护费用低的优点，因而其应用有着巨大的市场。但是随着无线传输技术的迅速发展，它的安全性问题越来越受到人们的关注。虽然目前安防市场上的无线传输设备都通过各种机制来增强其安全性，但是很多业内人士研究发现保密协议存在着各种各样的安全漏洞，比如无法保证数据的机密性、完整性和对接入的用户实现身份认证。

**2. 无线监控传输方式**

目前无线监控系统采用的无线传输方式主要有卫星、微波系统、无线移动网络、宽带无线等，如图 3-26 所示。

1）卫星系统

卫星通信技术的最大优点是服务范围广、功能强大、使用灵活，不受地理环境和其他外部环境的影响，尤其是不受外界电磁环境的影响。

目前主要有两种卫星传输视频信号的方式，即"静中通"（卫星车在固定点进行实时传输）和"动中通"（卫星车在移动过程中可进行相应的监控）。目前，省级公安厅和一些经济条件比较好的市级公安局，很多都配备了卫星"动中通"系统的应急指挥车。各个配备通信指挥车的公安局，可以实时将现场的图像数据传送回省公安厅和公安部，甚至再由公安专网传送到各个相关的地方部门，为打击犯罪、处理灾难事故和对于重要活动的安全保障工作提供了有力的通信手段。

不过，回到安防无线监控领域中来，卫星监控系统并不是主流应用，也不是安防无线监控厂家的开发重点。大多数业内人士认为，基于卫星传输的无线监控系统没有得到较大应用的原因主要是其信号传输成本昂贵，月租费用达到数千元不等，而且它还存在覆盖盲点，在山区、隧道、城市楼房比较密集且相对较高等有物体遮挡的死角，其传输信号会受到影响，甚至可能出现中断的情况。尽管按严格意义来讲，卫星传输可算作无线传输，但在无线监控领域，通常人们并不将其看成移动监控系统；因为卫星传输具有比其他无线技术更为特殊的概念，且其所占市场比例不大，不足以形成市场主流。

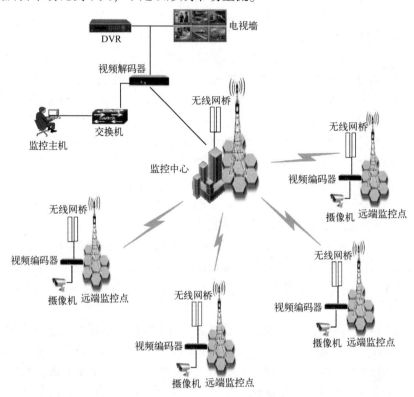

图 3-26　无线传输方式

2）微波无线监控

微波技术可分为模拟微波和数字微波，目前在国内得到广泛应用的微波技术是数字微波（即 COFDM，多载波正交频分复用技术）。采用 COFDM 无线视频传输技术，视频质量较好，延迟小，但是传输距离有限，其要传到几十千米的距离则需要 10 多瓦的发射功率，而且它的系统容量小，在有限区域内多个终端之间会存在相互干扰，导致视频质量迅速下降甚至无法使用。且采用模拟微波技术和 COFDM 技术的无线监控系统是完全开放的，不具备安全性。

3）宽带无线监控

宽带无线技术在无线监控市场中的应用主要有 WiFi（Wireless Fidelity，又称为 802.11 b 标准）和 WiMAX（Worldwide Interoperability for Microwave Access，全球微波互联接入）两种，其主要应用于"无线城市"建设当中。

WiFi 具有以下优势：其一，信号半径可达 100 m 左右，在办公室，甚至整栋大楼中也可使用；其二，传输速度非常快，可以达到 11 Mb/s，符合个人和社会信息化的需求；其三，厂商进入该领域的门槛比较低，厂商只要在机场、车站、咖啡店、图书馆等人员较密集的地方设置"热点"，并通过高速线路将因特网接入上述场所，用户只要将支持无线 LAN 的笔记本电脑或 PDA 拿到该区域内，即可高速接入因特网。

WiFi 在无线监控领域的应用极为广泛，是目前无线监控中应用最多的无线技术。WiFi 在短距离传输上，经过多年的发展，已经有了很好的开头，其主要被应用于无线网络摄像机中。在国内，SONY 和 D－Link 的 WiFi 无线网络摄像机有着很好的市场表现，如无线网络摄像机、视频服务器产品。D－Link 的无线网络摄像机，主要应用在"全球眼"项目中，具体到小区、家庭、连锁餐厅、便利店等民用、商用领域。

WiMAX 作为国际 3G 标准，在我国并没有得到广泛的应用，其主要原因是现阶段 WiMAX 一直没有取得在中国境内落地的牌照，无法大规模建设网络基站。不过，WiMAX 还是依靠其优势得到国内用户的关注和应用。目前在国内有部分高档小区的无线监控有应用到 WiMAX 技术。

WiMAX 具有更远的传输距离，其能够实现 50 km 的无线信号传输距离，网络覆盖面积是 3G（TD－SCDMA）发射塔的 10 倍，只要少数基站建设就能实现全城覆盖；提供更高速的宽带接入，能提供的最高接入速度为 70 Mb/s，是 3G（TD－SCDMA）所能提供的宽带速度的 30 倍；作为一种无线城域网技术，它可以将 WiFi 热点连接到互联网中，也可作为 DSL 等有线接入方式的无线扩展，实现最后一公里的宽带接入；提供电信级多媒体通信服务等优势。

4）无线移动网络

目前国内的无线移动网络监控主要应用 CDMA 和基于 GSM 的 GPRS 技术，它们的最大优势就是成本较低，具有较大的覆盖面，而 CDMA 由于其传输速度相对较快（实际应用中可达到 70 kb/s，比 GPRS 的 20～30 kb/s 快得多），得到了大多数无线监控厂商的青睐。不过，在目前，虽然 CDMA 的传输效果较好，但其覆盖面没有 GPRS 大，依然存在一定的劣势。在 GPRS 网络上的升级技术，被称为 2.75G 的 EDGE，实际测试的传输速度与 CDMA 网络不相上下，甚至比 CDMA 网络还要快，只是 EDGE 网络在广东省外其他地方的网络覆盖率没有 CDMA 高，且其网络还需要优化。

CDMA/GPRS 的带宽均无法满足无线监控对视频图像的传输需求，特别是在处理突发事件时无法达到较好的使用效果。深圳科卫泰的吕振义表示："基于公网的 CDMA/GPRS 技术，由于带宽限制，图像质量有限，即使采用多路捆绑技术，一般最多也只是达到 CIF 清晰度。"而对于处理突发事件的应急指挥来说，不建议采用 CDMA/GPRS 技术，即使 CDMA/GPRS 的图像效果可以满足实际需要，其传输稳定性也是难以满足图像传输需求的。以 CDMA 为例对他的观点进行解释：CDMA 的传输与它的覆盖有关，信号覆盖不好的地区效果就很差，信号覆盖好的地区效果就很好，也就是说，同样一套设备，在北京好用，到南京就可能不好用；即使某个地区信号覆盖很好，在该地区出现突发事件时，公网信号异常忙碌，在运营设备"话路优先"原则下，图像传输就要"靠边站"；多数出现重大突发事件的地区，手机基站几乎是满负荷工作，再利用其进行网络数据传输极为困难（例如深圳火炬接力的现场，现场手机都很难打通，无线上网就更不可能），也就是说，越是在应急的情况下，移动网络越不能支持图像的无线传输。

通过在监控区域与监控中心，按照实际情况选择若干点装设无线网桥、功放、高增益定向天线、监控摄像头，对监控区域进行无线监控，采用无线监控应用系统可以解决布线困难，解决有线监控系统的不易扩展性问题。

GA/T 669 的相关部分规定了城市监控报警联网系统（以下简称"联网系统"）中无线视音频监控系统相关技术要求，包括总体要求、功能要求、性能要求、环境适应性要求、电磁兼容性要求以及安全性要求。

### 3.8.2    无线监控系统构成

无线监控系统由无线前端设备、移动通信网络、无线接入网关等部分组成。根据不同的应用需求，移动通信网络可以是专业/专用移动网络，也可以是公众移动网络，还可以是两种网络的混合体。典型的无线视频监控系统如图 3-27 所示。

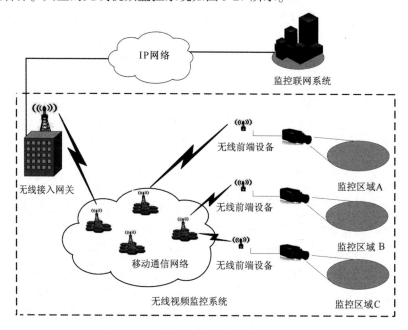

图 3-27    典型无线视频监控系统

无线监控系统特点：

（1）无线前端设备与移动通信网络之间通过无线信道相连；

（2）移动通信网络与无线接入网关之间采用无线或有线方式相连；

（3）无线视频监控系统通过 IP 网络与城市报警监控联网系统相连。

### 3.8.3    无线视频监控系统分类

根据应用方式将无线视频监控系统分为以下几类。

**1. 应急移动视频监控系统**

应急移动视频监控系统是指对突发事件现场或某些特定区域进行临时视音频监控的系统。

应急移动视频监控系统的主要特点是：

（1）在需要时能够快速建立起视音频监控系统；

（2）需要监控的区域数量较少，监控时间较短（一般为数小时或数天）；

（3）要求前端设备能够在一定范围内移动；

（4）对监控图像质量要求高，并且对实时性及安全性要求高；

（5）突发事件结束后系统能够迅速拆除，并准备好到下一地点快速建立。

典型的应急移动视频监控系统如图 3-28 所示。图 3-28 中的无线前端设备有两种：

（1）设备 A 为车载式。车载式无线前端设备与无线接入网关之间通过专业/专用视音频传输信道（信道 A）进行视音频信号传输，可实现较大范围内的移动视音频监控。

（2）设备 B 和设备 C 为便携式。便携式无线前端设备可通过使用移动转发器的方式建立视音频信号传输通道，便携式无线前端设备可在移动转发器附近一定范围内移动，与移动转发器配合，实现对较大区域的移动视音频监控。

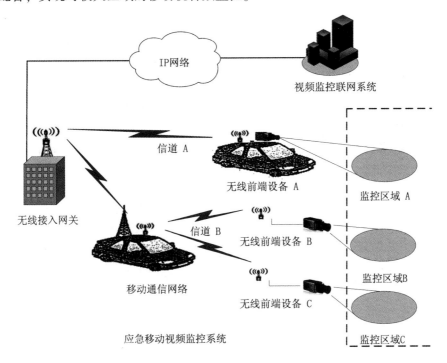

图 3-28 典型应急移动视频监控系统

## 2. 普通交通工具内部视频监控系统

普通交通工具内部视频监控系统是指对普通交通工具内部进行视音频监控，如对公共汽车、出租车、渡轮等交通工具内部进行监控的系统。

普通交通工具内部视频监控系统的主要特点是：

（1）交通工具移动范围很大且数量很多；

（2）无线前端设备在交通工具上的安装位置相对固定且需要监控的区域较小；

（3）需要进行长时间连续监控；

（4）要求监控图像（主要是存储图像）质量较高；

（5）对获得监控图像的实时性及安全性要求相对较弱。

典型的普通交通工具内部视频监控系统如图 3-29 所示。图 3-29 中安装在各个交通工具上的无线前端设备，通过公众移动通信网络与无线接入网关进行信令及视音频数据的交换。无线前端设备与公移动通信网络间采用无线方式相连，可实现在较大范围内对交通工具内部进行视音频监控。无线接网关与公众移动通信网络之间可采用无线或有线方式相连。在接入联网系统时，无线接入网关包含必要的安全隔离设备。

## 3. 特殊交通工具内部视频监控系统

特殊交通工具内部视频监控系统使用宽带移动网络（专用或公众）作为其视音频信号

及控制信息的传输通道。当使用公众移动网络时，要采取必要的安全措施以防止视音频监控信息外泄。

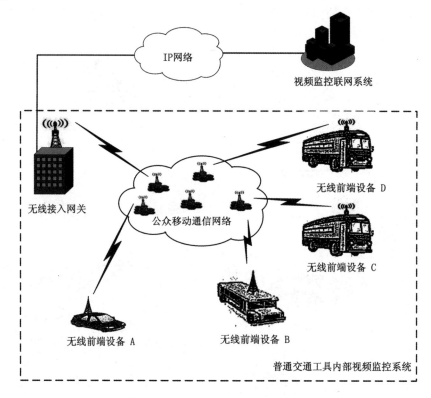

图3-29 典型普通交通工具内部视频监控系统

典型的特殊交通工具内部视频监控系统如图3-30所示。图3-30中安装在各个交通工具上的无线前端设备，通过宽带移动通信网络与无线接入网关进行信令及视音频数据的交换。宽带移动通信网络的典型覆盖区域为一个或多个链状区域。安装在交通工具上的无线前端设备与宽带移动通信网络间采用无线方式相连，可实现在预定线路上对交通工具内部进行视音频监控。无线接入网关与宽带移动通信网络之间可采用无线或有线方式相连。在使用公众移动通信网络时，无线接入网关应包含必要的安全隔离设备。

**4. 固定前端无线接入应用系统**

固定前端无线接入应用系统，是指用于将固定视音频监控前端设备通过无线信道（代替有线线路）连接到监控中心的系统。

固定前端无线接入应用系统的主要特点是：

（1）监控点固定不变；

（2）各监控点距监控中心的距离较近；

（3）需要对监控区域进行长期、连续监控；

（4）对监控图像质量、实时性及安全性等均无特殊要求。

固定监控前端的无线接入，使用宽带专业/专用无线网络，宜使用视距传输、点到点/点到多点组网方式，前端设备宜使用定向天线。典型的固定前端无线接入应用系统如图3-31所示。

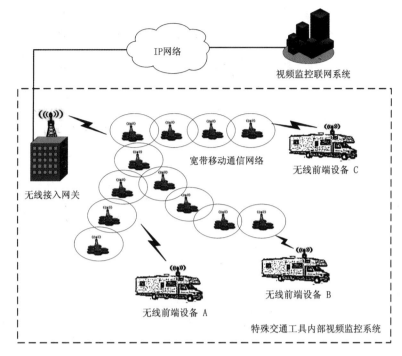

图 3-30　典型特殊交通工具内部视频监控系统

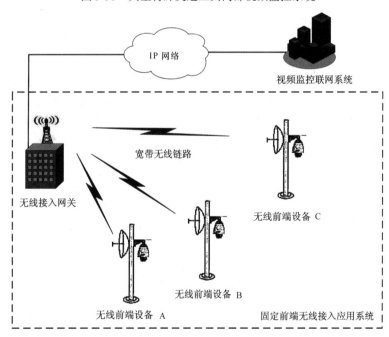

图 3-31　典型的固定前端无线接入应用系统

## 3.8.4　无线视频监控系统与联网系统的关系

无线视频监控系统是联网系统中的区域子系统，联网系统可连接一个或多个无线监控系统，如图 3-32 所示。

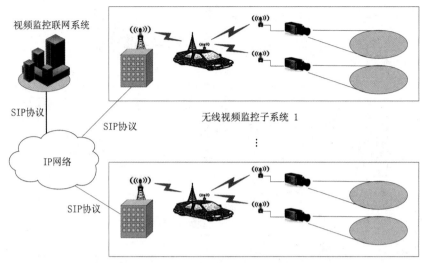

视频监控联网系统

SIP协议

SIP协议

无线视频监控子系统 1

IP网络

SIP协议

无线视频监控子系统 N

图 3-32　无线视频监控系统与联网系统的互联

当联网系统连接多个无线监控系统时，每个无线监控系统均应通过各自独立的网关接入。

无线视频监控系统通过 IP 网络与联网系统相连，互联时所采用的传输、交换及控制协议应符合 GA/T 669.5—2008 规范中所规定的 SIP 协议。对于使用公众移动网络的无线监控系统，在接入联网系统时应采取必要的安全隔离措施。

### 3.8.5　移动网络选择原则

（1）移动网络带宽选择：当无线前端设备能够对所采集到的视音频数据进行有效存储，且监控中心对上传数据的实时性要求不高时，可选用窄带移动网络；在其他情况下则应选用宽带移动网络。

（2）公众移动网与专业/专用移动网选择：在对监控数据的安全性、可靠性要求不高，且满足信道带宽的要求时，可选择使用公众移动网络；在其他情况下则应选用专业/专用移动网络。

（3）无线信号覆盖方面的考虑：根据不同的应用考虑监控区域对无线信号覆盖的要求，并根据要求选择适当的组网技术。

 ## 3.9　安防视频监控系统传输设备实训

## 实训一　光纤熔接

【实训任务】

（1）熟悉和掌握光缆的种类和区别；

（2）熟悉和掌握光缆工具的用途和使用方法及技巧；

（3）熟悉光缆跳线的种类；

（4）熟悉光缆耦合器的种类和安装方法；

（5）熟悉和掌握光纤的熔接方法和注意事项。

**【实训目标】**

（1）完成光缆的两端剥线。不允许损伤光缆的纤芯，而且长度合适。

（2）完成光缆的熔接实训。要求熔接方法正确，并且熔接成功。

（3）完成光缆在光纤接续盒的固定。

（4）完成耦合器的安装。

（5）完成光纤收发器与光纤跳线的连接。

**【实训仪器工具】**

（1）光纤熔接机如图 3-33 所示；

（2）光纤工具箱如图 3-34 所示；

（3）光时域反射仪如图 3-35 所示。

 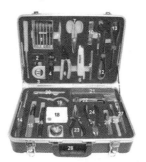 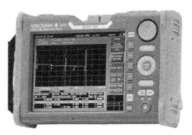

图 3-33　光纤熔接机　　　图 3-34　光纤工具箱　　　图 3-35　光时域反射仪

**【实训步骤】**

（1）光缆的两端剥线；

（2）光缆在接续盒内的固定；

（3）光缆熔接；

（4）光纤耦合器的安装；

（5）完成布线系统光纤部分的连接；

（6）用光时域反射仪测试熔接效果。

**【实训报告】**

（1）以表格形式写清楚实训材料和工具的数量、规格和用途；

（2）分步陈述实训程序或步骤以及安装注意事项；

（3）实训体会和操作技巧。

# 实训二　光端机安装

**【实训目的】**

学会光端机的安装方法。

**【实训设备、工具】**

光端机、光纤、光纤熔接机、光纤工具箱。

## 【实训拓扑】

光端机实训拓扑如图 3-36 所示。

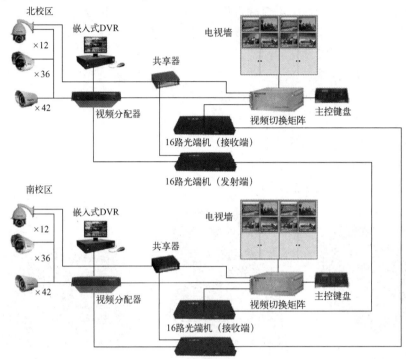

图 3-36　光端机的安装拓扑结构

## 【实训步骤】

### 1. 警告

安装使用光端机必须严格遵守国家和使用地区的各项电气安全规程。应使用正规厂家提供的电源适配器，供电电源要求为 DC 12 V/1 A。在接线、拆装等操作时应将电源断开，不要带电操作。如果设备工作不正常，应联系购买设备的商店或最近的服务中心，不要以任何方式拆卸或修改设备。光端机的光器件所产生的光源能对人的眼睛产生永久性伤害，切记不要用眼睛直视光端机的光器件和通电状态下光端机的光纤接口。在光端机上插拔光纤时，切断电源。

### 2. 功能特性、技术参数

功能特性、技术参数可参阅具体实训设备的使用手册。

### 3. 接口描述

典型 2 路视频光端机前面板接口如图 3-37 所示，后面板接口如图 3-38 所示。

### 4. 安装光端机

步骤 1：设备包装和外观检查。

使用前应阅读设备使用手册中的各项说明，留意安全使用注意事项。开箱后，依据装箱清单清点箱内设备及配件的型号、数量是否正确。检查所有物品是否完好。

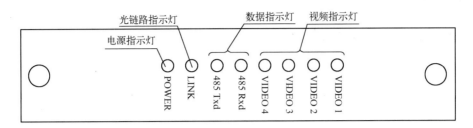

图 3-37　2 路视频光端机前面板接口

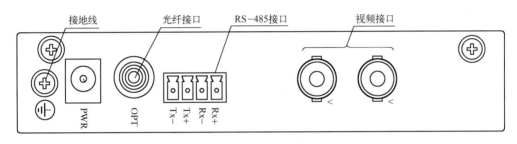

图 3-38　2 路视频光端机后面板接口

步骤 2：安装固定。

设备为机壳结构小巧的金属机壳，表面经过防锈、防蚀处理。安装背板可直接固定在前端设备箱内，也可固定在桌面上或平放在机架上。机架结构可直接安装在标准机柜上。设备外壳并不防水，设备安装箱应充分考虑防水。

步骤 3：防雷、静电与接地。

雷击与静电会引起设备内部器件损坏。设备安装时要充分考虑设备安装地点的雷击影响，并做好接地与防雷措施。过强的静电会使设备内的光器件与数据芯片损坏，建议对光端机的数据端口进行插拔时应将光端机的电源断开。设备有专用接地线用于与接地柱连接，具体接法如图 3-39 所示。

☞注意：

* 接地线所用的铜芯绝缘导线和电缆，其截面不应少于 6 mm²，埋线深度不小于 0.5 m，地电阻要小于 4 Ω；
* 接地不好会对视频信号和控制信号造成干扰，严重导致前端设备不能控制；
* 光纤与光器件保护。

视频信号在单模光纤上传输效果最好，建议一般情况下采用单模光纤传输，光纤链路的安装与传输指标应符合国家或国际相关标准和要求。光端机的光器件非常脆弱，对光纤进行插拔的时候需尽量小心，避免对光器件造成永久损坏。注意在机房内合理布置光纤，光纤弯曲曲率半径必须不小于 50 mm。光纤连接器不得污染，光纤接头使用前应用无水酒精轻轻擦洗，否则可能会影响传输效果；光纤连接器如对接不正，则有可能造成较大的功率衰耗，应注意根据实际情况调整光连接器。

步骤 4：接线安装。

（1）光纤连接：确认光纤链路符合安装要求后，将光纤小心地插入光端机的光纤接口，如图 3-40 所示，当发送光端机和接收光端机的光纤连接正确之后，光端机前面板的 LINK 灯常亮。

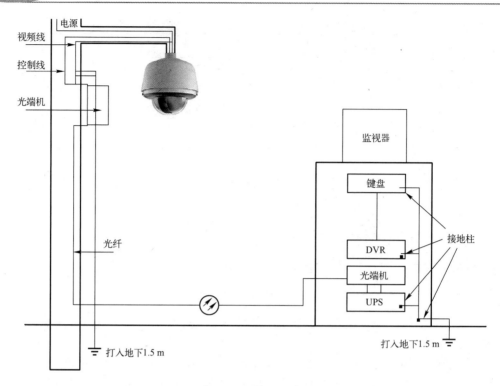

图 3-39    光端机接地示意图

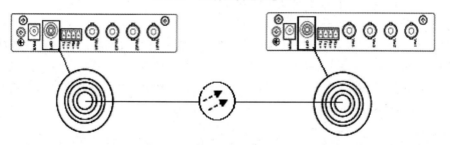

图 3-40    光纤连接

（2）视频（Video）连接：视频接口为标准的 BNC 接口，当视频信号连接正确时，视频状态灯常亮，接口参考图 3-41。

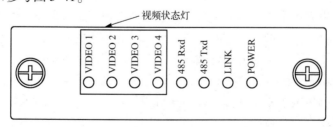

图 3-41    视频连接

☞注意：视频光端机每路视频输入、输出都对应一个状态灯。

（3）音频（Audio）连接：视频光端机支持双向音频数据传输，可以实现对环境语音信息采集和对讲功能，具体接线方法如图 3-42 所示。

☞注意：音频输入和输出接线在发送光端机和接收光端机要——对应，在发送端从指定的端口输入，接收端必须接在与发送端相对应的输出接口。

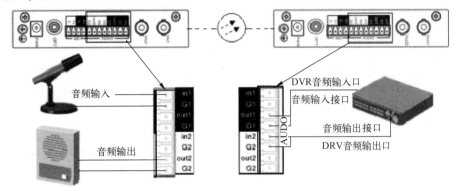

图 3-42　音频连接

（4）RS－485 数据连接：视频光端机支持 RS－485 数据对远端云台的控制，接线方法如图 3-43 所示。

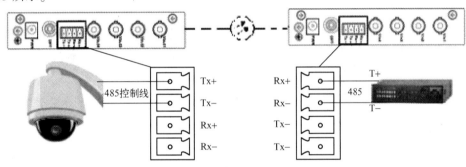

图 3-43　数据连接

☞注意：

● 视频光端机 RS－485 接口 Rx＋、Rx－表示接收命令，Tx＋、Tx－表示发送命令；

● 云台和录像机的解码器类型、波特率、解码器地址 3 个参数必须相同；

● 光端机支持 RS－485 信号类型包括四线或者两线、半双工或者全双工、单向或双向；

● RS－485 配置完成后，发送控制命令时前面板的数据状态灯会闪烁，如果不发送命令数据灯会保持熄灭状态。

（5）开关量连接：视频光端机支持报警信号双向传输，具体接线方法如图 3-44 所示。

☞注意：

● 光端机发送端与接收端开关量接线必须——对应；

● 接收光端机报警输入（Alarm In）接口接硬盘录像机的报警输出（Alarm Out）接口，接收光端机的报警输出接口接硬盘录像机的报警输入接口；

● 视频光端机默认支持常开类型的报警器；

● 此结构图并不针对某个具体型号，只是用来展示开关量的接线方法。

（6）RS－232 接口连接：视频光端机支持对 RS－232 接口的数据传递，具体接线方法如图 3-45 所示。

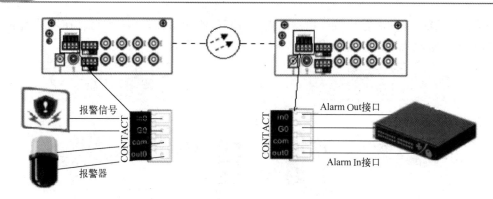

图 3-44　开关量连接

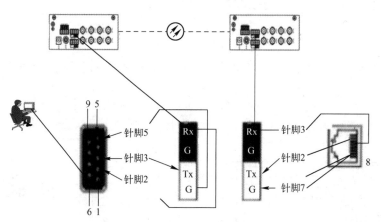

图 3-45　RS－232 接口连接

☞注意：图示的是 RS－232 数据接口用法之一，可以实现命令等数据的传输功能。

**5. 光端机维护维修常见问题**

1）光缆选型及光缆熔接

目前，绝大多数工程现场都使用单模光缆，因为它传输距离远，传输效果好，其光缆和光端机的价格也比多模光缆的低（多模光缆已处于淘汰之列），在光缆选择上必须注意。

光端机不论何种接口、传输多少路视频信号，在实际使用过程中一对光端机只使用一芯光纤（即只支持单模单纤），在施工过程中要留有预备光纤芯，据此铺设合适芯数的光缆。

光缆铺设完毕后两端需要和光纤跳线熔接，应熔接 FC 接头的光纤跳线。

2）线缆选型及铺设

线缆部分主要是光端机到摄像机、拾音器或解码器等前端设备的接线。

视频及音频线选用同轴电缆，一般选用 SWV75－5 系列，控制线需选用 RVVP2×0.5 的双芯屏蔽线，其余线缆需按要求选择，如以太网口需用 5 类双绞线等。

前端监控点为动点时，光端机到解码器的控制线距离不应超过 150 m；前端监控点为定点时，光端机到摄像机视频线的距离不应超过 250 m；一对光端机所带解码器的数量不应超过此对光端机视频的路数。

3）光端机安装部分

室内安装：不同的型号外观并不相同，但都可以放入标准机柜中。光纤接续盒到光端机的跳线绝不允许弯折，应该将其盘为整齐的环状，否则会造成很大的光路衰减。

室外安装：光端机本身并不防水，在室外安装时，必须有防水措施。

4）光端机常见问题处理

（1）电源指示灯不亮：

- 检查电源线的连接，电源类型选择是否正确，是否有电压输入；
- 电压是否稳定，电压不稳定会使光端机的电源无法工作；
- 电源适配器工作是否正常，电源保险丝是否熔断。

（2）光接收机无视频输出：

- 检查视频是否正确输入光发送机（T）；
- 检查光发送机和光接收机的 LINK 灯是否亮；
- 检查光发送机和光接收机的 VIDEO 灯是否亮；
- 光接收机（R）的视频输出是否正确接入终端显示设备；
- 视频输入类型是否正确。

（3）视频图像有干扰条纹或图像不稳定：

- 检查视频输入、输出线缆及其与 BNC 接口的连接质量是否符合标准；
- 检测摄像机输出信号是否正常——摄像机直接连接显示设备；
- 检测光端机输出信号是否正常——光端机直接连接显示设备；
- 检测光端机与摄像机接地是否良好。

（4）光接收机 LINK 指示灯闪烁，图像有翻滚现象：

- 光纤的有效传输距离是否已达极限；
- 光纤接口是否干净，不干净会导致光链路衰减；
- 用光功率计测量发送机输出光功率是否达到要求。

☞注意：光纤经远距离传输后，先用酒精棉擦拭一下光纤接头，再用光功率计测量接收光功率，看是否满足光接收机灵敏度要求。

（5）数据信号无法通信：

- 查看当光接收机发送控制信号时，光接收机 DATA 灯是否亮并闪烁；
- 查看当光接收机发送控制信号时，光发送机 DATA 灯是否亮并闪烁；
- 排查 RS－485 控制线连接是否正确。

# 第 4 章

# 安防视频监控系统的显示/记录设备

本章主要介绍视频监控系统的显示/记录设备。安防视频监控系统的显示/记录设备主要由视频画面处理器、录像机、矩阵切换主机、控制键盘、监视器等组成,它对前端传送来的视频信号进行分割、处理、记录和控制,完成监视、控制、记录等防范和管理功能。

 ## 4.1 显示/记录设备概述

### 4.1.1 总体要求

(1)视频、音频信息的显示、存储、播放要具有原始完整性,即在色彩还原性、图像轮廓还原性、灰度级、事件后继性等方面均应与现场场景保持最大相似性(主观评价)。系统的最终显示图像(主观评价)应达到四级(含四级)以上图像质量等级,对电磁环境特别恶劣的现场,图像质量应不低于三级。

要确保对目标监视的有效性。重要监控点图像存储、回放要满足图像分辨率等规定的一级(甲级)要求。

经智能化处理的图像,其质量不受上述等级划分要求的限制;但对指定目标的智能化处理,其处理前后的主要图像特征信息要保持一致。

(2)视频、音频存储采用前端存储与监控中心存储相结合的分布式存储策略。

(3)监控图像存储时间不小于 15 天,应能实现重要视频文件及相关信息的备份,并采取防篡改或确保文件完整性的相关措施。经复核后的报警图像应按相应的公安业务和社会公共安全管理的要求长期保存。在重要应用场合,监控中心的数据库要能同时存储与录像资料相关的检索信息,如设备、通道、时间、报警信息等。

(4)能按照指定设备、指定通道进行图像的实时点播,并支持点播的显示、绽放、抓拍和录像,支持多用户对同一图像的同时点播,支持基于 GIS 地图的图像点播。

(5)能按照指定设备、通道、时间、报警信息等要素检索历史图像资料并回放和下载。回放支持正常播放、快速播放、慢速播放、单帧步进、画面暂停、图像抓拍等。能支持回放图像的绽放显示,使用通用播放器播放录像文件。

### 4.1.2 视频显示质量要求

#### 1. 图像显示质量要求

如前所述,图像显示应保证图像信息的原始完整性,即在色彩还原性、灰度级还原性、现场目标图像轮廓还原性（灰度级）、事件后继性等方面均应与现场场景保持最大相似性（主观评价）。系统的最终显示图像（主观评价）应达到四级（含四级）以上图像质量等级，对于电磁环境特别恶劣的现场，图像质量应不低于三级。

经智能化处理的图像，其处理前后的主要图像特征信息应保持一致。

**2. 视频输入信号要求**

常用的视频输入信号有两种：CVBS（复合视频广播信号）和 VGA（视频图形阵列）。CVBS 信号应满足以下要求：

- 视频信号输入幅度：1 V（峰–峰值），±3 dB VBS；
- 实时显示黑白电视水平清晰度：≥400 TVL；
- 实时显示彩色电视水平清晰度：≥270 TVL；
- 回放图像中心水平清晰度：≥220 TVL；
- 黑白电视灰度等级：≥8 级；
- 随机信噪比：≥36 dB。

VGA 信号应满足：

- 在 CIF 格式下，单路画面显示点阵像素数为 $352 \times 288$；
- 在 4CIF 格式下，单路画面显示点阵像素数为 $704 \times 576$；
- 在 D1 格式下，单路画面显示点阵像素数为 $720 \times 576$；
- 手持式移动显示终端，单路画面显示点阵像素数为 $320 \times 240$。

### 4.1.3　视频显示设备要求

（1）根据需要和可能选择合适的显示设备，显示设备的类型有电视墙、监视器、大屏幕显示设备、液晶显示器和等离子显示器等。

（2）显示设备应能清晰显示现场实时图像。显示设备的分辨率指标应高于系统对采集、传输过程规定的分辨率指标。

（3）显示设备的 CVBS 输入接口应采用 BNC 连接器，其输出信号电平为 1. 0 V（峰–峰值），输出阻抗为 75 Ω。

（4）显示设备的 VGA 输入接口的信号电平为 1. 0 V（峰–峰值），输出阻抗为 75 Ω。显示设备的分辨率应不小 $1024 \times 768$ 像素，刷新频率应不小于 60 Hz，颜色质量应不小于 16 bit。

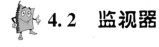

## 4.2　监视器

监视器是监控系统的显示部分，是监控系统的标准输出，有了监视器的显示才能观看前端送过来的图像。作为视频监控不可或缺的终端设备，充当着监控人员的"眼睛"，同时也为事后调查起着关键性作用。监视器的发展经历了从黑白到彩色，从闪烁到不闪烁，从 CRT（阴极射线管）到 LCD（液晶）再到 BSV 液晶技术的发展过程。从黑白到彩色，使得监控图像从单调世界迈向了五彩缤纷、图像逼真的世界。从闪烁到不闪烁，给监控工作人员带来了健康。从 CRT（阴极射线管）到 LCD（液晶）带来了环保，这也是监视器的最终发展目标。

### 监视器的分类

按尺寸分：液晶监视器分为 8/10/12/15/17/19/20/22/24/26/32/37/40/42/46/47/52/57/65/70/82/108（英寸）监视器等（1 英寸 = 2.54 cm）。

按色彩分：彩色、黑白监视器。

按扫描方式分：隔行扫描和逐行扫描。

按类型分：液晶监视器、背投、CRT 监视器、等离子监视器等。

按屏幕分：纯平、普屏、球面等。

按材质分：CRT、LED、DLP、LCD 等。

按用途分：安防监视器、广电监视器、工业监视器、计算机监视器等。

## 4.2.1　CRT 监视器

### 1. 黑白监视器

一般黑白监视器（如图 4-1 所示）分为 3 种类型：

图 4-1　黑白监视器

- 精密型（广播级）：黑白监视器的视频通道频宽可达 10 MHz 以上，显像管选用的是高分辨率的，因此，它能提供高达 800 线的分辨率。
- 标准型（应用级）：黑白监视器的通道指数比精密型的低，频宽一般在 10 MHz 以下，能提供约 600 线的分辨率。
- 收监两用型：在黑白监视器的基础上增加了电视接收部分，而且其尺寸多在 6 英寸以下，便携式，体积小，价格低。

黑白监视器的主要性能有以下几点：

- 通道视频响应时间；
- 水平分辨率；
- 通道线性波形响应；
- 通道直流分量失真。

### 2. 彩色监视器

彩色监视器（如图 4-2 所示）也分为精密型、标准型和收监两用型。

精密型采用高清晰度的显像管，其分辨率在 800 线以上。标准型采用像素点距为 0.4 mm 的显像管，分辨率为 400～500 线。收监两用型监视器一般是在普通电视机上增加视频信号接口，多数为复合视频接口，某些高档大屏幕监视器还增加有 S – Video 接口。

### 3. 高清逐行扫描监视器

随着科学技术的迅猛发展，监视器市场上的新技术、新产品不断涌现。近几年来，尤其是高清逐行扫描监视器越来越受到消费者的重视和欢迎。高清逐行扫描监视器如图 4-3 所示。

图 4-2　彩色监视器　　　　　　　　　　　　图 4-3　高清监视器

所谓高清、标清，两者之间的分界线就是百万像素或 720p，达到百万像素或 720p 的就是高清。基于这样的标准，目前视频监控市场占主流的 CIF 和 D1 都属于标清。无论是从分辨率、显示效果还是从流畅度来看，高清都比标清更有优势。从分辨率来看，720p 的分辨率是 CIF 分辨率的 9 倍，1080i/1080p 的分辨率是 CIF 分辨率的 20 倍，在同样的显示环境下，高清会清晰得多。从显示效果来看，高清既支持大屏幕显示，又支持 16:9 宽屏显示，可以大大增强用户的观看体验。从流畅度来看，高清支持更高的帧率，比如 720p 和 1080i/1080p 都可以支持 60 帧/秒或 60 场/秒，其图像流畅度比标清要高 1 倍。所以，高清监控必然将取代标清监控。

## 4.2.2　几种新型监视器

### 1. 液晶监视器

液晶监视器，或称液晶显示器（LCD，Liquid Crystal Display），是平面超薄的显示设备，如图 4-4 所示。目前，市场上主流液晶监视器的响应时间是 8 ms，125 帧/秒的显示速度，可与 CRT 监视器相媲美。对于没有过高要求的工程，12 ms、16 ms 产品也是很好的选择，常规的定点摄像机、低速球摄像机图像显示也完全可以满足。鉴于监视器用途的特殊性和专业性，选择液晶监视器时要注重液晶屏幕的性能，如响应时间、清晰度、色彩还原度、可视角度、整机的稳定度等。

### 2. PDP 监视器

PDP（Plasma Display Panel，等离子体显示屏）利用两块玻璃基板之间的惰性气体电子放电，产生紫外线激发红、绿、蓝萤光粉，呈现各种彩色光点的画面。PDP 的出现，使得中大型尺寸（40～70 英寸）监视器的发展应用产生极大变化，PDP 以其超薄体积与质量远小于传统大尺寸 CRT 监视器，以其高清晰度、不受磁场影响、视角广及主动发光等优于 TFT – LCD 的特点，完全符合多媒体产品轻、薄、短、小的需求。

### 3. LED 监视器

LED 监视器（显示器）由大量发光二极管（LED）构成，可以是单色或多色彩的。高效率的蓝色发光二极管已面市，使得生产全色大屏幕发光二极管显示器成为可能。LED 监视器具有高亮度、高效率、长寿命的特点，适合做室外用的大屏幕显示屏。

图4-4    液晶监视器

图4-5    PDP 监视器

### 4.2.3　监视器与电视机的区别

监视器在功能上要比电视机简单，但在性能上，比电视机要求高，其主要区别反映在3个"度"上。

**1. 图像清晰度**

由于传统的电视机接收的是电视台发射出来的射频信号，这一信号对应的视频图像带宽通常小于6 MB，因而电视机的清晰度通常大于400线。而监视器要求具有较高的图像清晰度，所以，专业监视器在通道电路上比传统电视机有优势，具备带宽补偿和提升电路，使之频带更宽，图像清晰度更高。

**2. 色彩还原度**

如果说清晰度主要是由视频通道的幅频特性决定的，那么还原度主要由监视器中有红（R）、绿（G）、蓝（B）三原色的色度信号和亮度信号的相位决定。由于监视器所观察的通常为静态图像，因而对监视器色彩还原度的要求比电视机更高，所以专业监视器的视放通道在亮度、色度处理和 R、G、B 处理上应当具备精确的补偿电路和延迟电路，以确保亮度/色相信号和 R、G、B 信号相位同步。

**3. 整机稳定度**

监视器在构成闭路监控系统时，通常需要每天24小时、每年365天连续无间断地通电使用（而电视机通常每天仅工作几小时），并且某些监视器的应用环境可能较为恶劣，这就要求监视器的可靠性和稳定性更高。与电视机相比，在设计上，监视器的电流、功耗、温度及抗电干扰、电冲击的能力以及平均无故障使用时间均要远大于电视机，同时监视器还必须使用全屏蔽金属外壳确保电磁兼容和防止干扰。在元器件的选型上，监视器所使用元器件的耐压、耐电流、耐温度、耐湿度等方面特性都要高于电视机所使用的元器件。而在安装、调试尤其是元器件和整机老化的工艺要求上，监视器的要求也更高，电视机制造时整机老化通常是在流水线上常温通电8小时左右，而监视器的整机老化则需要在高温、高湿密闭环境的老化流水线上通电老化24小时以上，以确保整机的稳定性。由上面的分析可知，如果使用电视机作为监控系统的终端监视器，除了可能感觉到图像较为模糊（清晰度较低、色彩还原度较差）之外，电视机的元器件也不适合无间断连续使用的要求。如果强行使用电视机作为监视器，轻则易产生故障，严重时可能会由于电视机的工作温度过高而引起意外事故。

# 4.3 视频编码器（DVS）

视频编码器（DVS，Digtial Video Server）是网络视频监控时代的标志性产品之一，DVS 的出现，标志着视频监控系统进入了网络时代。编码器的主要功能是编码压缩和网络传输。

## 4.3.1 DVS 的工作原理

### 1. 基本工作原理

从外部看，DVS 主要由视频输入接口、网络接口、报警输入/输出接口、音频输入/输出接口和用于串行数据传输或 PTZ（Pan/Tilt/Zoom 的简写，代表云台全方位"上下、左右"移动及镜头变倍、变焦控制）设备控制的串行端口、本地存储接口等构成。

从内部看，DVS 主要由 A/D（模/数）转换芯片、嵌入式处理器主控部分（芯片、Flash、SDRAM）、编码压缩模块（芯片、SDRAM）、存储器等硬件，以及操作系统、应用软件、文件管理模块、编码压缩程序、网络协议、Web 服务等软件构成。摄像机模拟视频信号输入后，首先经 A/D 转换芯片变换为数字信号后，通过编码压缩芯片，进行编码压缩，然后在 DVS 的本地缓存器进行本地存储，或者经过网络接口发送到 NVR 进行存储转发，进而由客户端进行解码显示，或者由解码器输出到电视墙显示。网络上用户可以直接通过客户端软件或浏览器方式对系统进行远程配置、图像浏览、PTZ 控制等操作。

DVS 的基本组成如图 4-6 所示。

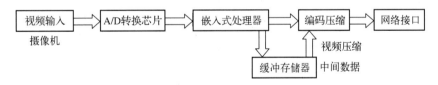

图 4-6　DVS 的基本组成

### 2. DVS 的架构

DVS 具有多种不同的架构方式，如编码芯片 DSP + CPU 方式、编码芯片 ASIC + CPU 方式、双 DSP 方式及 SOC 芯片方式等，但是核心是视频编码芯片及主控制芯片。图 4-7 所示为编码芯片 DSP + CPU 架构的 DVS 硬件构成。

### 3. DVS 的工作流程

应用程序写入 Flash 中，在 DVS 加电或复位后，从 Flash 中加载程序到与主控芯片连接的 SDRAM 中，系统开始运行。首先完成对芯片的初始化和外围硬件的配置等工作，之后便开始进行图像采集，从摄像头采集到的模拟视频信号经过 A/D 转换为数字视频信号，编码压缩芯片将接收到的数字视频音频信号进行编码压缩，将数据存储到缓冲器中，或通过网络接口发送到网络上。当 DVS 接收到远程网络客户端用户的实时视频浏览请求时，直接将视频数据打包并以流媒体形式通过网络接口芯片传输给网络上的请求者。DVS 的主控模块同时接收客户端发来的控制命令，并发送给相应的服务程序，服务程序通过串口将命令发送给 PTZ（解码器），从而实现控制操作。

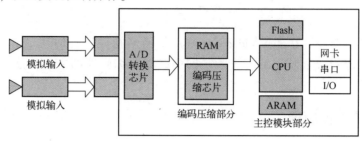

图 4-7　DVS 硬件构成

## 4.3.2　DVS 产品的软、硬件构成

### 1. DVS 的硬件构成

DVS 的硬件主要包括主控模块部分、模/数转换部分、编码压缩部分、网络接口部分、串行接口等（参见图 4-7）。

1）主控模块部分

主控模块是 DVS 的核心，主处理器芯片是主控模块的核心，主处理器芯片（通常是嵌入式微处理）与其上的 Flash 及内存 SDRAM 共同组成主控模块。主控模块负责 DVS 系统整体调度，是系统的核心部分。Flash 中固化了操作系统内核、文件系统、应用程序。SDRAM 作为内存供系统运行使用，应用程序经过编译写入 Flash 中，编码器加电复位从 Flash 加载程序，将 Flash 中的程序运行到 SDRAM 中，系统开始运行。通常主控模块通过片内 UART 实现对串口芯片的控制，通过总线对网络芯片进行控制，通过 $I^2C$ 总线对编码芯片进行控制，通过 IDE 接口连接硬盘缓存。

2）编码压缩部分

编码压缩模块主要由编码压缩芯片及 SDRAM（SDRAM 是同步动态 RAM，用于存取应用程序、原始的数字视频数据以及处理的中间数据）组成。数字化视频流发送到编码压缩模块由编码芯片进行初始化配置，并将编码后的数据流进行网络传输。

3）A/D 转换部分

A/D 转换部分将摄像机传入的复合模拟信号转换成 ITU656 标准信号，供编码器芯片使用。通常 A/D 转换芯片也叫解码芯片，一般支持多种制式，如 PAL 及 NTSC，实现将摄像机接入的模拟视频信号转换成数字信号（如 ITU656 标准）。A/D 转换芯片与编码芯片通过双向主机接口进行通信，并且支持多种分辨率，如 VGA、QVGA、CIF、QCI 等。

4）网络接口部分

DVS 的网络接口部分负责将编码压缩后的数据流打包上传到网络中，实现过程是：网络芯片通过总线接收主控芯片传送来的数据，通过内部 MAC 地址对数据进行封装、上传。同时，主控芯片通过网络接收客户端发送来的控制信息，转送给相关的应用程序。

5）串行接口部分

应用程序发送来的控制信号通过串行接口发送到摄像机，实现相应的 PTZ 控制功能。一般通过 RS－485 接口实现对摄像机及云台的控制。

**2. DVS 的软件构成**

DVS 的软件功能主要包括视频的编码压缩，与客户端的连接，发送视频流给客户端，接收客户端发送来的配置及控制命令，接收前端传感器的信号状态并更新服务器，对登录连接的用户进行认证，提供 Web 服务等。

DVS 的软件一般包括如下几个部分：操作系统、Web 服务、CGI 应用、编码压缩程序、网络传输协议、视频存储管理等。目前多数 DVS 的软件系统采用嵌入式 Linux 作为操作系统平台，在 Linux 系统中，采用分层的体系结构，软件系统构建在硬件系统之上，硬件系统在固件（Firmware）的支持下工作，系统应用程序工作在用户模式，而设备驱动程序则工作在内核模式。DVS 的软件体系结构如图 4-8 所示。

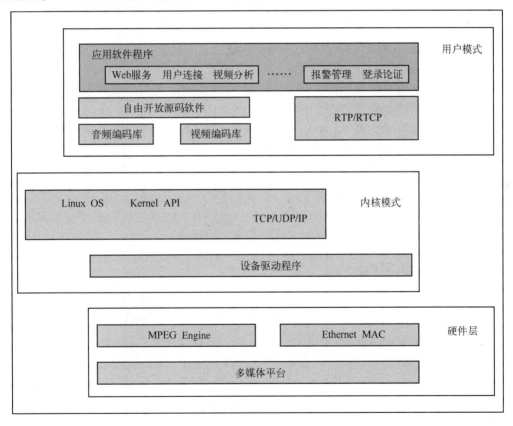

图 4-8　DVS 的软件体系结构

1）嵌入式系统（Linux）

嵌入式 DVS 是一种集软、硬件于一体的设备，主要包括处理器、嵌入式操作系统及相关应用软件。嵌入式操作系统是实时的、支持嵌入式系统应用的系统平台，是嵌入式设备中重要的软件部分，通常包括与硬件相关的底层驱动软件、系统内核、设备驱动及通信协议等，具体特点是：

- 指令精简，处理速度快；
- 调用速度快，系统数据多置于 Flash 缓存；
- 性能稳定，嵌入式系统是一种集软、硬件于一体的可独立工作的设备；
- 实时性好，其软件固态化，因而系统处理实时性好；
- 适合于大量的视频数据应用。

通常，在 DVS 系统中，Linux 负责整个系统软件运行和总体调度，Linux 系统通常包括：Linux 内核（Kernel）、文件系统（File System）、设备驱动器程序和 TCP/IP 网络协议栈等。嵌入式系统需要通过各种硬件驱动程序来完成对各个外设的操作，在嵌入式软件系统中，硬件设备驱动程序开发是一个重要的部分，由于嵌入式系统是针对特定场合和应用设计的，还必须开发相应的网卡驱动、USB 驱动和 I/O 控制端口驱动等模块，这些驱动模块和 Linux 中其他模块共同构成了嵌入式系统的软件运行平台。

2）应用软件

嵌入式 DVS 系统除了有相关的硬件平台和软件平台外，还需要有运行在平台上面的各种应用程序，主要实现的功能包括 Web 服务、客户连接认证、控制流的接收与命令执行、报警状态检测与响应、视频内容分析、PTZ 操作等。

- Web 服务：支持 IE 客户端访问；
- 客户认证：对请求连接的客户进行认证，并反馈参数；
- 数据发送：将视频流发送给客户端并动态更新；
- PTZ 操作：接收 PTZ 指令并发送给串口，完成对云台、镜头等设备的控制；
- 报警：对外部报警信号做出相关动作响应；
- VCA：视频内容分析功能。

3）编码压缩

目前网络上数据传输主要采用 TCP 和 UDP 协议。TCP 协议能提供有序、可靠的服务，但是一旦数据丢失则会带来严重的延迟，无法保证实时性。

### 4.3.3　DVS 的配置及应用

DVS 的配置过程是：首先 DVS 需要连接到网络中，然后分配一个 IP 地址；在分配 IP 地址后，便可以将 DVS 加入到相应的 NVR 逻辑下，并开始工作。工作中，还可以对 DVS 进行固件（Firmware）的升级以提高性能。DVS 的基本配置过程如图 4-9 所示。

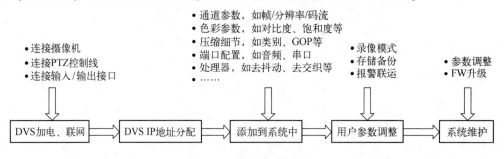

图 4-9　DVS 的配置过程

- 登录到 DVS 配置程序；

- 连接 DVS 的电源及网络；
- 对 DVS 进行 IP 设置；
- 升级 DVS 的固件；
- 将 DVS 添加到系统资源树。

DVS 的应用如图 4-10 所示。

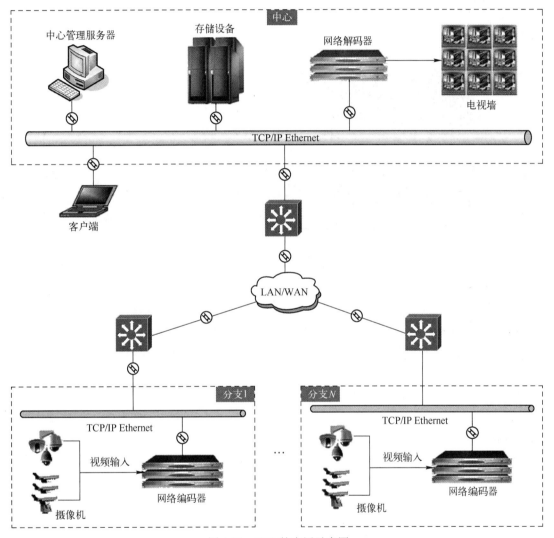

图 4-10　DVS 的应用示意图

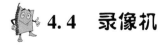 ## 4.4　录像机

录像机是可以记录电视图像及声音，存储电视节目视频信号，并且把它们重新送到电视发射机或直接送到监视器中的记录器。本节主要介绍硬盘录像机（DVR）和网络录像机（NVR）。

### 4.4.1 硬盘录像机（DVR）

#### 1. DVR 概述

硬盘录像机（DVR，Digital Video Recorder），如图 4-11 所示，即数字视频录像机，相对于传统的模拟视频录像机，它采用硬盘录像，故常常被称为硬盘录像机。它是一套进行图像存储处理的计算机系统，具有对图像/语音进行长时间录像、录音、远程监视和控制的功能。

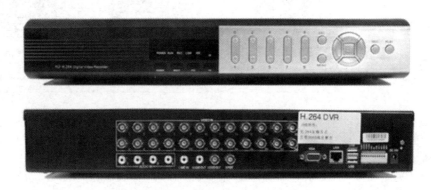

图 4-11　硬盘录像机（DVR）

在安防行业中，传统的视频监控工程中普遍使用磁带式的长延时录像机，这种录像机使用磁带作为存储视频数据的载体，视频数据采用模拟方式存储，视频信号经过多次复制后信号衰减严重，录像磁带占用大量存储空间，维护和数据检索都比较麻烦。而随着计算机技术的发展，硬件和软件的技术更新都为视频数据的存储提供了新的方法。

早期的硬盘录像机对视频数据的处理能力不够，因此没有大规模地应用，而目前一方面计算机的处理能力大大增强，另一方面 IC 技术也飞速发展，这都使硬盘录像机同时处理多路视频信号成为可能。

目前，DVR 集合了录像机、画面分割器、云台镜头控制、报警控制、网络传输 5 种功能于一身，用一台设备就能取代模拟监控系统一大堆设备的功能，而且在价格上也逐渐占有优势。DVR 采用的是数字记录技术，在图像处理、图像储存、检索、备份，以及网络传递、远程控制等方面也远远优于模拟监控设备，DVR 代表了电视监控系统的发展方向，是目前市场上电视监控系统的首选产品。

#### 2. DVR 的主要功能

视频存储：所有硬盘录像机都可以接入串口硬盘，用户可以根据自己的录像保存时间选择不同大小的硬盘。

视频查看：硬盘录像机具有 BNC、VGA 视频输出，可与电视、监视器、计算机显示器等显示设备配合使用。也有的厂家把显示屏与硬盘录像机做成一体化设备。其中视频查看分为视频实时查看和视频回放。

视频集中管理：DVR 都配有集中管理软件，可用该软件管理多个硬盘录像机的视频图像。

远程访问：硬盘录像机通过网络设置，可以实现远程访问、手机访问。在有网络的情况下，实现随时随地查看监控录像。

**3. DVR 压缩技术**

目前市面上主流的 DVR 采用的压缩技术有 MPEG－2、MPEG－4、H.264、M－JPEG，而 MPEG－4、H.264 是国内最常见的压缩方式；压缩卡有软压缩和硬压缩之分，软解压因其受到 CPU 的影响较大，大多做不到全实时显示和录像，故逐渐被硬压缩淘汰；从摄像机输入路数上分为 1 路、2 路、4 路、6 路、8 路、9 路、12 路、16 路、24 路、32 路、48 路、64 路等。

**4. 硬盘录像机的主要功能**

硬盘录像机的主要功能包括：监视功能、录像功能、回放功能、报警功能、控制功能、网络功能、密码授权功能和工作时间表功能。

**5. DVR 的分类**

按系统结构可以分为两大类：基于 PC 架构的 PC 式 DVR 和脱离 PC 架构的嵌入式 DVR。

1）PC 式硬盘录像机（DVR）

这种架构的 DVR 以传统的 PC 为基本硬件，以 Windows 98、Windows 2000、Windows XP、Vista、Linux 为基本软件，配备图像采集或图像采集压缩卡，编制软件成为一套完整的系统。PC 是一种通用的平台，PC 的硬件更新换代速度快，因而 PC 式 DVR 的产品性能提升较容易，同时软件修正、升级也比较方便。PC 式 DVR 各种功能的实现都依靠各种板卡来完成，比如视/音频压缩卡、网卡、声卡、显卡等，这种插卡式的系统在系统装配、维修、运输中很容易出现不可靠的问题，不能用于工业控制领域，只适合于对可靠性要求不高的商用办公环境。PC 式 DVR 又细分为工控 PC DVR、商用 PC DVR 和服务器 PC DVR。

工控 PC DVR 采用工控机箱，可以抵抗工业环境的恶劣和干扰。采用 CPU 工业集成卡和工业底板，可以支持较多的视/音频通道数以及更多的 IDE 硬盘。当然其价格也是一般的商用 PC 的两三倍，常应用于各种重要场合和需要通道数较多的情况。

商用 PC DVR 一般也采用工控机箱，用来提高系统的稳定可靠性，视/音频路数较少的也有使用普通商用 PC 机箱的。它采用通用的 PC 主板及各种板卡来满足系统的要求。其价格便宜，对环境的适应性好，常应用于各种场合，其图像通道数一般少于 24 路。

服务器 PC DVR 采用服务器的机箱和主板等，其系统的稳定可靠性也比前两者有很大的提高。常常具有 UPS 不间断电源和海量的磁盘存储阵列，支持硬盘热拔插功能。它可以 24 小时×7 天连续不间断运行，常应用于监控通道数量大，监控要求非常高的特殊应用部门。

2）嵌入式硬盘录像机（EM－DVR）

嵌入式 DVR 如图 4-12 所示。一般指非 PC 系统，有计算机功能但又不称为计算机的设备或器材。它是以应用为中心，软、硬件可裁减，对功能、可靠性、成本、体积、功耗等有严格要求的微型专用计算机系统。简单地说，嵌入式系统将系统的应用软件与硬件融于一体，类似于 PC 中 BIOS 的工作方式，具有软件代码少、自动化程度高、响应速度快等特点，特别适合于要求实时和多任务的应用。

图 4-12　嵌入式硬盘录像机

嵌入式 DVR 就是基于嵌入式处理器和嵌入式实时操作系统的嵌入式系统，采用专用芯片对图像进行压缩及解压回放，嵌入式操作系统主要完成整机的控制及管理。此类产品没有 PC DVR 那么多的模块和多余的软件功能，在设计制造时对软、硬件的稳定性进行了针对性的规划，因此此类产品品质稳定，不会有死机的问题产生，而且在视/音频压缩码流的储存速度、分辨率及画质上都有较大的改善，就功能来说丝毫不比 PC DVR 逊色。嵌入式 DVR 系统建立在一体化的硬件结构上，整个视/音频的压缩、显示、网络等功能全部可以通过一块单板来实现，大大提高了整个系统硬件的可靠性和稳定性。

**6. DVR 的特点**

（1）实现了模拟节目的数字化高保真存储，能够将广为传播和个人收集的模拟音/视频节目以先进的数字化方式录制和存储，一次录制，反复多次播放也不会使质量有任何下降。

（2）全面的输入/输出接口提供了天线/电视电缆、AV 端子和 S 端子输入接口、AV 端子和 S 端子输出接口。可录制几乎所有的电视节目和其他播放机、摄像机输出的信号，方便与其他的视听设备连接。

（3）多种可选图像录制等级，对于同一个节目源，提供了高、中、低 3 个图像质量录制等级。选用最高等级时，录制的图像质量接近于 DVD 的图像质量。

（4）大容量长时间节目存储，可扩展性强。用户可选用 20.4 GB、40 GB 或更大容量的硬盘用于节目存储。

（5）具有先进的时移（Timeshifting）功能，当不得不中断收看电视节目时，用户只需按下 Timeshifting 键，从中断收看时刻开始的节目都将被自动保存起来，用户在处理完事务后还可以从中断的位置起继续收看节目，而不会有任何停顿感。

（6）完善的预约录制/播放节目功能。用户可以自由地设定开始录制/播放节目的起始时刻、时间长度等选项。通过对预约节目单的编辑组合，系统化地录制各种间断性的电视节目，包括电视连续剧。

**7. 硬盘录像机的典型应用**

硬盘录像机的典型应用是包含 PC－DVR 的视频监控系统，如图 4-13 所示。

DVR 技术成熟、应用广泛，但是伴随着网络视频监控及高清监控的兴起，其发展势头已经放缓，目前混合 DVR 的发展已经随 DVR 逐步向 NVR 方向倾斜，但在一定时间内 DVR 产品仍然会继续存在并发挥作用。

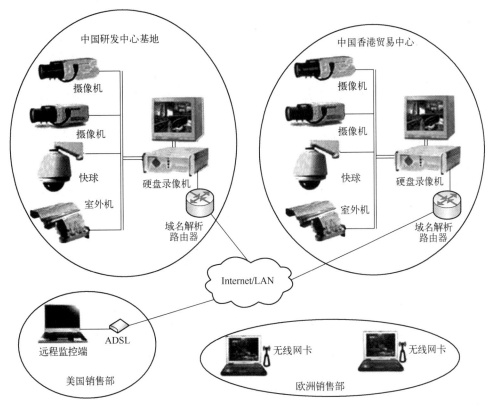

图 4-13　包含 PC – DVR 的视频监控系统

## 4.4.2　网络硬盘录像机（NVR）

### 1. 网络硬盘录像机概述

网络硬盘录像机（NVR，Network Video Recorder），也称为网络视频录像机，如图 4-14 所示，是网络视频监控系统的存储转发部分，NVR 与视频编码器或网络摄像机协同工作，完成视频录像、存储及转发功能。

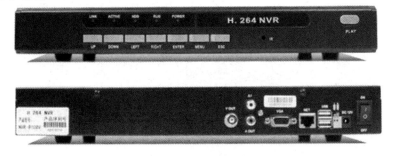

图 4-14　网络硬盘录像机（NVR）

在 NVR 系统中，前端监控点安装网络摄像机或视频编码器。模拟视频、音频以及其他辅助信号经视频编码器数字化处理后，以 IP 码流的形式上传到 NVR，由 NVR 进行集中录像存储、管理和转发，NVR 不受物理位置制约，可以在网络任意位置部署。NVR 实质是个"中间件"，负责从网络营销上抓取视/音频流，然后进行存储或转发。因此，NVR 是完全基于网络的全 IP 视频监控解决方案，基于网络系统可以任意部署及后期扩展，是比其他视频监控系统架构（模拟系统、DVR 系统等）更有优势的解决方案。

在本质上 NVR 已经变成了 IT 产品。NVR 最主要的功能是通过网络接收 IPC（网络摄像机）、DVS（视频编码器）等设备传输的数字视频码流，并进行存储、管理。

其核心价值在于视频中间件，通过视频中间件的方式广泛兼容各厂家不同数字设备的编码格式，从而实现网络化带来的分布式架构、组件化接入的优势。

**2. NVR 的分类**

NVR 的产品形态可以分为嵌入式 NVR 和 PC Based NVR（PC 式 NVR）。嵌入式 NVR 的功能通过固件进行固化，基本上只能接入某一品牌的 IP 摄像机，这样的 NVR 表现为一个专用的硬件产品。PC 式的 NVR 功能灵活强大，这样的 NVR 更多地被认为是一套软件（和视频采集卡 + PC 的传统配置并无本质差别）。

1）嵌入式 NVR

嵌入式 NVR 和嵌入式 DVR 有一个本质的区别就是对摄像机的兼容性。DVR 接入的是模拟摄像机，输出的是标准的视频信号，因为是模拟信号，所以 DVR 可以接入任何品牌和任何型号的模拟摄像机。对于模拟摄像机而言，DVR 是一个开放产品。

由于其 IP 摄像机的非标准性，再加上嵌入式软件开发的难度，一般的嵌入式 NVR 只支持某一厂家的 IP 摄像机。从目前市场上嵌入式 NVR 的产品来看，多数嵌入式 NVR 都是由 IP 摄像机厂商推出的，是 IP 摄像机的配套产品。目前市场上只兼容一家或两家 IP 摄像机的嵌入式 NVR 产品虽然在市场上会占有重要的地位，但是很难成为主流产品。

2）PC Based NVR

PC Based NVR 可以理解为一套视频监控软件，安装在 ×86 架构的 PC 或服务器、工控机上。PC 式 NVR 是目前市场上的主流产品，由两个方向发展而来。一个方向是插卡式 DVR 厂家在开发的 DVR 软件的基础上加入对 IP 摄像机的支持，形成的混合型 DVR 或纯数字 NVR；另外一个方向是视频监控平台厂家的监控软件，过去主要是兼容视频编解码器，现在加入对 IP 摄像机的支持，成为了 NVR 的另外一支力量。

NVR 在视频监控中的应用方案如图 4-15 所示。

高清网络摄像机　　　网络视频录像机　　　　　高清电视墙解码器

图 4-15　NVR 应用方案

**3. NVR 的特点**

（1）高清分辨率浏览与录像：NVR 支持 1080p 和 720p 的高清网络摄像机的接入，支持高清视频实时浏览，支持对所有高清网络摄像机同时进行 24 小时不间断的高清视频录像，支持外接高清解码器实现高清电视墙显示功能。

（2）64 路网络前端接入：NVR 可接入多达 64 路的网络前端，支持 H.264 编码，可实现最高 1080p 分辨率的全实时的视频浏览与录像。并且，每一个网络前端均可实现双码流传输，录像始终保持高分辨率，而实时浏览的图像根据网络带宽和浏览画面等条件自动调节分辨率。NVR2860 的画面风格分为 4:3 和 16:9 两种，以适应不同比例的显示器。最多可进行 64 画面（4:3）或 70 画面（16:9）的视频显示。

（3）高清双屏显示：NVR 可以进行双屏显示。主屏可选择 HDMI 输出或者 VGA 输出，辅屏采用 VGA 输出。HDMI 视频输出接口可实现 1920×1080 的高清显示分辨率。

在实际应用时，主屏通过多种画面风格、通道轮巡等方式播放全部视频图像，而需要关注某一细节时，通过鼠标或控制键盘操作，将该图像一键切换至辅屏显示。既可以全景展现所有的视频画面，同时又可关注某个图像的细节场景。

（4）录像检索图形化：NVR 采用图形化的时间轴模式进行录像的检索和回放，可方便地利用日历表对录像日期进行选择，并可同时选择多个录像文件。时间轴的时间长度可自行定义，不同的录像状态在时间轴上由不同的颜色标注，简洁直观。

大容量的数据存储：NVR 内置 8 块大容量硬盘，总设计容量为 32 TB。硬盘支持热插拔。当硬盘处在非工作状态时，自动进入休眠状态，节约能耗。

此外，NVR 还可通过 IPSAN 磁盘阵列和 eSATA 磁盘柜进一步扩展存储容量。

ANR 技术：对存储可靠性要求较高的应用场合，当设备或网络出现故障时，NVR 会自动启用前端存储，从而防止录像中断或录像遗失。待故障排除后，在不影响实时视频传输质量的前提下，前端存储数据可自动同步至 NVR 中心存储。数据恢复的整个过程不需要用户手动操作，也不会影响正常功能的使用。

双网口设计：NVR 支持双网口，可以在不同的网段开展业务，例如支持不同网段的网络前端接入。在一些需要网络隔离的场合非常适用。

**4. NVR 的应用**

NVR 在公路客运方面的应用，如图 4-16 所示。

**5. NVR 应用案例分析**

1）需求分析

在进行网络视频监控系统设计前，首先需要了解项目的具体特点，如行业特点及用户特殊需求，以及摄像机的数量、点位分布情况、存储系统的架构、网络建设情况等。其次要明确 NVR 并非适用所有的项目中，在网络建设良好、对高清需求显著、具有集中存储优势及前端点位分布相对分散的项目，NVR 才是最佳选择，否则可以考虑 DVR 系统。

以图 4-17 所示的系统架构为案例进行说明，在 Site A 及 Site B 分别有 16 台摄像机（2 台 8 路编码器），编码器的码流情况设为分辨率为 4CIF，实时码流为 2 Mb/s。共享 2 路摄像机通道指定到核心网的一台 NVR 服务器上，NVR 与磁盘阵列通过 SCSI 通道直接连接进行存储，所有录像需要保存。控制中心设置 9 台监视器构成电视墙，进行实时解码显示。控制中心设置 1 台客户工作站，用来对任意 4 个通道进行录像回放（Playback）工作。远程有 1 台客户工作站，用来对任意 4 个通道进行实时视频浏览（Live）工作。

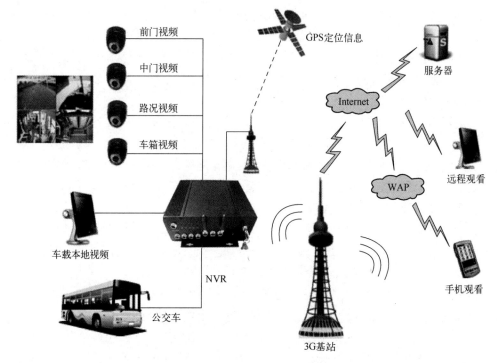

图 4-16　前端车载监控系统网络录像机（NVR）

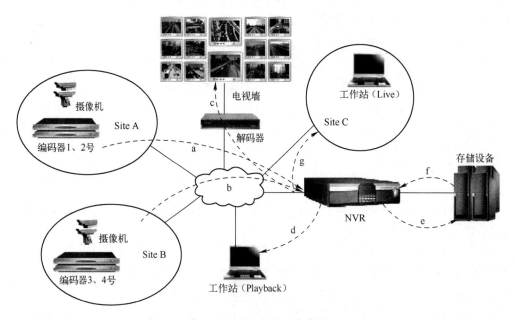

图 4-17　NVR 应用系统案例

2）NVR 部署需求

NVR 部署的关键在于 NVR 的数量设计、存储空间设计及网络带宽设计。因此，在设计、选型 NVR 系统之前，必须明确如下事宜：

- 摄像机的数量及分布情况；
- 视频通道码流设置，如帧率、分辨率（确定码流）；

- 控制中心的电视墙位置（在网络中）；
- NVR 及磁盘阵列的位置（在网络中）；
- 客户端的数量、位置及其应用情况（进行回放、实时显示）；
- 归档服务器的位置及视频备份的模式（全部归档、部分归档）。

从图 4-17 可以看出，系统的主要构成部分是编码器、NVR、解码器及客户工作站，从中可以得到如下信息：

- 通道情况：通道数量为 32 ch，码流为 2 Mb/s；
- 实时监控（Live）视频流：9 ch×2 Mb/s＋4 ch×2 Mb/s；
- 实时存储（Record）视频流：32 ch×2 Mb/s；
- 实时回放（Record）视频流：4 ch×2 Mb/s；
- 存储空间：32 ch×2 Mb/s，7 天。

3）网络带宽设计

网络是整个视频监控系统中的信息高速公路，承载着整个系统中的所有数据流，包括实时、存储、转发、回放、备份等各种视频流数据（音频、信令及控制信息码流很小，相对视频流数据而言可以忽略）。网络带宽资源是系统的主要需求，必须认真设计。

在图 4-17 中，主要的数据流有：

- 实时视频流（编码器 1、2 号——NVR）；
- 实时视频流（编码器 3、4 号——NVR）；
- 实时监控流（NVR——解码器）；
- 回放视频流（NVR——工作站）；
- 实时存储流（NVR——存储设备）；
- 回放视频流（存储设备——NVR）；
- 实时控制流（NVR——工作站）。

网络带宽需求可以根据公式计算：网络带宽＝码流大小×通道数（ch）。

（1）实时视频流。

实时视频流包括编码器到 NVR 的视频流及 NVR 转发给工作站（解码器）的视频流。对于实时视频流，工作站调用某个通道视频流，解码器将视频发送给 NVR，然后 NVR 进行转发，而工作站调用的视频流类型不同，码流大小也不同，需要考虑的是分辨率与帧率，4CIF 分辨率实时码流大小均值可以按 2 Mb/s 进行考虑，而编码器到 NVR 之间的总带宽主要取决于每个通道码流大小及总的通道数量。工作站与 NVR 之间的带宽主要取决于工作站调用的视频资料的码流及数量。在码流需求上，工作站与解码器没有区别，可以统一考虑。

本案例中实时码流需求如下：

- 路径 a 的网络带宽需求：16 ch×2 Mb/s＝32 Mb/s；
- 路径 b 的网络带宽需求：16 ch×2 Mb/s＝32 Mb/s；
- 路径 c 的网络带宽需求：9 ch×2 Mb/s＝18 Mb/s；
- 路径 g 的网络带宽需求：4 ch×2 Mb/s＝8 Mb/s。

（2）回放视频流。

NVR 的另外一个主要功能是接收和处理客户端视频回放请求，为客户端提供录像视频流。当 NVR 收到客户端命令后，在磁盘阵列中查找到相应的视频数据并通过网卡发送给提出回放请求的客户端。本案例中回放视频流的需求如下：路径 d 的网络带宽需求 = 4 ch × 2 Mb/s = 8 Mb/s。

4）NVR 存储设计

（1）存储空间需求。

NVR 的存储空间计算与 DVR 没有区别，存储空间可以根据以下公式计算：

$$存储空间 = 通道数（ch）× 码流 × 保存时间$$

在本案例中，32 个通道，每个通道码流为 2 Mb/s，视频资料计划保存 7 天，则

$$32\ ch × 2\ Mb/s × 3\ 600\ s × 24 × 7/8/1000/1000 ≈ 4.8\ TB$$

如前所述，NVR 的主要功能是以稳定的速率捕获来自网络上的数据流并写到磁盘阵列，同时向网络上的客户端传输实时及录像视频数据。当系统中有大量的输入视频流及并发用户访问时，磁盘阵列的带宽可能成为系统的主要瓶颈。

在本案例中，磁盘阵列的带宽需求如下：

● 路径 e 的存储带宽需求：32 ch × 2 Mb/s = 64 Mb/s

● 路径 f 的存储带宽需求：4 ch × 2 Mb/s = 8 Mb/s

则磁盘阵列带宽需求为：64 Mb/s + 8 Mb/s = 72 Mb/s = 9 Mb/s。

☞注意：此需求要求磁盘阵列即使在 Rebulid 期间也必须满足，否则可能导致视频录像数据的丢失。

（2）存储架构设计。

在网络视频监控系统中，编码器将视频编码压缩并传输，NVR/媒体服务器/存储服务器负责视频的采集并写入磁盘阵列，同时响应客户端的请求进行视频录像回放。NVR 实质可以看成视频存储设备的主机，可以采用不用的架构，如 DAS、NAS、FCS AN 或 IP SAN 等，以实现不同的存储需求。

在网络视频监控系统应用中，存储系统的设计不是孤立的，而是与视频监控系统的软件架构、视频文件格式、现场设备的类型等因素有关的。通常，DVS 或 IPC 以流媒体的方式将数据写入存储设备，这种读写方式与普通数据库或文件服务器系统中采用的"小数据块读写方式"不同。

☞注意：不管整个系统中有多少个摄像点，所有这些摄像机通道视频是分摊到系统中所有 NVR 上的。例如有 10 000 个点，而每个 NVR 最多支持 50 路视频通道，那么对于存储空间及带宽需求，压力集中在该 NVR 最多支持 50 路视频通道。因此，不要以所有摄像机点数作为网络带宽及存储系统带宽的计算条件。

# 4.5　NAS 和 SAN

## 4.5.1　NAS

网络附接存储（NAS，Network Attached Storage）是一种将分布、独立的数据整合为大型、集中化管理的数据中心，以便对不同主机和应用服务器进行访问的技术，其拓扑图如图 4-18 所示。按字面理解，NAS 就是连接在网络上，具备资料存储功能的装置，因此也称

为"网络存储器"。它是一种专用数据存储服务器，以数据为中心，将存储设备与服务器彻底分离，集中管理数据，从而释放带宽、提高性能、降低总使用成本、保护投资。其成本远远低于服务器存储，而效率却远远高于后者。

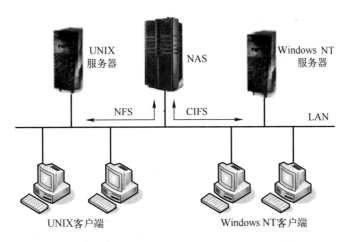

图 4-18　NAS 拓扑图

NAS 被定义为一种特殊的专用数据存储服务器，包括存储器件（例如磁盘阵列、CD/DVD 驱动器、磁带驱动器或可移动的存储介质）和内嵌系统软件，可提供跨平台文件共享功能。NAS 通常在一个 LAN 上占有自己的节点，无须应用服务器干预，允许用户在网络上存取数据，在这种配置中，NAS 集中管理和处理网络上的所有数据，将负载从应用或企业服务器上卸载下来，有效降低总使用成本，保护用户投资。

NAS 本身能够支持多种协议（如 NFS、CIFS、FTP、HTTP 等），而且能够支持各种操作系统。通过任何一台工作站，采用 IE 或 Netscape 浏览器就可以对 NAS 设备进行直观方便的管理。

## 4.5.2　SAN

### 1. SAN 概述

存储区域网络（SAN，Storage Area Network）是一种通过光纤集线器、光纤路由器、光纤交换机等连接设备将磁盘阵列、磁带等存储设备与相关服务器连接起来的高速专用子网。

SAN 由 3 个基本的组件构成：接口（如 SCSI、光纤通道、ESCON 等）、连接设备（交换设备、网关、路由器、集线器等）和通信控制协议（如 IP 和 SCSI 等）。这 3 个组件再加上附加的存储设备和独立的 SAN 服务器，就构成一个 SAN 系统。SAN 系统提供一个专用的、高可靠性的基于光通道的存储网络，SAN 允许独立地增加它们的存储容量，也使得管理及集中控制（特别是对于全部存储设备都集群在一起时）更加简化。而且，光纤接口提供了 10 km 的连接长度，这使得物理上分离的远距离存储变得更容易。

## 2. SAN 的优点

SAN 的优点包括：
- 可实现大容量存储设备数据共享；
- 可实现高速计算机与高速存储设备的高速互联；
- 可实现灵活的存储设备配置要求；
- 可实现数据快速备份；
- 提高了数据的可靠性和安全性。

## 3. SAN 系统的应用

SAN 系统的应用如图 4-19 所示。

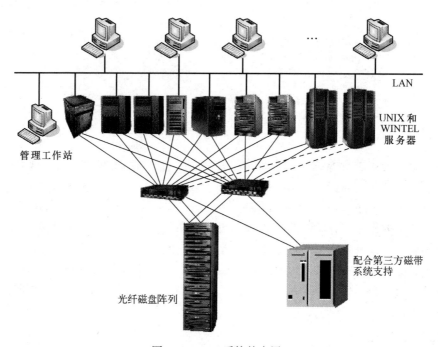

图 4-19　SAN 系统的应用

## 4. SAN 和 NAS 的区别

- SAN 是存储区域网络，NAS 产品是一个专有文件服务器或一个智能文件访问设备；
- SAN 是在服务器和存储器之间作为 I/O 路径的专用网络；
- SAN 包括面向块（SCIS）和面向文件（NAS）的存储产品；
- NAS 产品能通过 SAN 连接到存储设备；
- NAS 是功能单一的精简型电脑，因此在架构上不像个人计算机那么复杂，像键盘、鼠标、屏幕、声卡、扬声器、扩充槽、各式连接口等都不需要；在外观上就像家电产品，只需电源与简单的控制钮。NAS 在架构上与个人计算机相似，但因功能单纯，可移除许多不必要的连接器、控制晶片、电子回路，如键盘、鼠标、USB、VGA 等。

**4.6 安防视频监控系统显示/记录设备实训**

### 实训一 数字硬盘录像机的使用

**【实训目的】**

学会数字硬盘录像机的安装、使用方法。

**【实训设备、工具】**

硬盘录像机、球机、监视器、计算机、交换机。

**【主要功能】**

（1）实时监视：具备模拟输出接口和 VGA 接口，可通过监视器或显示器实现监视功能，支持 TV 与 VGA 同时输出，预留 HDMI 接口。

（2）存储功能：存储数据采用专用格式，无法篡改数据，保证数据安全。

（3）压缩方式：支持多路视音频信号，每路视音频信号由独立硬件实时压缩，声音与图像保持稳定同步。

（4）备份功能：通过 USB 接口（如普通 U 盘及移动硬盘等，刻录光驱）进行备份。客户端电脑可通过网络下载硬盘上的文件进行备份。

（5）录像放像功能：每路实现独立实时录像的同时，实现检索、倒放、网络监视、录像查询、下载，多种回放模式：慢放、快放、倒放及逐帧播放，回放录像时可以显示事件发生的准确时间，可选择画面任意区域进行局部放大。

（6）网络操作功能：可通过网络进行远程实时监视、远程录像查询回放及远程云台控制。

（7）报警联动功能：具备多路继电器开关量报警输出，便捷实现报警联动及现场的灯光控制，报警输入及报警输出接口皆具有保护电路，确保主设备不受损坏。

（8）通信接口：具备 RS－485 接口，实现报警输入和云台控制，具备 RS－232 接口，可扩展键盘的连接实现主控，与 PC 串口的连接进行系统维护和升级，以及矩控制，具备标准以太网接口，实现网络远程访问功能。

（9）云台控制：支持通过 RS－485 通信的云台解码器，可扩展多种解码协议，便于实现云台和球机控制功能。

（10）智能操作：鼠标操作功能，菜单中对于相同设置可进行快捷复制粘贴操作。

**【开箱检查】**

（1）首先检查外观有无明显损坏，根据配件清单，检查配件是否齐全；

（2）前面板贴膜上的型号是相当重要的信息，仔细与订货合同核对；后面板上所贴的标签对售后服务具有极重要的意义，保护好，不要撕毁、丢弃，否则不保证提供保修服务。在售后报修时，会要求提供产品的序列号。

（3）打开机壳检查。除了检查是否有明显的损伤痕迹外，还要注意检查前面板数据线、电源线、串口线和主板的连接是否松动。

## 【实训拓扑】

数字硬盘录像机实训拓扑图如图4-20所示。

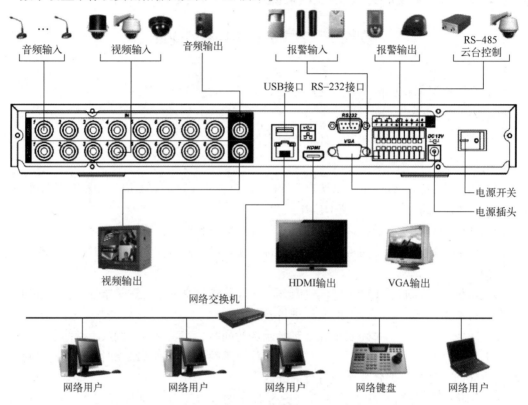

图 4-20　数字硬盘录像机实训拓扑图

## 【硬盘安装】

初次安装硬盘时首先检查是否硬盘（SATA 硬盘）已安装，该机箱内可安装 1 个硬盘（容量没有限制），建议使用 7 200 转及以上高速硬盘。安装步骤如图4-21～图4-28所示。

图 4-21　拆卸固定螺钉

图 4-22　拆卸机壳

图 4-23　硬盘上固定螺钉

图 4-24　把硬盘放置到机箱内

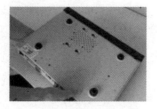

图 4-25　翻转设备，将螺钉移进卡口

图 4-26　固定硬盘

图 4-27　插上硬盘线和电源线

图 4-28　盖上机箱盖

前面板按键如图 4-29 所示。

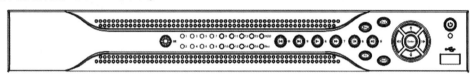

图 4-29　前面板按键

前面板按键功能如表 4-1 所示。

表 4-1　硬盘录像机前面板按键功能

| 键　　名 | 标　识 | 功　　能 |
|---|---|---|
| 电源开关 | ⏻ | 按此键将执行开机、关机操作 |
| USB | 🖴 | 外接鼠标、硬盘等 |
| 上方向键/1<br>下方向键/4 | ▲ ▼ | 对当前激活的控件进行切换，可向上或向下移动跳跃；<br>更改设置，增减数字；<br>辅助功能（如对云台菜单进行控制切换）；<br>在文本框输入时，输入数字 1 或 4 |
| 左方向键/2<br>右方向键/3 | ◀ ▶ | 对当前激活的控件进行切换，可向左或向右移动跳跃；<br>录像回放时按键控制回放控制条进度；<br>在文本框输入时，输入数字 2 或 3 |
| 确认键 | Enter | 操作确认；<br>跳到默认按钮；<br>进入菜单 |
| 取消键 | ESC | 退到上一级菜单或功能菜单键时取消操作；<br>录像回放状态时，恢复到实时监控状态 |
| 录像键 | REC | 手动启/停录像，在录像控制菜单中，与方向键配合使用，选择所要录像的通道 |
| 功能切换键 | Shift | 在用户输入状态下，可完成数字键、字符键和其他功能键的切换 |
| 播放/暂停键/5 | ▶❙❙ | 当录像文件回放时，播放/暂停键；<br>当在文本框输入时，输入数字 5 |

| 键 名 | 标 识 | 功 能 |
|---|---|---|
| 辅助功能键 | Fn | 当单画面监控状态时，按键显示辅助功能：云台控制和图像颜色；<br>当动态检测区域设置时，按 Fn 键与方向键配合完成设置；<br>清空功能：长按 Fn 键（1.5 秒）清空编辑框所有内容；<br>在预览界面（无其他菜单）时，按住该键 3 秒钟，进行 TV/VGA 切换，其中 HD1 的机器有 3 种模式：TV、VGA、GA_LCD（60 Hz 液晶输出）；<br>当文本框被选中时，连续按该键，在数字、英文大小写、中文输入（可扩展）之间切换；<br>各个菜单页面提示的特殊配合功能 |
| 倒放/暂停键/6 | ‖◀ | 当录像文件回放时，倒放录像文件；<br>在文本框输入时，输入数字 6 |
| 快进键/7 | ▶▶ | 当录像文件回放时，多种快进速度及正常回放；<br>在文本框输入时，输入数字 7 |
| 慢放键/8 | ▮▶ | 录像文件回放时，多种慢放速度及正常回放；<br>在文本框输入时，输入数字 8 |
| 播放下一段键/9 | ▶▮ | 录像文件回放时，播放当前播放录像的下一段录像；<br>在文本框输入时，输入数字 9 |
| 播放上一段键/0 | ▮◀ | 录像文件回放时，播放当前回放录像的上一段录像；<br>在文本框输入时，输入数字 0 |
| 硬盘异常指示灯 | HDD | 硬盘出现异常或硬盘剩余空间低于某个值时提示报警，红灯表示报警 |
| 网络异常指示灯 | Net | 网络出现异常或未接入网络时提示报警，红灯表示报警 |
| 录像指示灯 | Alarm | 显示硬盘是否处于录像状态，灯亮表示录像 |
| 遥控器接收窗 | IR | 用于接收遥控器的信号 |

后面板接口如图 4-30 所示。

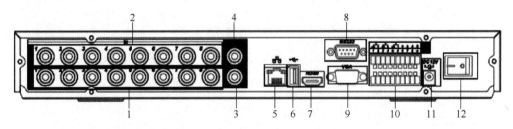

1——视频输入　2——音频输入　3——视频 CVBS 输出　4——音频输出　5——网络接口　6——USB 接口
7——HDMI 接口　8——RS–232 接口　9——视频 VGA 输出　10——报警输入、报警输出、RS–485 接口
11——电源输入孔　12——电源开关

图 4-30　后面板接口

☞注意：当与计算机的网卡接口直接连接时，使用交叉线；当通过集线器或交换机与计算机连接时，使用直通线。

**【实训内容和步骤】**

根据实训拓扑图连接设备。

1) 设备连接

步骤 1：视频输入/输出的连接。

硬盘录像机的视频输入口为 BNC 接头，输入信号要求为：PAL/NTSC BNC（峰 – 峰值 1.0 V，75 Ω）。视频信号应符合国家标准，有较高的信噪比、低畸变、低干扰；图像要求清晰、无形变、色彩真实自然、亮度合适。

（1）保证摄像机信号的稳定可靠。摄像机应安装在合适的位置，避免逆光、低光照环境，或者采用效果良好的逆光补偿摄像机、低照度摄像机。摄像机电源应和硬盘录像机共地，并且稳定可靠，以保证摄像机的正常工作。

（2）保证传输线路的稳定可靠。采用高质量、屏蔽好的视频同轴线，并依据传输距离的远近选择合适型号。如果距离过远，应依据具体情况，采用双绞线传输、添加视频补偿设备、光纤传输等方式以保证信号质量。视频信号线应避开有强电磁干扰的其他设备和线路，特别应避免高压电流的串入。

（3）保证接线头的接触良好。信号线和屏蔽线都应牢固、良好地连接，避免虚焊、搭焊，还要避免氧化。

☞注意：视频输出设备的选择和连接。视频输出分为 BNC（PAL/NTSC BNC）输出和 VGA 输出，也支持 BNC 输出与 VGA 输出同时使用，预留 HDMI 接口。在选择使用计算机的显示器替代监视器时应注意如下问题：

- 不宜长时间保持开机状态，以延长设备的使用寿命；
- 经常性的消磁，利于保持显示器的正常工作状态；
- 远离强电磁干扰设备。

使用电视机作为视频输出设备是一种不可靠的替代方式。它同样要求尽量减少使用时间和严格控制电源、相邻设备所带来的干扰。劣质电视机的漏电隐患则可能导致其他设备的损毁。

步骤 2：音频输入/输出连接。

音频输入口为 BNC 接头。音频输入阻抗较高，因此必须采用有源拾音器。音频传输与视频输入类似，要求线路尽量避免干扰，避免虚焊、接触不良，并且特别注意防止高压电流的串入。

硬盘录像机的音频输出信号参数一般大于 200 mV，1 kΩ（BNC），可以直接外接低阻抗耳机、有源音箱或者通过功放驱动其他声音输出设备。在外接音箱和拾音器无法实现空间隔离的情况下，容易产生输出啸叫现象。此时可采取的措施有：

- 采用定向性较好的拾音器；
- 调节音箱音量，使之低于产生啸叫的域值；
- 采用吸音材料进行装修，以减少声音的反射，改善声学环境；
- 调整拾音器和音箱的布局，也能减少啸叫情况的发生。

步骤 3：报警输入/输出的连接（本实训不做要求）。

步骤 4：云台解码器连接。

- 必须做好云台解码器与硬盘录像机的共地，否则可能存在的共模电压将导致无法控制云台。建议使用屏蔽双绞线，其屏蔽层用于共地连接。

- 防止高电压的串入，合理布线，做好防雷措施。
- 需在远端并入 120 Ω 电阻以减小反射，保证信号质量。
- 硬盘录像机的 RS-485 的 AB 线不能与其他 RS-485 输出设备并接。
- 解码器 AB 线之间电压要求小于 5 V。

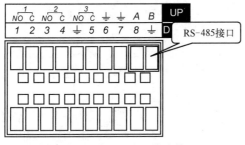

图 4-31    RS-485 线连接

- 前端设备注意接地，接地不良可能会导致芯片烧坏。

步骤 5：云台与 DVR 间的连线。

- 将球机的 RS-485 线接到 DVR 的 RS-485 口，如图 4-31 所示；
- 将球机的视频线接 DVR 的视频输入；
- 再让球机通电。

2）软件基本操作

步骤 1：开机。

插上电源线，按下后面板的电源开关，电源指示灯亮，录像机开机，开机后视频输出默认为多画面输出模式，若开机启动时间在录像设定时间内，系统将自动启动定时录像功能，相应通道录像指示灯亮，系统正常工作。

☞注意：

- 确定供电的输入电压与设备电源的拨位开关是对应的，确认与电源线接好后，再打开电源开关；
- 外部电源要求为 DC+12 V/3.3 A；
- 建议提供电压值稳定，波纹干扰较小的电源输入（参照国标），这将有利于硬盘录像机的稳定工作和硬盘使用寿命的延长，对外部设备比如摄像机的工作也会有极大的好处，在条件允许的情况下使用 UPS 电源。

步骤 2：关机。

- 关机时，按下后面板的电源开关即可关闭电源，也可以进入"主菜单"→"关闭系统"中选择"关闭机器"。
- 断电恢复。当录像机处于录像工作状态下，若系统电源被切断或被强行关机，重新通电后，录像机将自动保存断电前的录像，并且自动恢复到断电前的工作状态继续工作。
- 更换硬盘录像机钮扣电池。建议选用相同型号的电池。定期检查系统时间，一般每年更换一次电池以保证系统时间的准确性。

☞注意：更换电池前需保存配置，否则配置会全部丢失。

步骤 3：进入系统菜单。

正常开机后，单击鼠标左键或按遥控器上的确认（Enter）键弹出登录对话框，用户在输入框中输入用户名和密码。

☞注意：在产品使用说明中，查找用户名和密码，以及用户的操作权限，如 admin、

888888、default 等。

密码安全性措施：每 30 分钟内试密码错误 3 次报警，5 次账号锁定。

☞注意：为安全起见，用户要及时更改出厂默认密码。添加用户组、用户及修改用户账号。

关于输入法：除硬盘录像机前面板及遥控器可配合输入操作外，可按数字按钮进行数字、符号、英文大小写、中文（可扩展）切换，并直接在软面板上用鼠标选取相关值。

步骤 4：预览。

设备正常登录后，直接进入预览画面。在每个预览画面上有叠加的日期、时间、通道名称，屏幕下方有一行表示每个通道的录像及报警状态图标，各种图标的含义如表 4-2 所示。

表 4-2　录像及报警状态图标

| 1 | ◙ | 监控通道录像时，通道画面上显示此标志 | 3 | ▣ | 通道发生视频丢失时，通道画面显示此标志 |
|---|---|---|---|---|---|
| 2 | ▤ | 通道发生动态检测时，通道上画面显示此标志 | 4 | ▣ | 该通道处于监视锁定状态时通道画面上显示此标志 |

3）手动录像

☞注意：手动录像操作要求用户具有"录像"操作权限。在进行这项操作前要确认硬盘录像机内已经安装正确格式化的硬盘。

步骤 1：进入手动录像操作界面。

（1）单击鼠标右键或选择菜单"高级选项"→"录像控制"可进入手动录像操作界面。在预览模式下按前面板"录像/●"键或遥控器上的"录像"键可直接进入手动录像操作界面，如图 4-32 所示。

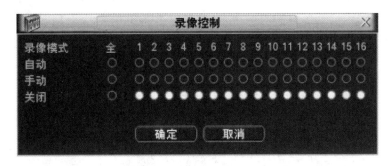

图 4-32　录像控制关闭状态

（2）手动录像操作说明。

通道：列出了设备所有的通道号，通道号的多少与设备支持的最大路数一致。

状态：列出了对应通道目前所处的状态。有 3 种情况，即自动、手动、关闭。对应的通道反显"●"，则为选中的通道。

手动：优先级别最高，不管目前各通道处于什么状态，执行"手动"按钮之后，对应的通道全部都进行普通录像。

自动：录像由录像设置中设置的（普通、动态检测和报警）录像类型进行录像。

关闭：所有通道停止录像。

全部启动：可以启动全部通道的录像。

全部停止：可以停止全部通道的录像。

步骤 2：启动/关闭通道录像。

要启动/关闭某个通道的录像，首先查看该通道录像状态是处于"○"状态，还是处于"●"状态（"○"状态表示该通道不在录像状态；"●"状态表示该通道处于录像状态）。然后使用"◄"或"►"方向键移动活动框至该通道，再使用"▲"或"▼"方向键或相应的数字键，可切换本路录像开启/关闭状态。使用与上述同样的操作方法可以启动/关闭其他通道的录像状态。

步骤 3：启动全部通道录像。

启动全部自动录像：将自动对应的【全】通道处于"●"状态即可，如图 4-33 所示。启动全部自动录像后，录像机会根据用户在录像设置中设置的普通、动态检测和报警的设置条件进行录像，且设有自动录像的通道，前面板对应通道的指示灯会变亮。

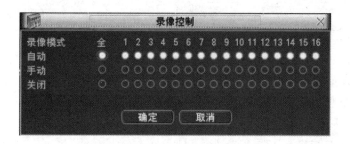

图 4-33　录像控制启用全部通道

步骤 4：启动全部手动录像。

将手动对应的"全"通道处于"●"状态，如图 4-34 所示。启动全部手动录像后，无论用户在录像设置中设置何种录像类型，都将停止。此时前面板的录像指示灯全部变亮。

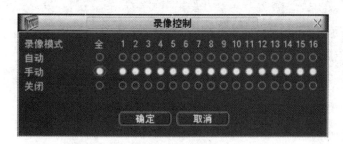

图 4-34　录像控制启动全部手动录像

步骤 5：停止全部通道录像。

将关闭对应的"全"通道处于"●"状态即可。无论目前各通道处于什么状态，执行"关闭"之后，所有的通道停止录像且前面板的录像指示灯灭，如图 4-35 所示。

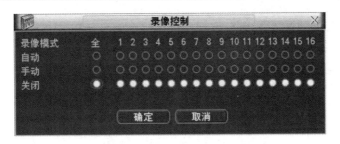

图 4-35　录像控制全部停止录像

步骤 6：录像查询。

录像查询窗口如图 4-36 所示。

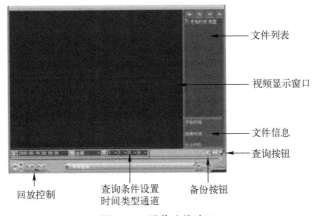

文件列表

视频显示窗口

文件信息

查询按钮

回放控制　　查询条件设置　备份按钮
　　　　　　时间类型通道

图 4-36　录像查询窗口

录像查询操作如表 4-3 所示。

表 4-3　录像查询操作

| 录像查询任务 | 操　　作 |
| --- | --- |
| 进入录像查询界面 | 单击鼠标右键选择"录像查询"或从主菜单选择"录像查询"进入录像查询菜单。<br>提示：若当前处于注销状态，则必须输入密码 |
| 回放操作 | 根据录像类型：全部、外部报警、动态检测、全部报警录像，通道、时间等进行多个条件查询录像文件，结果以列表形式显示，屏幕上列表显示查询时间后的 128 条录像文件，可按 S／T 键上、下查看录像文件或鼠标拖动滑钮查看。选中所需录像文件，按 Enter 键或双击鼠标左键，开始播放该录像文件<br>文件类型：R—普通录像；A—外部报警录像；M—动态检测录像 |
| 精确回放 | 在时间栏输入时、分、秒，直接按"播放"键，可对查询的时间进行精确回放 |
| 回放操作区 | 回放录像（屏幕显示通道、日期、时间、播放速度、播放进度）对录像文件播放操作如控制速度、循环播放（对符合条件查找到的录像文件进行自动循环播放）、全屏显示等 |
| 回放时其余通道同步切换功能 | 录像文件回放时，按下数字键，可切换成与按下的数字键对应通道同时间的录像文件进行播放 |
| 局部放大 | 单画面全屏回放时，可用鼠标左键框选屏幕画面上任意大小区域，在所选区域内单击鼠标左键，可将此局域画面进行放大播放，单击鼠标右键退出局部放大画面 |

续表

| 录像查询任务 | 操　作 |
|---|---|
| 文件备份操作 | 在文件列表框中选择用户需要备份的文件，在列表框中打"3"可复选（可在两个通道同时选择需要备份的文件），再单击备份按钮，出现备份操作菜单，单击备份按钮即可，用户也可以在备份操作菜单中取消不想备份的文件，在要取消的文件列表框前取消"3"（单通道显示列表数为32） |
| 日历功能 | 单击日历图标会显示用户录像的记录（蓝色填充的表示当天有录像，无填充表示当天没有录像，再单击其中要查看的日期，文件列表会自动更新成该天的文件列表） |

步骤7：回放的快进及慢放操作。

回放的快进及慢放时的操作如表4-4所示。

表4-4　回放的快进及慢放操作

| 按键顺序 | 操　作 | 备　注 |
|---|---|---|
| 录像回放快进：快进键▶▶ | 回放状态下，按该键，可进行多种快放模式如快放1、快放2等，速度循环切换快进键还可作为慢放键的反向切换键 | 实际播放速率与各厂商及版本有关 |
| 录像回放慢放：慢放键▶ | 回放状态下，按该键，可进行多种慢放模式如慢放2、慢放1等，速度循环切换慢放键还可作为快进键的反向切换键 | |
| 播放/暂停键▶‖ | 慢放播放时，按该键可进行播放/暂停循环切换 | |
| 播放上一段/下一段 | 在回放状态下有效，观看同一通道上一段或下一段录像可连续按‖◀键或▶‖键 | |

步骤8：倒放及单帧回放。

倒放及单帧回放如表4-5所示。

表4-5　倒放及单帧回放

| 按键顺序 | 功　能 | 备　注 |
|---|---|---|
| 倒放：倒放键◀ | 正常播放录像文件时，用鼠标左键单击回放控制条面板倒放键"◀"，录像文件进行倒放，再次单击倒放键"◀"则暂停倒放录像文件 | 倒放时或单帧录像回放按播放键▶‖可进入正常回放状态 |
| 手动单帧录像回放 | 正常播放录像文件暂停时，用户按◀‖键和‖▶键进行单帧录像回放 | |

☞注意：

● 播放器回放控制条面板上显示文件的播放速度、通道、时间、播放进度等信息。

● 倒放功能及回放速度等与硬件版本有关，请以播放器面板上的提示为准。

4）录像设置

硬盘录像机在第一次启动后的默认录像模式是24小时连续录像。进入菜单，可进行定时时间内的连续录像。单击"菜单"→"系统设置"→"录像设置"，打开录像设置窗口，如图4-37所示。

步骤1：通道设置。选择相应的通道号进行通道设置，统一对所有通道设置可选择"全"。

步骤 2：星期设置。设置普通录像的时间段，在设置的时间范围内才会启动录像。选择相应的星期几进行设置，每天有 6 个时间段供设置。统一设置时选择"全"。

步骤 3：预录设置。可以录动作状态发生前 1～30 s 的录像（时间视码流大小而定）。

步骤 4：抓图设置。开启定时抓图。统一设置选择"全"。

步骤 5：时间段设置。显示当前通道在该段时间内的录像状态，所有通道设置完毕

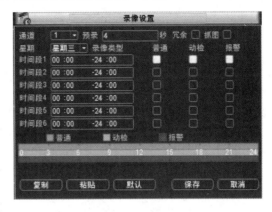

图 4-37   录像设置

后按保存键确认。显示的时间段颜色条，表示该时间段对应的录像类型是否有效：绿色为普通录像有效，黄色为动态检测录像有效，红色为报警录像有效。

步骤 6：快捷设置。

（1）用户对通道甲的设置可以复制到通道乙实现相同录像设置。如选择通道 1，设置录像状态后选择"复制"按钮，然后转到通道 3 直接选择"粘贴"按钮，可发现通道 3 的录像状态设置和通道 1 里的相同。

（2）用户可对每个通道设置完成后分别保存，也可以对所有要设置的通道全部设置完成后统一进行保存。

5）抓图设置

（1）定时抓图。

步骤 1：定时抓图设置。单击"系统设置"→"编码设置"→"抓图设置"，设置各通道定时抓图的参数，包括"图片大小""图片质量"和"抓图频率"，如图 4-38 所示。

步骤 2：设置图片上传间隔。单击"系统设置"→"普通设置"，设置"图片上传间隔"，如图 4-39 所示。

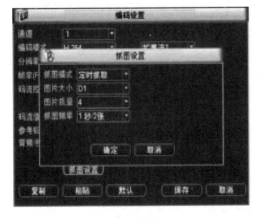

图 4-38   抓图定时

图 4-39   图片上传设置

步骤 3：确定抓图。单击"系统设置"→"录像设置"，选中相应通道的"抓图"，如图 4-40 所示。

上述操作后定时抓图功能被开启。

（2）触发抓图。

步骤1：设置触发抓图。单击"系统设置"→"编码设置"→"抓图设置"，设置各通道触发抓图的参数，包括"图片大小""图片质量"和"抓图频率"，如图4-41所示。

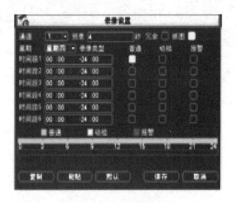

图4-40　确定抓图

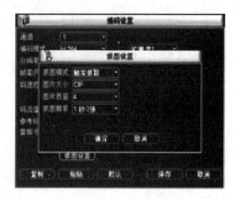

图4-41　设置触发抓图

步骤2：设置图片上传间隔。单击"系统设置"→"普通设置"，设置"图片上传间隔"，如图4-42所示。

步骤3：设置通道触发抓图。单击"系统设置"→"视频检测"或"报警设置"，选中相应通道的"抓图"，如图4-43所示。

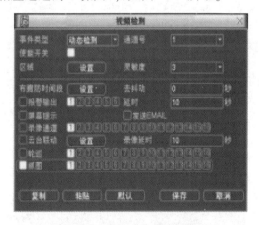

图4-42　图片上传间隔设置

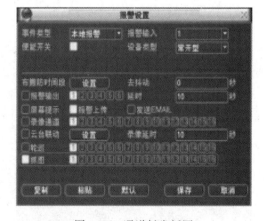

图4-43　通道触发抓图

进行上述操作后触发抓图功能被开启，若有相应的报警触发，本地就进行相应的抓图操作。

（3）抓图优先级。

触发抓图优先级大于定时抓图。当定时抓图和触发抓图同时开启时，如果有相应的报警产生，就进行相应的触发抓图；如果没有相应的报警产生，就进行定时抓图。

步骤1：FTP设置。

● 单击"网络设置"→"FTP设置"，设置FTP服务器相关信息；选中FTP使能，单击"保存"按钮。

- 开启相应的 FTP 服务器，如图 4-44 所示。
- 设备开启定时抓图或触发抓图功能，本地进行相应的抓图，并将图片上传到 FTP 服务器。

6）视频检测

☞注意：

- 具体设置通过"菜单"→"系统设置"→ "视频检测"进行；
- 在进行检测类型切换时，视频丢失和遮挡检测中无检测区域和灵敏度的设置；
- 通道发生动态检测时，通道画面上显示动态检测标志；
- 当用鼠标直接拖放区域来选择动态检测区域时不用 Fn 键配合，单击鼠标右键保存后退出当前设置区，用户退出动态检测菜单时按下"保存"按钮进行确认。

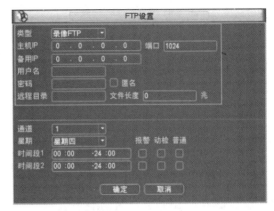

图 4-44　FTP 设置

（1）动态检测。

通过分析视频图像，当系统检测到有达到预设灵敏度的移动信号出现时，即开启动态检测报警。

☞注意：使能开关需要将反显的■选中，如图 4-45 所示，否则设置的该功能无效。

步骤 1：事件类型。选择检测类型：动态检测。

步骤 2：通道。选择要设置动态检测区域的通道。

步骤 3：设置区域。单击"区域"→"设置"，按"Enter"键进入。设置区域分为 PAL22X18/NTSC22X15 个区域，如图 4-46 所示。绿色边框方块代表当前光标所在位置，灰色区域为动态检测设防区，黑色为不设防，按"Fn"键切换可设防状态和不设防状态。设防状态时按方向键移动绿色边框方格设置动态检测的区域，设置完毕按下"Enter"键确定退出动态区域设置，如果按"EsC"键退出动态区域设置则取消对刚才所做的设防。在退出动态检测菜单时按下"保存"按钮才真正保存了刚才所做的动态检测设防。

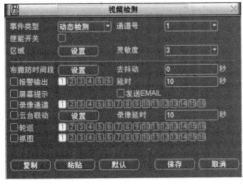

图 4-45　开启检测

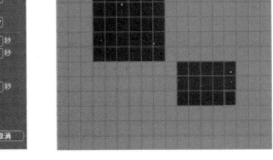

图 4-46　设置区域

步骤 4：灵敏度。可设置为 1~6 挡，其中第 6 挡灵敏度最高。

步骤5：时间段设置。

设置动态检测的时间段，在设置的时间范围内才会启动录像。选择相应的星期X进行设置，每天有6个时间段供设置。时间段前的复选框选中，设置的时间才有效。统一设置选择"全"，如图4-47所示。

时间的设置除了对每天进行逐一设置外，也可按步骤6的方法进行设置。

步骤6：工作日与非工作日的设置。

在下拉菜单中选择工作日或非工作日，如图4-48所示，再单击右边的设置按钮，出现工作日与非工作日，如图4-49所示。用户根据需要进行划分即可。如设置星期一至星期五为工作日，星期六与星期日为非工作日，设置完毕单击"保存"按钮回到图4-45所示界面。

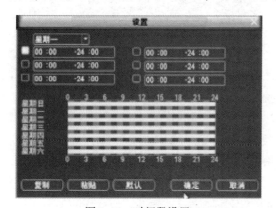

图4-47　时间段设置

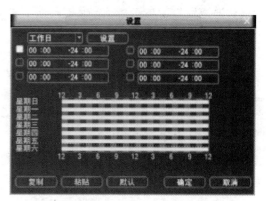

图4-48　工作日与非工作日

图4-49　工作日与非工作日划分设置

这时只需选择工作日或非工作日对录像时间进行设置。

步骤7：报警输出。发生动态检测时启动联动报警输出端口的外接设备。

步骤8：延时。延时表示报警结束时，报警延长一段时间停止，时间以秒为单位，范围在10～300 s之间。

步骤9：屏幕提示。在本地主机屏幕上提示报警信息。

步骤10：发送E-mail。反显■，表示报警发生时同时发送邮件通知用户。

步骤11：录像通道。选择所需的录像通道（可复选），发生报警时，系统自动启动该通道进行录像。

步骤12：云台联动设置。报警发生时，联动云台动作。如图4-50所示，联动通道一转至预置点。

☞注意：动态检测报警只能联动云台预置点。

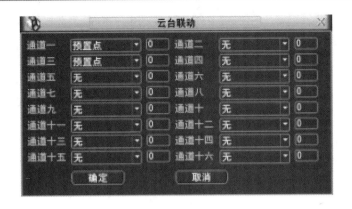

图 4-50 云台联动设置

延时表示当动态检测报警结束时，录像延长一段时间停止，时间以秒（s）为单位，范围为 10 ～ 300 s。

步骤 14：轮巡。当反显■设置有报警信号发生时，对所要进行录像的通道进行单画面轮巡显示，轮巡时间在菜单输出模式中设置。

（2）视频丢失。

通道发生视频丢失情况时可选择"报警输出"及"屏幕提示"，即在本地主机屏幕上提示视频丢失信息。

☞注意：

● 视频丢失报警可联动云台预置点、点间巡航、巡迹；

● 其他操作方法：同动态检测。

（3）遮挡检测。

当有人恶意遮挡镜头时，就无法对现场图像进行监看。通过设置遮挡报警，可以有效防止这种现象的发生。由于光线等原因导致视频输出为单一颜色屏幕时可选择"报警输出"及"屏幕提示"。发生镜头被遮挡时采取的处理方式如图 4-51 所示。

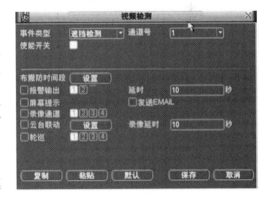

图 4-51 视频检测

☞注意：

● 遮挡检测报警可联动云台预置点、点间巡航、巡迹；

● 其他操作方法：同动态检测。

说明：

在对界面进行修改之后，原有的复制、粘贴、默认等功能继续有效，所不同的是：在进行粘贴时，只能复制或粘贴相同类型的设置。也就是说，视频丢失的设置在复制后不能粘贴到遮挡检测中（例如，通道 1 的遮挡检测只能复制到其他通道上的遮挡检测，不能复制到其他类型上），以此类推。

在进行默认操作时，只能对当前通道的检测类型进行默认值操作。比如在遮挡检测界面进行默认操作，只能将遮挡检测进行默认设置，此操作对其他检测类型将不起作用。

☞注意：通道相同设置可采用快捷复制粘贴的功能，但在动态检测设置中，使用复制功能时动态检测的区域参数是不被复制的，因为各个通道的视频内容一般不一样。

7）文件备份

硬盘录像机的文件备份可通过 CD－RW、DVD 刻录光驱、USB 存储设备、网络下载等方式实现。首先介绍 USB 存储设备备份操作，网络下载备份参见本章稍后的"Web 操作"介绍。

步骤1：设备检测。

备份设备可以是 USB 刻录机、U 盘、SD 卡、移动硬盘等，文件备份列表中显示的是即时检测到的设备，并且显示可存储文件的总容量和状态，如图 4-52 所示。

在图 4-52 中，勾选一个备份设备，如果用户是对所选设备进行文件清除，则选择"擦除"按钮，可以对选择的设备进行文件删除。

步骤2：备份操作。

勾选一个备份设备，单击"备份"按钮进入备份界面，选择要备份文件的通道，录像文

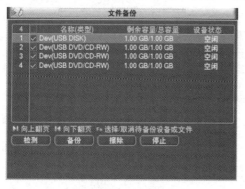

图 4-52　文件备份

件开始时间和结束时间，单击"添加"按钮核查文件。符合条件的录像文件列出，并在类型前有勾选标记（✔），可以继续设置查找时间条件并单击"添加"按钮，此时在已列出的录像文件后面，继续列出新添加的符合查找条件的录像文件。可以选择"开始"按钮进行录像文件的备份。对于勾选的要备份的文件，系统根据备份设备的容量给出空间的提示，如图 4-53 所示。备份过程中页面有进度条提示，备份成功后系统将有相应的提示。

☞注意：

在录像文件备份过程中用户可以按 ESC 键退出该页面，备份操作并不中止。如果无备份设备，用户进行备份，系统将提示："无备份设备"。未选择备份文件或备份出错，系统都有相应提示，用户应根据提示操作。

步骤3：取消备份。

用户在备份时，可以手动取消备份操作。执行备份操作时，"开始"按钮变成"停止"按钮，用户可以按"停止"按钮中止文件的备份，在备份文件被中止时即保存到被中止的那一刻，例如：备份 10 个录像文件，在刻录第 5 个录像文件时被中止备份，在备份设备上的文件即保存到前 5 个录像文件的内容（但可以看到 10 个录像文件的文件名）。备份过程中退出菜单不会中断备份，如图 4-54 所示。

步骤4：翻页提示。

按上一段键和下一段键进行上一页、下一页翻页。

步骤5：Fn 键辅助。

备份文件查出后，默认的都是选中要备份的文件，在序号后有勾选标记。通过 Fn 键选择或取消文件的勾选标记，用 Fn 键进行选择和取消选择的状态切换是逐个进行的。

可以在计算机上查看备份的录像文件，录像文件名的一般格式为：序号 CH＋通道号＋time＋年月日时分秒。其中"年月日"的格式跟普通设置中的日期格式一致。

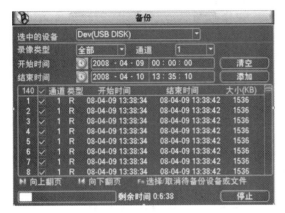

图 4-53　备份操作

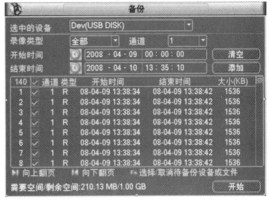

图 4-54　取消备份

**8）云台设置**

☞注意：操作菜单会因为厂商设备及协议的不同而有差异，本节介绍的操作方法基于
PELCOD 协议。

设置好球机的地址，并确保球机的 A、B 线与硬盘录像机的 A、B 接口连接正确。在
DVR 菜单中进行相应的设置，设置步骤："菜单"→"系统设置"→"云台设置"，如
图 4-55所示。当前画面切换到所控摄像机的输入画面。

- 通道：选择球机摄像头接入的通道；
- 协议：选择相应品牌型号的球机协议
（如：PELCOD）；
- 地址：设置为相应的球机地址，默认为
1（注意：此处的地址务必与球机的地
址相一致，否则无法控制球机）；
- 波特率：选择相应球机所用的波特率，
可对相应通道的云台及摄像机进行控
制，默认为 9 600；
- 数据位：默认为 8；
- 停止位：默认为 1；
- 校验：默认为无。

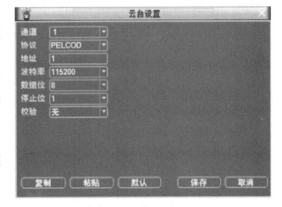

图 4-55　云台设置

保存设置后，在单画面监控下，按辅助键 Fn 或单击鼠标右键，弹出辅助功能菜单，如
图 4-56所示，按面板上的"Fn"键或遥控器上的"辅助"键可切换云台设置和图像颜色
选项。

图 4-56　辅助功能

☞注意：
- 如遇到不支持的命令则显示灰色；
- 双击云台菜单头部可隐藏云台菜单界面。

可以对云台的方向、步长、变倍、聚焦、光圈、预置点、点间巡
航、巡迹、线扫边界、辅助开关调用、灯光开关、水平旋转等进行控
制，设置时与方向键配合使用。单击"云台控制"弹出如图 4-57 所
示窗口，该窗口支持云台转动和镜头控制。

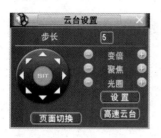

图 4-57　云台设置

步长：主要用于控制方向操作，例如步长为 8 的转动速度远大于步长为 1 的转动速度。（其数值可通过鼠标单击数字软面板或前面板直接按键获得 1～8 步长，8 为最大步长。）

直接单击变倍、聚焦、光圈的"－""＋"键，对大小、清晰度、亮度进行调节。

云台转动：可支持 8 个方向（使用前面板时只能用方向键控制上、下、左、右 4 个方向）。硬盘录像机前面板按键对应云台设置界面按钮，如表 4-6 所示。

表 4-6　硬盘录像机前面板按键对应云台设置界面按钮

| 名称 | 功能键 | 功能 | 对应快捷键 | 功能键 | 功能 | 对应快捷键 |
|------|--------|------|-----------|--------|------|-----------|
| 变倍 | - | 广角 | 慢放 ▶ | + | 远景 | 快进 ▶▶ |
| 聚焦 | - | 近 | 上一段 ◀ | + | 远 | 下一段 ▶❙ |
| 光圈 | - | 关 | 倒放 ❙❙◀ | + | 开 | 暂停/回放 ▶❙❙ |

快速定位：在方向的中间"SIT"是快速定位键，只有支持该功能的协议才可以使用，而且只能用鼠标控制。单击该键后会进入快速定位页面。操作方法：在界面上单击一点，云台会转至该点且将该点移至屏幕中央。同时支持变倍功能，操作方法：在快速定位页面用鼠标进行拖动，拖动的方框支持 4～16 倍变倍功能，想要变大，则按住鼠标由上往下拖动，想要变小，则按住鼠标由下往上拖动。拖动的方框越小变倍数越大，反之越小。单击图 4-57 中的"设置"按钮（或按前面板的录像键 REC）进入设置"预置点""点间巡航""巡迹""线扫边界"等。

图 4-58 中的功能选项主要是根据协议来显示的，当不支持某些功能时，用阴影表示，并且不能选中，按鼠标右键或前面板的 ESC 键回到图 4-57。

步骤 1：预置点的设置。

通过方向按钮转动摄像头至需要的位置，再单击预置点按钮，在预置点输入框中输入预置点值，单击"设置"按钮保存。

预置点的调用：进入图 4-58 所示的菜单，在输入框中输入需要调用的预置点值，并单击"预置点"按钮即可进行调用。

步骤 2：点间巡航的设置。

单击"点间巡航"按钮，先在"巡航路线"输入框中输

图 4-58　云台详细设置

入巡航路线值。然后在预置点输入框中输入预置点值，单击增加预置点按钮，即在该巡航路线中增加了一个预置点。可多次操作增加多个预置点，或单击清除预置点按钮。既可以在该巡航路线中删除该预置点，也可以多次操作删除多个已存在于该巡航路线的预置点（有些协议不支持删除预置点）。

步骤3：点间巡航的调用。

进入图4-58所示的菜单，在输入框中输入巡航路线值并单击"点间巡航"按钮，即可进行调用。单击"停止"按钮即可停止。

步骤4：巡迹的设置。

单击"巡迹"按钮，并将这一过程记录为巡迹X，再单击"开始"按钮，然后回到图4-57进行变倍、聚焦、光圈或方向等一系列的操作，之后再回到图4-41所示窗口，单击结束按钮。

步骤5：巡迹的调用。

进入图4-58所示的窗口，在输入框中输入需要调用的巡迹并单击巡迹按钮，即可进行调用。摄像机自动按设定的运行轨迹往复不停地运动，此时可单击右键将菜单隐藏。进入图4-56，手动按任意方向键停止巡迹的运行。

步骤6：线扫边界的设置。

通过方向按钮选择摄像头线扫的左边界，并进入如图4-58所示的窗口中单击左边界按钮。再通过方向按钮选择摄像头线扫的右边界，并单击右边界按钮，完成线扫路线的设置。

步骤7：线扫的调用。

进入图4-58所示的菜单，单击线扫按钮，开始按先前设置的线扫路线进行线扫操作，同时线扫按钮变为"停止"按钮，此时可单击鼠标右键将菜单隐藏；若要停止线扫，单击"停止"按钮即可。

单击图4-57中的"页面切换"（快捷键：Fn）进入图4-58所示的窗口，主要为功能的调用。

步骤8：水平旋转。

单击"水平旋转"按钮，摄像头进行水平旋转（相对摄像头原有的位置进行水平旋转）。支持转至预置点，进行点间巡航、运行巡迹、辅助开关调用、线扫、水平旋转和灯光开关。

☞注意：这里的预置点、点间巡航、巡迹、辅助开关都需要有值作为控制参数，这里的参数没有做数值的校验工作。其中，前3个操作的参数都是用户自己设的，而辅助开关的参数含义需要参考球机说明书；少数情况下会被用作特殊处理功能。

单击图4-59中的页面切换进入图4-60，设置辅助功能（辅助功能中的选项与使用的协议对应）。辅助号码对应解码器上的辅助开关。

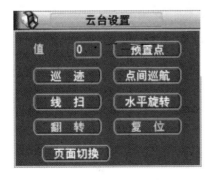

图4-59　线扫的调用

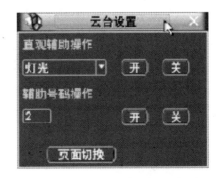

图4-60　辅助功能

9）菜单高级操作

菜单导航，包括主菜单、子菜单等项，具体如表4-7所示。

**表4-7　菜单导航**

| 主菜单 | 一级子菜单 | 选项功能 |
|---|---|---|
| 录像查询 | | 实现录像查询及回放功能 |
| 系统信息 | 硬盘信息 | SATA 接口的状态，硬盘总容量、剩余容量、录像起止时间等信息 |
| | 码流统计 | 波形图表示各个通道的当前码流大小及每小时占用硬盘空间估算 |
| | 日志信息 | 显示系统重要事件的日志，以及对需要记录的日志的指定 |
| | 版本信息 | 显示系统硬件特性、软件版本及发布日期等信息 |
| | 在线用户 | 查看在线用户信息 |
| 系统设置 | 普通设置 | 系统时间、录像保存方式、本机编号等基本参数 |
| | 编码设置 | 音/视频的编码模式、帧率、质量参数等设置 |
| | 录像设置 | 包括对普通录像、动态检测、外部报警的定时设置 |
| | 串口设置 | 设置串口功能和波特率等参数 |
| | 网络设置 | 设置网络地址、视频数据传输协议等参数和 PPPoE、DDNS 功能 |
| | 报警设置 | 对外部报警输出及响应录像参数的设置 |
| | 视频检测 | 设置动态检测的灵敏度、区域和处理（报警输出和启动录像）参数、视频丢失、黑屏检测等 |
| | 云台设置 | 设置与云台设备的通信协议和波特率等参数 |
| | 输出模式 | 菜单输出和监视轮巡参数的设置 |
| | 恢复默认 | 根据选择恢复全部或者部分配置成出厂状态<br>提示：用户账号配置不提供恢复功能 |
| 高级选项 | 硬盘管理 | 硬盘管理，清除硬盘数据等操作<br>提示：修改硬盘属性时系统将提示系统重启后生效 |
| | 报警输出 | 手动产生报警输出信号 |
| | 异常处理 | 对无硬盘、硬盘出错等异常事件进行报警设置 |
| | 录像控制 | 开启或关闭通道录像 |
| | 用户账号 | 维护用户组及用户账号 |
| | TV 调节 | 调节 TV 输出的区域和颜色 |
| | 自动维护 | 设置需要自动维护的项目 |
| 文件备份 | 备份检测 | 检测备份设备，列出检测到的设备，显示名称类型、容量等 |
| | 备份操作 | 将录像文件备份到设备上 |
| 关闭系统 | | 注销用户、关闭系统、重启系统等操作 |

10）Web 操作

步骤1：网络连接操作。

● 确认硬盘录像机正确接入网络。

● 给计算机主机和硬盘录像机分别设置 IP 地址、子网掩码和网关（若网络中没有路由设备，应分配同网段的 IP 地址；若网络中有路由设备，则需设置好相应的网关和子网掩码），硬盘录像机的网络设置见"系统设置"→"网络设置"。

- 利用 ping 命令（硬盘录像机 IP），检验网络是否连通，返回的 TTL 值一般等于 255。
- 打开 IE 网页浏览器，地址栏输入要登录的硬盘录像机的 IP 地址。
- Web 控件自动识别下载，升级新版 Web 时将原控件删除。
- 删除控件方法：运行 uninstall webrec2. 0. bat（Web 卸载工具）自动删除控件或者进入 C：\Program Files\webrec，删除 Single 文件夹。

步骤 2：登录与注销。

在浏览器地址栏里输入录像机的 IP 地址，连接成功弹出的登录界面。输入用户名和密码，产品出厂默认管理员用户名为 admin，密码为 admin。登录后请用户及时更改管理员密码。打开系统时，弹出安全预警是否要接收硬盘录像机的 Web 控件 webrec. cab；若用户选择接收，系统会自动识别并安装。如果系统禁止下载，应确认是否安装了其他禁止控件下载的插件，并降低 IE 的安全等级。

**【数字硬盘录像机使用维护中的常见问题】**

1）常见问题

（1）开机后，硬盘录像机无法正常启动。

可能原因：输入电源不正确；开关电源线接触不好；开关电源坏了；程序升级错误；硬盘损坏或硬盘线问题；希捷 DB35.1、DB35.2、SV35，迈拓 17 代硬盘等新系列硬盘存在设备兼容性问题，升级新的程序可以解决；前面板故障；硬盘录像机主板坏了。

（2）硬盘录像机启动几分钟后会自动重启或经常死机。

可能原因：输入电压不稳定或过低；硬盘跳线不正确；硬盘有坏道或硬盘线坏了；开关电源功率不够；前端视频信号不稳定；散热不良；灰尘太多；机器运行环境太恶劣；硬盘录像机硬件故障。

（3）启动后找不到硬盘。

可能原因：硬盘电源线没接；硬盘电缆线坏了；硬盘跳线错误；硬盘坏了；主板 SATA 口坏了。

（4）单路、多路、全部视频无输出。

可能原因：程序不匹配，重新升级正确的程序；图像亮度都变成 0，恢复默认设置；视频输入信号无或太弱，设置了通道保护（或屏幕保护）；硬盘录像机硬件故障。

（5）实时图像问题，如视频图像色彩、亮度失真严重等。

可能原因：当用 BNC 作为输出时，NTSC 制和 PAL 制制式选择不正确，图像会变黑白；硬盘录像机与监视器阻抗不匹配；视频传输距离过远或视频传输线衰减太大，硬盘录像机色彩、亮度等设置不正确。

（6）本地回放查询不到录像。

可能原因：硬盘数据线或跳线错误；硬盘坏了；升级了与原程序文件系统不同的程序；想查询的录像已经被覆盖；录像没有打开。

（7）本地查询录像花屏。

可能原因：画质设置太低；程序数据读取出错；码流显示很小，回放时满屏马赛克，一般在关机重启后正常；硬盘数据线和硬盘跳线错误；硬盘故障；机器硬件故障。

（8）监视无声音。

可能原因：不是有源拾音器；不是有源音响；音频线坏了；硬盘录像机硬件故障。

（9）监视有声音，回放没有声音。

可能原因：设置问题；音频选项没有打开；对应的通道没有接视频；图像蓝屏时，回放会断断续续。

（10）时间显示不对。

可能原因：设置错误；电池接触不良或电压偏低；晶振不良。

（11）硬盘录像机无法控制云台。

可能原因：前端云台故障；云台解码器设置、连线、安装不正确；接线不正确；硬盘录像机中云台设置不正确；云台解码器和硬盘录像机协议不匹配；云台解码器和硬盘录像机地址不匹配；接多个解码器时，云台解码器 AB 线最远端需要加 120 Ω 电阻来消除反射和阻抗匹配，否则，会造成云台控制不稳定；距离过远。

（12）动态检测不起作用。

可能原因：时间段设置不正确；动态检测区域设置不合适；灵敏度太低；个别版本硬件限制。

（13）客户端或者 Web 不能登录。

可能原因：客户端无法安装或者无法正常显示；操作系统是 Windows 98 或 Windows me，推荐将操作系统更新到 Windows 2000 sp4 以上版本，或者安装低版本的客户端软件；ActiveX控件被阻止；没有安装 Priectx 8.1 或以上版本，需升级显卡驱动；网络连接故障；网络设置问题；用户名和密码不正确；客户端版本与硬盘录像机程序版本不匹配。

（14）网络预览画面及录像文件回放时有马赛克或没有图像。

可能原因：网络畅通性不好；客户机资源受到限制；硬盘录像机网络设置中选择了组播模式，组播模式会有较多马赛克，不建议选择；本机设置区域遮挡或通道保护，所登录的用户没有监视权限，硬盘录像机本机输出实时图像就不好。

（15）网络连接不稳定。

可能原因：网络不稳定；IP 地址冲突；MAC 地址冲突；计算机或硬盘录像机网卡不好。

（16）刻录/USB 备份出错。

可能原因：刻录机与硬盘挂在同一条数据线上；数据量太大，CPU 占用资源太大，应停止录像再备份；数据量超过备份设备容量，会导致刻录出错；备份设备不兼容；备份设备损坏。

（17）键盘无法控制硬盘录像机。

可能原因：硬盘录像机串口设置不正确，地址不正确；接多个转换器时，供电不足，需给各转换器供电；传输距离太远。

（18）报警信号无法撤防。

可能原因：报警设置不正确；手动打开了报警输出；输入设备故障或连接不正确；个别版本程序问题，升级程序可以解决。

（19）报警不起作用。

可能原因：报警设置不正确；报警接线不正确；报警输入信号不正确；一个报警设备同

时接入 2 个回路。

（20）遥控器无法控制。

可能原因：遥控地址不对；遥控距离过远或角度比较偏；遥控器电池电量耗尽；遥控器损坏或录像机前面板损坏。

（21）录像存储时间不够。

可能原因：前端摄像机质量差；镜头太脏；逆光安装；光圈镜头没有调好等引起码流比较大；硬盘容量不够；硬盘有损坏。

（22）下载文件无法播放。

可能原因：没有安装播放器，没有安装 Directx 8.1 以上版本图形加速软件；转成 AVI 格式后的文件用 Media Player 播放；计算机中没有安装 DivX503Bundle. exe 插件；Windows XP 操作系统需安装插件 DivX503Bundle. exe 和 ffdshow-2004 1012. exe。

2）使用维护问题

（1）电路板上的灰尘在受潮后会引起短路，影响硬盘录像机正常工作甚至损坏硬盘录像机，为了使硬盘录像机能长期稳定工作，应定期用刷子对电路板、接插件、机箱等进行除尘。

（2）保证工程良好接地，以免视频、音频信号受到干扰，同时避免硬盘录像机被静电或感应电压损坏。

（3）音/视频信号线以及 RS-232、RS-485 等接口，不要带电插拔，否则容易损坏这些端口。

（4）在硬盘录像机的本地视频输出（VOUT）接口上尽量不要使用电视机，否则容易损坏硬盘录像机的视频输出电路。

（5）硬盘录像机关机时，不要直接关闭电源开关，应使用菜单中的关机功能，或面板上的关机按钮（按下大于 3 s），使硬盘录像机自动关掉电源，以免损坏硬盘。

（6）应保证硬盘录像机远离高温的热源及场所。

（7）应保持硬盘录像机机箱周围通风良好，以利于散热。

（8）应定期进行系统检查及维护。

## 实训二　网络视频服务器的使用

### 【实训拓扑】

网络视频服务器如图 4-61 所示。网络视频服务器在 3G 系统中组网，如图 4-62 所示。WiFi 及普通组网如图 4-63 所示。

图 4-61　网络视频服务器

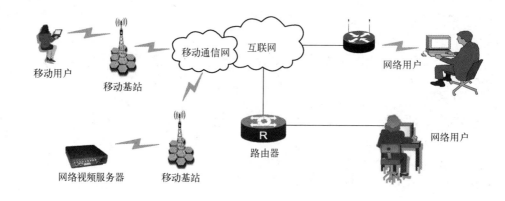

图 4-62　3G 系统组网示意图

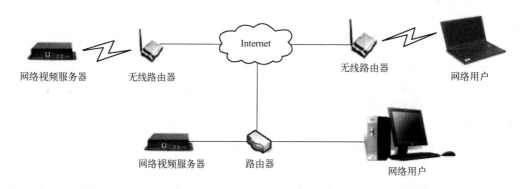

图 4-63　WiFi 及普通组网示意图

**【功能特性】**

（1）用户管理。每个用户组都有一个权限集合，该集合可以任意编辑，是总权限集合的一个子集，组内用户的权限不超过组权限的集合。

（2）数据传输。通过内置 USB 接口支持 TD-SCDMA、EVDO（cdma2000 1x）、WCDMA模块，从而支持移动通信数据传输（仅一路产品支持）。通过内置 USB 接口支持 WiFi 模块，从而支持无线网络数据传输。通过以太网口支持有线网络数据传输。

（3）存储功能。将相应的视频数据集中存储到中心服务器上（比如通过报警和定时设置）。用户可以根据需要通过 Web 方式进行录像，录像文件存放在客户端所在的计算机上。支持本地热插拔 SD 卡存储功能，支持断网状态下短时存储。SD 卡可同时存储图片及录像文件。

（4）报警功能。实时响应外部报警输入（200 ms 以内），根据用户预先定义的联动设置进行正确处理并能给出相应的屏幕及语音提示（允许用户预先录制语音）。提供中心报警受理服务器的设置选项，使报警信息能够主动远程通知，报警输入可以来自连接的各种外设。对视频丢失可以根据用户的预先设置进行提示或报警。报警信息通过邮件通知用户。

（5）网络监视。通过网络将经过网络视频服务器压缩的单路或者多路音/视频数据传输到网络终端解压后重现，在带宽允许的情况下，延时在 500 ms 内。设备支持同时在线用户数最大为 10 个。音/视频数据的传输采用 HTTP、TCP、UDP、Multicast、RTP/RTCP 等。对于一些报警数据或信息使用 SMTP 传输。支持 Web 方式访问系统，应用于广域网环境。

（6）网络管理。通过以太网（Ethernet）实现对网络视频服务器配置的管理及控制权限管理。支持 Web 方式管理设备。

（7）外设控制。支持外设的控制功能，对每种外设的控制协议及连接接口可自由设定。支持各种接口（RS-232、RS-485）的透明数据传输。

（8）电源供电。支持外部电源适配器给设备供电。支持 PoE 供电模式。电源插座输入/输出复用，同时给设备和前端模拟摄像机供电。

（9）辅助功能。支持视频 NTSC 制与 PAL 制，支持系统资源信息及运行状态实时显示，支持日志功能。支持视频图像编码的水印技术，防止视频图像被篡改。支持通过红外遥控接口接收红外控制信号。

**【前面板】**

典型前面板示意图如图 4-64 所示，前面板功能如表 4-8 所示。

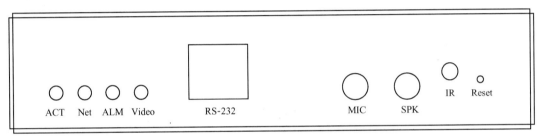

图 4-64　典型前面板示意图

表 4-8　前面板功能

| 指示灯/接口 | 功能/接口 | 颜　色 | 说　　明 |
|---|---|---|---|
| ACT | 电源/工作状态指示灯 | 红绿双色 | 设备上电时：红色；设备正常工作时：绿色常亮；设备升级时：绿色闪烁；设备关闭或没接电源时：熄灭 |
| NET | 无线网络状态指示灯 | 绿色 | 无线网络连接正常时：常亮；无线网络连接异常时：熄灭 |
| ALM | 报警状态指示灯 | 红色 | 设备已布防时：常亮；设备有数据传输时：闪烁；设备撤防时：熄灭 |
| Video | 视频传输/录像状态指示灯 | 蓝色 | 视频传输正常时：常亮；设备进行录像时：闪烁；无视频传输时：熄灭 |
| RS－232 | 232 调试串口 | | 用于普通串口调试，配置 IP 地址，传输透明串口数据 |
| MIC | 麦克风输入：MIC | | 音频输入接口，语音对讲无源 MIC 模拟音频信号，输入电平为 10～200 mV（峰－峰值），输入阻抗为 600Ω～20 kΩ |
| SPK | 线路输出：SPK | | 音频输出接口，语音对讲模拟音频信号，输出电平为 2 V（有效值），输出阻抗为 10 kΩ |
| IR | 红外遥控接口 | | 接收由遥控器发送的红外控制信号 |
| Reset | 重置按钮 | | 设备重置按钮，持续按住该按钮 5 s 后，设备自动重启并恢复出厂默认配置 |

## 【后面板】

典型后面板示意图如图4-65所示，后面板功能如表4-9所示。

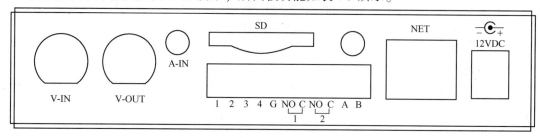

图4-65　典型后面板示意图

表4-9　后面板功能

| 接口名称 | | 连接器 | 接 口 功 能 |
|---|---|---|---|
| V-IN | 视频输入接口 | BNC | 接收来自摄像机、球机等模拟前端设备的模拟视频信号 |
| V-OUT | 视频输出接口 | BNC | 输出模拟视频信号，可接TV监视器观看图像 |
| A-IN | 音频输入接口 | | 输入模拟音频信号 |
| SD | SD卡接口 | | 放置SD卡 |
| 1/2/3/4 | 1～4路报警输入接口 | | 报警输入接口，接收外部报警源的开关量信号 |
| G | 报警输入接地端 | | 公共端 |
| NO/C-1<br>NO/C-2 | 2路报警输出 | | 报警输出接口，输出报警信号给报警设备<br>NO/C-1：常开型报警输出1<br>NO/C-2：常开型报警输出2 |
| A、B | | | RS-485接口，连接球机云台等控制设备 |
| WiFi | 无线接口 | | 连接无线天线，接收WiFi无线信号 |
| NET | 网络接口 | | 10/100（Mb/s）自适应以太网接口，连接网线 |
| 12VDC | 电源接口 | | 输入12V直流电。<br>PoE供电时，作为电源输出接口，输出12V直流电给前端模拟摄像机供电，前端模拟摄像机的功率应不大于3W |

## 【快速配置工具】

说明：可用快速配置工具搜索设备当前的IP地址，修改IP地址等相关信息，同时可对设备进行系统升级。快速配置工具目前仅支持搜索与PC同一网段设备的IP地址。

步骤1：双击运行名称为"ConfigTools.exe"的可执行文件，在工具搜索页面的设备列表信息中显示所有运行正常的设备IP地址、端口号、子网掩码、默认网关、MAC地址等信息，如图4-66所示。

步骤2：选中搜索到的设备IP地址后，用鼠标右键单击该IP地址，显示"打开设备Web页"选项，如图4-67所示。单击该命令后即可打开对应IP地址设备的Web登录界面，如图4-68所示。

图 4-66 快速配置工具搜索页面　　　　图 4-67 快速配置工具打开设备 Web 页

步骤 3：如果用户需要不通过登录设备的 Web 页面而快速修改设备的 IP 地址、PPOE 设置、系统信息设置等，可登录到快速配置工具的主界面进行设置。在工具搜索页面的"设备列表信息"框中选中一个 IP 地址，直接双击该 IP 地址可打开快速配置工具的登录对话框；也可在选中该 IP 地址后，单击工具搜索页面上的"登录"按钮打开快速配置工具的登录对话框。工具登录对话框中一般显示设备默认的用户名、密码及端口号，如图 4-69 所示。用户可在此处根据需要修改对应登录快速配置工具的用户名、密码，除使用设备后台升级端口号 3800 登录外，其他端口号需要与设备 Web 上"系统配置→网络设置→TCP 端口"中所设置的端口号一致，否则无法登录。单击登录对话框中的"登录"按钮，即可登录到快速配置工具的主界面（如图 4-70 所示）。

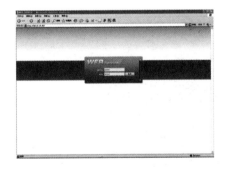

图 4-68 设备 Web 登录界面　　　　　图 4-69 登录对话框

【Web 客户端】

1）简介

网络视频服务器支持在 PC 端通过 Web 页面访问、管理设备。Web 客户端系统提供监视通道目录、录像查询、报警设置、系统设置、云台控制台、监视窗口等几大应用模块。

2）系统登录

步骤 1：确认网络视频服务器正确接入网络。

步骤 2：给计算机主机和网络视频服务器分别设置 IP 地址、子网掩码和网关（如网络中没有路由设备应分配同网段的 IP 地址，若网络中有路由设备，则需设置好相应的网关和子网掩码），网络视频服务器出厂默认的 IP 地址为 192.168.1.108。

步骤 3：ping 网络视频服务器 IP 地址，检验网络是否连通。

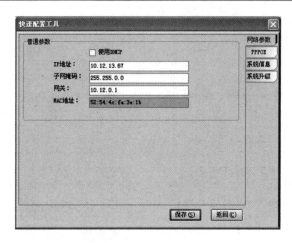

图 4-70　快速配置工具

步骤 4：打开 IE 网页浏览器，在地址栏里输入想要登录的网络视频服务器的 IP 地址。

步骤 5：打开系统时，弹出安全预警是否要接收 Web 控件 webrec.cab；若用户选择接收，系统会自动识别并安装。升级新版 Web 时系统将自动覆盖原来的 Web 客户端。如果系统禁止下载，应确认是否安装了其他禁止控件下载的插件，并降低 IE 的安全等级。

步骤 6：连接成功后，输入用户名和密码，并单击"登录"按钮登录系统。公司出厂默认管理员用户名为"admin"，密码为"admin"，登录后用户应及时更改管理员密码。

步骤 7：Web 登录成功后，显示如图 4-71 所示的界面。Web 视频监视界面主要包括图 4-71 中所示的 6 部分。

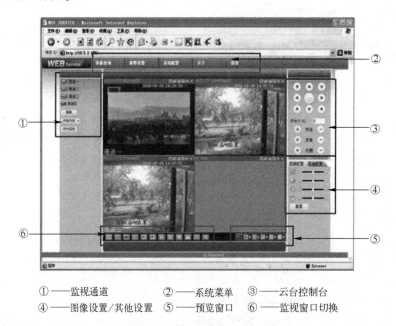

①——监视通道　　②——系统菜单　　③——云台控制台
④——图像设置/其他设置　　⑤——预览窗口　　⑥——监视窗口切换

图 4-71　Web 视频监视界面

3）监视通道

监视通道如图 4-72 和图 4-73 所示，监视通道的参数说明如表 4-10 所示。

图 4-72　1 路产品监视通道示意图　　　　图 4-73　2/4 路产品监视通道示意图

**表 4-10　监视通道的参数说明**

| 参　数　项 | 说　　明 |
| --- | --- |
| 通道一～通道四 | 针对监视通道，可以任意设置监视码流的类，监视码流分为：<br>主码流——在正常网络带宽环境下，主码流的分辨率可以任意设置；<br>辅码流——在网络带宽不足时，用于替代主码流进行网络监视，减少网络带宽利用率。辅码流的分辨率应不大于主码流的分辨率 |
| 全部打开/全部关闭 | 当监视通道全部打开时，该按钮显示全部关闭，可以关闭所有监视通道；<br>当监视通道全部关闭时，该按钮显示全部打开，可以打开所有监视通道 |
| 开始对讲 | 单击下拉菜单选择语音对讲的方式，即打开语音对讲功能；<br>1 路产品的音频压缩方式支持：DEFAULT，G. 711a，AMR，默认（Default）：G. 711a；<br>2 路、4 路产品的音频压缩方式支持：DEFAULT，PCM，G. 711a，AMR，默认（Default）：G. 711a |
| 本地回放 | 单击该键可以在 PC 上选择录像文件进行播放 |
| 刷新 | 刷新监视通道名称 |

　　选择任意监视通道进行实时监视，视频监视窗口工具栏如图 4-74 所示。视频监视窗口工具栏参数说明如表 4-11 所示。

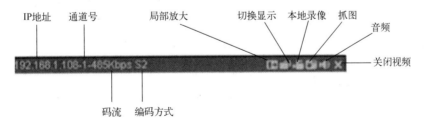

图 4-74　视频监视窗口示意图

**表 4-11　视频监视窗口工具栏参数说明**

| 参　数　项 | 说　　明 |
| --- | --- |
| 显示设备信息 | 当视频监视窗口有视频时，显示该设备的 IP 地址、通道号、码流、编码方式（S1 表示 overlay、S2 表示 offstream、S3 表示 GDI。H1 是 overlay 的硬解码、H2 是 offstream 的硬解码）<br>当视频窗口无视频时，显示无视频 |
| 局部放大 | 单击该按钮，然后在视频窗口内拖动鼠标左键选择任意区域，该区域会被放大，单击鼠标右键恢复原来状态 |

续表

| 参 数 项 | 说 明 |
|---|---|
| 本地录像 | 单击该按钮，开始录像，录像文件保存在系统盘下的 Record Download 文件夹下 |
| 抓图 | 单击该按钮，对视频进行抓图，Web 中图片默认保存到系统盘下 Picture Download 文件夹下 |
| 打开声音 | 是否打开或关闭音频（注意：此处的音频开关与系统设置音频开关不相关） |
| 关闭视频 | 关闭该窗口的视频监控 |

**【系统菜单】**

系统菜单如图 4-75 所示，快捷菜单如图 4-76 所示。

| 录像查询 | 报警设置 | 系统配置 | 关于 | 退出 |

图 4-75　监视窗口的系统菜单

图 4-76　监视窗口的快捷菜单

屏幕可以全屏、单窗口、四窗口、六窗口、八窗口、九窗口、十三窗口、十六窗口、二十窗口、二十五窗口、三十六窗口显示。

**【网络视频服务器使用维护常见问题】**

网络视频服务器使用维护常见问题及对应措施如表 4-12 所示。

表 4-12　网络视频服务器使用维护常见问题及对应措施

| 常 见 问 题 | 对 应 措 施 |
|---|---|
| 设备异常不能正常操作或者不能启动 | 设备异常不能正常操作或者不能启动时，可长按 Reset 键 5 s 后使设备恢复出厂默认设置 |
| SD 卡热插拔 | 拔除 SD 卡之前，应先停止录像大约 15 s 后再进行操作，以保证数据的完整性，否则有丢失 SD 卡上全部数据的危险 |
| SD 卡的写次数限制 | 请不要将 SD 卡设置为定时录像的存储介质，否则会较快达到 SD 卡的写寿命而损坏 SD 卡 |
| 磁盘不能用于存储 | 当磁盘信息显示 SD 卡状态为休眠或者容量为 0 时，先通过 Web 界面格式化 SD |
| 网络升级失败 | 当网络升级失败时，状态指示灯显示红色，此时可通过端口 3800 继续升级 |
| SD 卡推荐使用类型 | Kingston 4 GB、Kingston 1 GB、Kingston 16 GB、Transcend 16 GB、SanDisk1 GB、SanDisk 4 GB，建议使用 4 GB 或以上的高速卡，以免因存储速度不够而丢失数据 |
| 多路设备存储说明 | 两路或者四路设备的存储功能打开时需要注意系统的整体性能：<br>● 主码流和辅码流采用 Web 上当前编码设置下的最大推荐码流值的 1/2；<br>● 本地存储录像总码流 1 Mb/s；<br>● 本地存储回放总码流 2 Mb/s；<br>● 全路数 NAS 存储录像抓图；<br>● 全路数 NAS 正常速度回放；<br>● 全路数主码流监视；<br>● 全路数辅码流监视 |

| 常 见 问 题 | 对 应 措 施 |
|---|---|
| 分辨率同步 | 　　两路或者四路设备的各个通道的主、辅码流分辨率会进行同步处理，修改某一通道的分辨率，其他通道会自动同步修改，即各通道的分辨率一直保持相同 |
| 音频功能 | 　　设备端音频监听输入建议使用有源设备，否则可能客户端听不到声音。设备端语音对讲输入建议使用通用的麦克风，否则可能出现破音问题 |

# 第 5 章

## 安防视频监控的控制系统

本章介绍控制设备的原理、性能和应用。视频监控系统的控制系统是整个系统的"大脑",是实现整个系统功能的指挥中心。主要设备由主控制器、控制键盘、音/视频放大分配器、音/视频切换器、画面分割器、时间日期发生器与字符叠加、楼层显示、云台镜头防护罩控制以及报警控制器等设备组成。其功能是对前端系统、显示/记录系统发出控制指令,进行调度。

## 5.1 安防视频监控的控制系统概述

### 5.1.1 微机控制系统的结构

视频监控的微机控制系统是由多个微处理器构成的通信控制网络,它是以视频监控主机为核心,由多台分机构成的星形网络开放环式控制系统。整个系统以模块化方式组成,因而构成系统方便灵活,目前,已经成为大中型视频监控系统的主流结构。在这种结构中,前端、终端均为多个,并且前端、终端都可以同时工作。一般微机控制系统分为紧密型和松散型两种结构。

#### 1. 紧密型混合控制结构

紧密型混合控制结构如图 5-1 所示。这种结构的特点是系统有一个监控主机,它完成所有视频、数字信号的切换与分配,并且所有信号的处理都是由监控主机集中完成的。前后端均有解码器,以便执行具体的动作。一个编码器对应一台监视器。这种结构对地理位置范围较大时,成本较高。紧密型混合控制结构的优点是操作简单方便,各设备之间不相互影响。

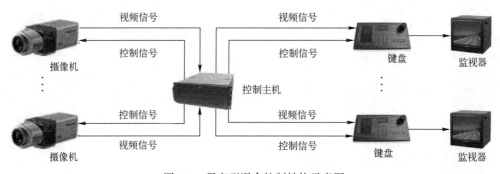

图 5-1　紧密型混合控制结构示意图

**2. 松散型混合控制结构**

松散型混合控制结构如图 5-2 所示。这种结构按地理位置分区，每个区用一个区域控制器来实现一个小区域内的紧密型结构。

松散型混合控制结构的监控功能主要在区内完成，各区域之间不相互控制。监控主机将控制命令发往各区域控制器，而各区域控制器将此命令作为一个优先权较高的键盘命令来处理。从各区域控制器传来的视频等信息，由监控主机本身的切换和控制电路处理。由于监控主机主要用来监控全局工作，并完成统一指挥，因而这种结构的造价较低。

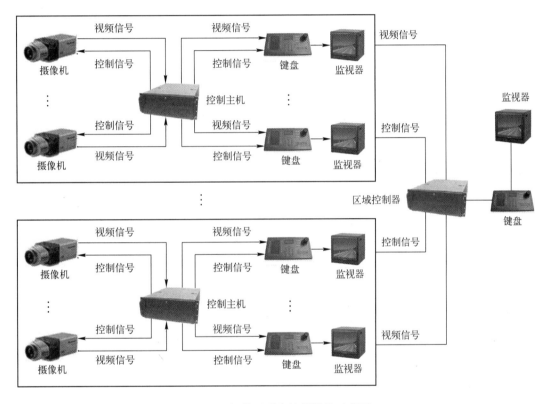

图 5-2　松散型混合控制结构示意图

## 5.1.2　视频监控主机

视频监控主机如图 5-3 所示，是整个视频监控系统的核心，它要完成系统所有控制信号的管理工作。包含键盘控制命令的处理以及通信线路的分配，各键盘优先权的设定与控制，相关设备控制信号的产生，系统工作状态的记录，译码设备的命令发送和数据收集，等等。此外，监控主机还要完成整个系统与其他系统的接口，所以说监控主机是监控系统所有控制信息的集散地。

图 5-3　视频监控主机

微机构成的视频监控主机，其优点是用户界面友好，应用程序存放在磁盘上，更改和完善系统的功能非常方便。并且当微机构成的监控主机不工作时，它仍然可以作为一台一般的微机使用。由于监控主机配有显示器和打印机等外部设备，因而可以很直观地了解系统的运行情况，并且可以将这些数据存档保存。系统的工作信息可以在关机时存入磁盘，从而保证了系统下次运行的连续性。采用这种结构的另一个优点是开发周期较短，功能完善方便。

视频监制主机的缺点是：系统的整体性较差，成本较高，容易受计算机病毒之类程序的攻击而影响系统的正常运行。由于微机结构的限制，使得系统功能的硬扩充不太方便。

监控主机的性能，一般有以下几方面：

- 视频监控主机的控制类型及负载能力；
- 系统运行的可靠性及抗干扰能力；
- 扩充的可行性与方便性；
- 决定系统最大扩充能力的系统响应速度；
- 用户界面是否友好；
- 与其他控制设备的兼容性。

### 5.1.3　通信接口

在视频监控系统中，使用串行通信来实现数据交换。目前，常用的串行通信接口有RS-485、RS-232和RS-422。RS-232是最早的串行接口标准，在短距离（小于15 m）较低波特率的串行通信中应用广泛。针对RS-232接口标准通信传输距离短、波特率低的不足，在RS-232接口标准的基础上提出了RS-422和RS-485接口标准来克服这些缺陷。主机与分机控制键盘及解码器之间的通信，一般采用RS-485通信接口，有的产品则使用RS-422、RS-232C等通信接口。下面介绍RS-232、RS-422和RS-485接口标准。

**1. RS-232C 通信接口方式**

RS-232C标准（协议）的全称是EIA-RS-232C标准，其中"EIA"表示美国电子工业协会（Electronic Industry Association），RS是"推荐标准"的英文缩写，232为标识号，C表示修改次数。在这之前，有RS-232A、RS-232B。它规定连接电缆的机械、电气特性，功能及信号传送过程。

RS-232C是EIA制定的一种串行物理接口标准。RS-232C总线标准设有25条信号线，包括一个主通道和一个辅助通道，在多数情况下主要使用主通道，对于一般双工通信，仅需几条信号线就可实现，如一条发送线、一条接收线及一条地线。RS-232C标准规定的数据传输速率为50、75、100、150、300、600、1 200、2 400、4 800、9 600、19 200波特/秒。RS-232C标准规定，驱动器允许有2 500 pF的电容负载，通信距离将受此电容限制，例如，采用150 pF/m的通信电缆时，最大通信距离为15 m；若每米电缆的电容量减小，通信距离就可以增加。传输距离短的另一个原因是RS-232属单端信号传送，存在共地噪声和不能抑制共模干扰等问题，因此一般用于20 m以内的通信。

#### 2. RS-422 通信接口方式

1）RS-422 概述

RS-422 通信接口的全称是"平衡电压数字接口电路的电气特性"，如图 5-4 所示。它定义了接口电路的特性。实际上还有一根信号地线，共 5 根线。由于接收器采用高输入阻抗和发送驱动器比 RS-232 更强的驱动能力，所以允许在相同传输线上连接多个接收节点，最多可接 10 个节点。即一个主设备（Master），其余为从设备（Slave），从设备之间不能通信，所以 RS-422 支持点对多的双向通信。接收器输入阻抗为 4 kΩ，因而前端最大负载能力是 $10 \times 4\,\mathrm{k\Omega} + 100\,\Omega$（终接电阻）。

图 5-4　RS-422 通信接口

2）RS-422 的特性

RS-422 通信接口由于采用单独的发送和接收通道，因此不必控制数据方向，各装置之间任何必需的信号交换都可以按软件方式（XON/XOFF 握手）或硬件方式（一对单独的双绞线）进行通信。RS-422 的最大传输距离为 4 000 英尺（1 英尺 = 0.304 8 m），最大传输速率为 10 Mb/s。其平衡双绞线的长度与传输速率成反比，在 100 kb/s 速率以下，才能达到最大传输距离。只有在很短的距离下才能获得最高速率传输。一般 100 m 长的双绞线上所能获得的最大传输速率只有 1 Mb/s。

RS-422 需要一个终接电阻，其阻值约等于传输电缆的特性阻抗。在短距离传输时不需要终接电阻，即一般在 300 m 以下不需终接电阻。终接电阻接在传输电缆的最远端。

#### 3. RS-485 通信接口方式

图 5-5　RS-485B 与 RS-232 转接口

RS-485 通信接口方式如图 5-5 所示，是国内厂商使用比较多的一种编码通信方式。RS-485 通信的标准通信长度为 1.2 km，在实际应用中，用 RVV-2/1.0 的两芯护套作为通信线，其通信长度可以达到 2 km。

1）RS-485 接口定义

连接主机端的 RS-485 接口信号定义如表 5-1 所示。

连接从机端的 RS-485 接口信号定义如表 5-2 所示。

**表 5-1　连接主机端的 RS-485 接口信号定义**

| RS-485 接口 | 信 号 含 义 |
| --- | --- |
| 3 | B RXD-接收数据 |
| 4 | A RXD + 接收数据 |
| 5 | Y TXD + 发送数据 |
| 7 | Z TXD-发送数据 |

**表 5-2　连接从机端的 RS-485 接口信号定义**

| RS-485 接口 | 信 号 含 义 |
| --- | --- |
| 3 | Z TXD-发送数据 |
| 4 | Y TXD + 发送数据 |
| 5 | A RXD + 接收数据 |
| 7 | B RXD-接收数据 |

2）RS-485 的应用

RS-485 典型接线，8 路 RS-485 输入/4 路 RS-485 输出如图 5-6 所示。

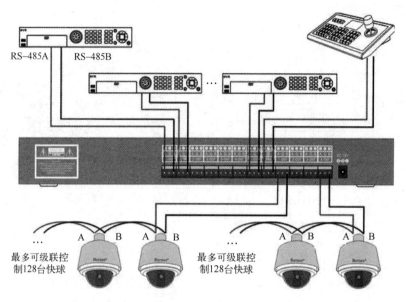

图 5-6  RS-485 接线

## 5.1.4  控制键盘

### 1. 控制键盘概述

控制键盘（以 DS-1000K 为例）

图 5-7  控制键盘

如图 5-7 所示。网络键盘是为嵌入式硬盘录像机、视频服务器、网络摄像机、视频综合平台和多路解码器设计的控制设备。该键盘可以通过网络实现对视频综合平台、多路解码器输出的矩阵切换控制，可以实现对前端通道的云台控制。

具体支持的设备型号如下：

- 支持的 DVR 型号：9100/9000 系列，8000/8100/8800 系列，7000/7100/7200/7800 系列（7204/7208H-S、7208/7216HV-S/7800H-S），8000/8100 ATM 系列；
- 支持的 DVS 型号：6500/6100/6000 系列，6401HFH 高清编码器；
- 支持的解码器型号：6300D、6401HD、DS-B10 系列视频综合平台；
- 支持网络摄像机、网络球机。

### 2. 控制键盘的主要功能

控制键盘的主要功能包括：

- 网络键盘使用网络控制方式；
- 网络键盘支持用户有一定限制，每个用户通过网络管理监控设备（如编码器、解码器）；
- 网络键盘可以实现对前端设备云台的控制；
- 网络键盘可以通过网络实现对视频综合平台、多路解码器输出的矩阵切换控制；
- 支持多种输入方式：大写字母、小写字母、数字等。

### 3. 控制键盘的布局

控制键盘的布局如图5-8所示。

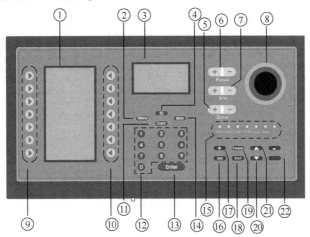

图5-8　控制键盘的布局

图5-8中控制键盘的各个按钮功能如表5-3所示。

表5-3　控制键盘按钮的意义及功能

| 序号 | 名称 | 功能 | 序号 | 名称 | 功能 |
|---|---|---|---|---|---|
| ①/③ | 显示屏 | 菜单和参数显示 | ⑪ | Cam 按钮 | 摄像机编号选择 |
| ② | Menu 按钮 | 菜单键 | ⑫ | 数字按钮 | 数字输入 |
| ④ | ID 按钮 | 用户选择键，用于打开用户选择界面 | ⑬ | Enter 按钮 | 确认 |
| ⑤ | Zoom 按钮 | 变倍调节 | ⑭ | Mon 按钮 | 监视屏编号选择 |
| ⑥ | Focus 按钮 | 焦距调节 | ⑮ | 状态指示灯 | 键盘状态显示 |
| ⑦ | Iris 按钮 | 光圈调节 | ⑯ | Del 按钮 | 删除 |
| ⑧ | 摇杆 | 云台方向控制 | ⑳/㉑ | 上、下翻页按钮 | 参数选择时上、下翻页 |
| ⑨/⑩ | 菜单选择按钮 | 用于选择菜单显示屏上对应的菜单功能 | ⑰/⑱/⑲/㉒ | 其他按钮 | 功能预留按钮 |

 ## 5.2　矩阵切换主机/视频切换器

### 5.2.1　矩阵切换主机

矩阵主机是模拟设备，如图5-9所示，主要负责对前端视频源与控制线的切换控制。简短地说，矩阵主机主要配合电视墙使用，完成画面切换的功能，不具备录像功能；而硬盘录像机是录像设备，但也可以完成对前设备云台的控制以及报警的接入，甚至有的硬盘录像机还可以控制电视墙，功能是非常强大的。

图5-9　矩阵切换主机

### 1. 矩阵切换主机特性

矩阵切换主机采用19英寸（约48 cm）标准工业机箱，采用2U插卡式高密度模块组合结构，方便组合扩充。第一路视频带有文字标题叠加功能，中/英文菜单可选择，可对矩阵的各项功能进行预设置，输入设计采用选配内置网络模块设计，可通过IP网络对矩阵主机进行操作和切换浏览视频图像，远程并可对摄像机及系统的控制访问，可设置键盘对监视器、摄像机权限；系统可分区设置，有热备份主机选配设计，使主机稳定性更有保障。音/视频输入/输出端口和通信接口有浪涌保护措施及抗雷击干扰设计，音/视频切换卡、报警输入卡、跟随控制卡可集成于一体，组成综合监控主机。可外接16个分控键盘，报警后可联动，自动打开摄像机及灯光，自动切换预置点图像并启动录像，可预置任意防区警戒方式：定时、手动、常布/撤防及查询报警记录，系统时间、日期、运行状态、摄像机标题屏幕显，键盘口令输入，优先级操作，系统可分区，管理系统安全。自由、程序、同步、群组切换，多种切换方式。视频切换、音频切换、报警控制三位一体。控制恒速云台/电动镜头、高速球内置16路报警输入/2路报警联动输出，可扩展报警联动主机至256路报警输入，报警后可联动视频切换、音频切换，自动录像。报警输出可编程采用RS-485、RS-422、RS-232通信方式。强大的网络控制功能，可实现矩阵多级联网，兼容多种数字录像机。

### 2. 矩阵切换主机操作

矩阵如果用于监控，其控制方式一般为：

- 二维键盘，用键盘控制矩阵的切换、云台的转动、变焦等功能；
- 三维键盘，用键盘控制矩阵的切换、云台的转动、变焦等，可用摇杆直接控制云台的变焦功能；
- 多媒体控制盒，通过RS-232的方式实现电脑控制矩阵主机；
- 视频服务器，通过网络方式实现IP控制矩阵主机。

矩阵如果用于会议室，其控制方式一般为：

- 按键控制，通过面板按键直接切换，显示运行状态；
- 红外遥控控制，使用红外遥控器进行遥控切换；
- 矩阵管理软件，专用矩阵管理软件控制操作，连接接口可以使用RS-232接口或TCP/IP接口；
- 触摸屏控制及面板，可编程触摸屏或者面板连接即插即用；
- 中控控制，可以使用中控产品进行控制和切换。

### 3. 矩阵切换主机配置方案

监控中心配置矩阵切换主机方案如图5-10所示。

## 5.2.2 视频切换器

### 1. 普通视频切换器

多路视频信号要送到同一处监控，可以一路视频对应一台监视器，但监视器占地大，价格贵，如果不要求时时刻刻监控，可以在监控室增设一台视频切换器，如图5-11所示。把摄像机输出信号接到切换器的输入端，切换器的输出端接监视器，切换器的输入端分为2、4、6、8、12、16路，输出端分为单路和双路，而且还可以同步切换音频（视型号而定）。

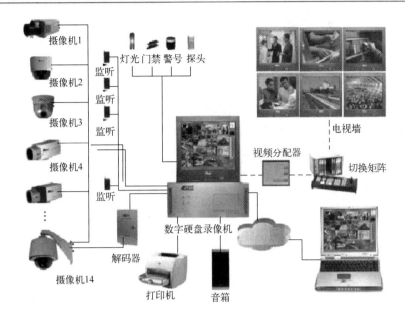

图 5-10　监控中心配置矩阵切换主机方案

切换器有手动切换、自动切换两种工作方式，手动方式是想看哪一路就把开关拨到哪一路；自动方式是让预设的视频按顺序延迟切换，切换时间通过一个旋钮可以调节，一般在 1~35 s 之间。连接简单，操作方便，但在一个时间段内只能观看输入中的一个图像。要在一台监视器上同时观看多个摄像机图像，就需要用画面分割器。

图 5-11　视频切换器

### 2. 视频矩阵切换器

视频矩阵切换器如图 5-12 所示，是为高分辨率图像信号的显示切换而设计的高性能智能矩阵开关设备。可将多路信号从输入通道切换输送到输出通道中的任意通道上，并且输出通道间彼此独立，可以切换多种高清晰度的视频信号到各种不同的显示终端，如 NTSC 制式和 PAL 制式。目前，视频矩阵切换器的主要应用是大视频矩阵切换器屏幕拼接、视频会议工程、音/视频工程、监控等需要用到多路音/视频信号交替使用的工程中。

图 5-12　视频矩阵切换器

按实现视频切换的不同方式，视频矩阵分为模拟矩阵和数字矩阵。

模拟矩阵的视频切换在模拟视频层完成，信号切换主要采用单片机或更复杂的芯片控制模拟开关实现。

数字矩阵的视频切换在数字视频层完成，这个过程可以是同步的，也可以是异步的。数字矩阵的核心是对数字视频的处理，需要在视频输入端增加 A/D 转换，将模拟信号变为数字信号，在视频输出端增加 D/A 转换，将数字信号转换为模拟信号输出。视频切换的核心部分由模拟矩阵的模拟开关，变换成了对数字视频的处理和传输。

视频矩阵切换器的功能特点：

- 实现自动增益技术，带有断电现场保护功能；
- 自带轮巡功能，可设置轮巡开关、轮巡时间与轮巡通道；
- 最多 32 个自定义的输出通道配置方案，并可对方案进行储存与调用；
- 通过拼接按钮控制，实现拼接功能；面板、遥控器锁定功能；
- 可以通过矩阵控制服务器 IP 地址对矩阵进行控制；
- 支持面板控制、遥控控制、串口控制方式；
- 恢复设备出厂设置；
- 蜂鸣器开关设置；
- 前面板 LCD 状态显示；
- LCD 屏幕保护功能。

视频矩阵切换器接口类型包括：

- 模拟视频接口 VGA 和 5BNC；
- 复合视频接口 RCA 和 BNC；
- 分量视频接口 3RCA；
- 数字视频接口 HDMI、DVI-D 和 SDI。

### 3. 视频切换器

在闭路电视监视系统中，摄像机数量与监视器数量的比例在 2:1 到 5:1 之间，为了用少

图 5-13　视频切换器

量的监视器观看多个摄像机，需要用到视频切换器，按一定的时序把摄像机的视频信号分配给特定的监视器，这就是通常所说的视频矩阵，如图 5-13 所示。切换的方式可以按设定的时间间隔对一组摄像机信号逐个循环切换到某一台监视器的输入端上，也可以在接到某点报警信号后，长时间监视该区域的情况，即只显示一台摄像机信号。切换的控制一般要求和云台、镜头的控制同步，即切换到哪一路图像，就控制哪一路的设备。

切换器的输入端分为 2、4、6、8、12、16 路，输出端分为单路和双路，而且还可以同步切换音频（视型号而定）。切换器有手动切换、自动切换两种工作方式。

### 4. 矩阵切换器

矩阵切换器如图 5-14 所示，是监控系统的核心部件，其主要功能有：

- 图像切换，将输入的现场信号切换至输出的监视器上，实现用较少的监视器对多处信号的监视。
- 控制现场，可控制现场摄像机、云台、镜头、辅助触点输出等。

图 5-14　矩阵切换器

- RS-232 通信，可通过 RS-232 标准端口与计算机等通信。
- 可选的屏幕显示，在信号上叠加日期、时间、视频输入编号、用户定义的视频输入或目标的标题、报警标题等以便监视器显示。
- 通用巡视及成组切换，系统可设置多个通用巡视、多个成组切换。
- 事件定时器，系统有多个用户定义时间，用以调用通用巡视到输出。
- 口令和优先等级，系统可设置多个用户编号，每个用户编号有自己的密码，根据用户的优先等级来限制用户使用一定的系统功能。

## 5.3　视频分配器/画面分割器/图像处理器

### 5.3.1　视频分配器

#### 1. 视频分配器概述

视频分配器是一种将一个视频信号源平均分配成多路视频信号的设备。一路视频信号对应一台监视器或录像机，若想一台摄像机的图像送给多个管理者观看，建议选择视频分配器，如图5-15所示。因为并联视频信号衰减较大，送给多个输出设备后由于阻抗不匹配等原因，图像会严重失真，线路也不稳定。视频分配器除了阻抗匹配，还有视频增益，使视频信号可以同时送给多个短距离输出设备而不受影响，从而一定程度上保证视频传输的同步。例如，前端摄像机采集来的视频信号通过视频分配器可以接入中心矩阵的同时，再接入硬盘录像机或显示设备等。

图 5-15　视频分配器

视频分配器实现一路视频输入，多路视频输出的功能，使之可在无扭曲或无清晰度损失的情况下观察视频输出。通常视频分配器除提供多路独立视频输出外，兼具视频信号放大功能，故也称为视频分配放大器。

视频分配器以独立和隔离的互补晶体管或由独立的视频放大器集成电路提供 4 ~ 6 路独立的 75 Ω 负载能力，包括具备兼容性和一个较宽的频率响应范围，视频输入和输出均为 BNC 端子。

视频分配器通常有 1 进 2 出（1 路输入 2 路输出）、1 进 4 出、1 进 8 出，等等。常见的视频分配器还有 4 入 8 出，8 入 16 出，16 入 32 出等多种型号。有的型号还带有字符叠加器和视频隔离器的功能。还有 2 分 4、8 分 24、16 分 48 等。

#### 2. 视频分配器的分类

按照运用领域不同可分为会议视频分配器和安防视频分配器。

按照输入输出通道可分为单路视频分配器和多路视频分配器。

单路视频分配器：将一路视频信号分配为多路视频信号输出，以供多台视频设备同时使用，分配输出的每一路视频信号的带宽、峰—峰值电压和输出阻抗与输入的信号格式相一致，可以把 1 路视频输入分配为 2 路、4 路、8 路、12 路、16 路与输入完全相同的视频输出，供其他视频处理器使用。

4 路视频分配器：将 4 路视频信号均匀分配为 8 路、12 路、16 路视频信号输出，多输入视频分配器减少了单个分配器的数量，能减少设备体积，提高系统的稳定性。能对每通道的 1 路视频输入分配为 2 路、3 路、4 路与输入完全相同的视频输出，供其他视频处理器使用。

8 路视频分配器：将 8 路视频信号均匀分配为 16 路、24 路、32 路视频信号输出，多输入视频分配器减少了单个分配器的数量，能减少设备体积，提高系统的稳定性。能对每通道的一路视频输入分配为 2 路、3 路、4 路与输入完全相同的视频输出，供其他视频处理器使用。

16 路视频分配器：是将 16 路视频信号分配器为 32、48、64 路视频信号输出，多输入视频分配器减少了单个分配器的数量，能减少设备体积，提高系统的稳定性。能对每一路视频输入分配为 2 路与输入完全相同的视频输出，供其他视频处理器使用。

视频分配器的特性：

- 视频 –3 dB 带宽达 150 ~ 350 MHz；
- 采用精良的线路设计及合理的信号分配，多级放大电路；
- 可驱动不低于 300 m 的普通 75-3 电缆；
- 抗干扰性强，可多级联扩展；
- 长线驱动、防静电处理等功能。

### 3. 视频分配器的技术参数

视频输入：3 dB；

带宽：150 ~ 350 MHz；

信号类型：复合视频信号；

接口 BNC（可选 RCA）；

最小电平：0.4 V（峰 – 峰值）；

最大电平：2.0 V（峰 – 峰值）；

耦合方式：直流耦合；

介入增益：0 dB；

输入输出阻抗：75 Ω ± 1 Ω；

## 5.3.2　画面分割器

### 1. 画面分割器概述

画面分割器如图 5-16 所示，又称监控用画面分割器，有 4 分割、9 分割、16 分割几种，可以在一台监视器上同时显示 4、9、16 个摄像机的图像，也可以送到录像机上记录。4 分割器是最常用的设备之一，其性价比也较好，图像的质量和连续性可以满足大部分要求。9 分割和 16 分割器价格较贵，而且分割后每路图像的分辨率和连续性都会下降，录像效果不好。另外还有 6 分割、8 分割、双 4 分割设备，但图像比率、清晰度、连续性并不理想，市场使用率很低，大部分分割器除了可以同时显示图像外，也

图 5-16　画面分割器

可以显示单幅画面，可以叠加时间和字符，设置自动切换，连接报警器材等。

1）画面分割器的基本工作原理

采用图像压缩和数字化处理的方法，将几个画面按同样的比例压缩在一个监视器的屏幕上。有的还带有内置顺序切换器的功能，此功能可将各摄像机输入的全屏画面按顺序和间隔时间轮流输出显示在监视器上（如同切换主机轮流切换画面那样），并可用录像机按上述的顺序和时间间隔记录下来。其间隔时间一般是可调的。

2）画面分割器的适用范围

在大型楼宇的闭路电视监视系统中摄像机的数量多达数百个，但监视器的数量受机房面积的限制要远远小于摄像机的数量。而且监视器数量太多也不利于值班人员全面巡视。为了实现全景监视，即让所有的摄像机信号都能显示在监视器屏幕上，就需要用多画面分割器。这种设备能够把多路视频信号合成为一路输出，输入到一台监视器上，这样就可以在屏幕上同时显示多个画面。分割方式常有 4 画面、9 画面及 16 画面。使用多画面分割器可在一台监视器上同时观看多路摄像机信号，而且它还可以用一台录像机同时录制多路视频信号。有些较好的多画面分割器还具有单路回放功能，即能选择同时录下多路信号视频信号的任意一路在监视器上满屏播放。

**2. 画面分割器的主要性能**

（1）全压缩图像，数字化处理的彩色/黑白画面分割器。

（2）4 路（或 9、16 路）视频输入并带有 4 路（或 9、16 路）的环接输出。

（3）内置可调校时间的顺序切换器和独立的切换输出。根据摄像机的编号对全屏画面按顺序切换显示，每路画面的显示时间可由用户自己进行优化编程调整。

（4）高解像度以及实时更新率。画面指标为 512×512 像素，更新率为 25~30 场/秒；

（5）录像带重放时可实现 1/4（或 1/9、1/16）画面到全屏画面变焦（还原为实时全屏画面）。

（6）与标准的 SUPER-VHS 录像机兼容（有的还具有 S-VHS 接口）。

（7）有报警输入/输出接口，可与报警系统联动。报警时可调用全屏画面并产生报警输出信号启动录像机或其他相关设备。也就是说，当报警信号产生时，与该警报相关区域的场景将以全屏画面显示出来，并可自动录像。用户可自行设定警报的持续时间和录像的持续时间。报警输入接口数目与画面输入数目相同。

（8）8 个字符的摄像机名称。用户可自己编程设定给每个摄像机最多达 8 个字符的名称。

（9）报警画面叠加、视频信号丢失指标。该功能可方便用户快速检查出现丢失的原因。

（10）设置屏幕菜单编程/调用。编程简单、操作容易，人 – 机界面友好。

（11）电子保险锁。用户可自行设定密码，被允许的操作者才能进行系统操作。

（12）4 画面分割器带有指定区域图像放大功能，在监控中能够更清楚地看清指定区域的情况。

**3. 画面分割器的应用**

画面分割器采用模块化的功能单元设计，使用最新图像处理专用技术和专用器件，运用微电脑控制技术和数字图像处理技术，信号通道输入/输出的数量按需定制，具有非常强的系统灵活性和扩展性。

VGA 画面分割器如图 5-17 所示，又称为 VGA 分割器、多窗口控制器、视频分割器、VGA 分屏器等，是专业的视频画面处理与控制设备，其作用是在高分辨率的显示设备（投影机、大屏幕液晶电视或者 DLP 大屏幕）上以全屏或多窗口模式显示多路 VGA 或视频图像，也就是将多路（一般为 4 路）VGA 或者视频的每个全画面，缩小成任意大小并放置于不同位置，从而在屏幕上组合成多画面分割显示。

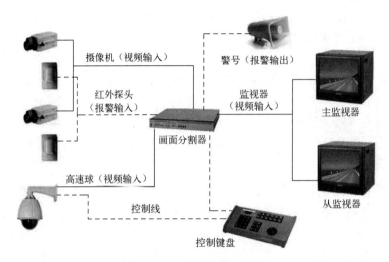

图 5-17　画面分割器的应用

### 5.3.3　图像处理器

图像处理器如图 5-18 所示，是将多路视频信号合成，以便录像和监视的设备。其基本参数有：输入视频信号路数（根据不同型号可有 4、9、16 路等多种规格）、单/双工、彩色/黑白、图像效果（像素）、是否带用视频移动报警功能等。

图 5-18　图像处理器

图像处理器包含了多画面处理器的所有功能，从而在大部分情况下代替了多画面处理器。

## 5.4　前端辅助设备控制器/解码器

### 5.4.1　前端辅助设备控制器

云台镜头多功能控制器如图 5-19 所示，主要用来对云台、电动三可变镜头、防护罩的雨刷以及射灯、红外灯等其他受控制设备进行控制。该控制器对云台的控制原理及电路结构与前文的云台控制器完全一样，在此基础上，另外增加了对电动三可变镜头以及防护罩等其他受控设备的控制功能及相应电路，因此电路结构比单一功能的云台控制复杂。

由于电动三可变镜头内部的微型电动机均为小功率直流电动机，因此，控制器要完成对电动三可变镜头的控制，只能输出小功率的直流电压，这就要求控制器内部具有稳压的直流电源，这一电源通常为直流6 ~12 V。在实际应用中，为了能更精确地对镜头调焦或在小范围内调整镜头光圈，一般希望电动镜头的电动机转速慢些，也就是要控制器输出到电动镜头的直

图 5-19　单路云台镜头防护罩控制器

流控制电压稍小些；有时，为了快速跟踪活动目标（如在很短的时间内将摄像机镜头由广角取景推到主体目标的局部特写景），就要求控制器输出的直流控制电压稍大一些，因此，大多数云台镜头控制器的镜头控制输出端通常都设计可变电压输出，即通过对控制器面板上电压调节旋钮的调节，使镜头控制输出端的控制电压在直流 6 ~12 V 之间连续变化。

此外，还包括对室外防护罩的喷水清洗、雨刷以及射灯、红外灯等辅助照明设备的控制功能（防护罩的加热及通风一般由其内置的温控电路自动控制）。这部分电路的原理实际上与云台控制的原理类似，即在控制器的后面板上增加一个辅助控制端子，当对前面板上的辅助控制按钮进行操作时，可以将 220 V 或 24 V 的交流电压输出到辅助控制端子上，从而启动喷水装置、雨刷器或辅助照明灯等。需要说明的是，对一般控制器来说，辅助控制输出端口的输出电压一般与云台的控制电压相同。例如，220 V 的控制器要求外接云台及其他辅助设备均为交流 220 V。因此，如果云台及各外接辅助设备的要求的驱动电压不同，需通过加装变压器进行电压转换。另外，一般控制器的辅助控制输出端口各针脚结构与电特性完全相同，在实际使用时，不必严格按控制面板上的文字标注接线，只要使外接设备与面板按钮通过自定义统一起来即可。功能更强的控制器还可以接收各类传感器发来的报警信号并控制警号、射灯及自动录像的启动。

图 5-20　一对 5 路云台控制器

云台控制器按功能分类可分为水平云台控制器和全方位云台控制器两种；如果按控制路数可以分为单路控制器和多路控制器两种。多路云台控制器如图 5-20 所示。

## 5. 4. 2　解码器

解码器是一个重要前端控制设备。在主机的控制下，可使前端设备产生相应的动作。解码器在国外称为接收器/驱动器（Receiver/Driver）或遥控（Telemetry）设备，是为带有云台、变焦镜头等可控设备提供驱动电源并与控制设备如矩阵进行通信的前端设备。通常，解码器可以控制云台的上、下、左、右旋转，变焦镜头的变焦、聚焦、光圈以及对防护罩雨刷器、摄像机电源、灯光等设备的控制，还可以提供若干个辅助功能开关，以满足不同用户的实际需要。高档次的解码器还带有预置位和巡游功能。

视频解码器可分为软件解码器、硬件解码器和无线解码器 3 类。

1）软件解码器

计算机行业所说的解码器是软件解码器，即通过软件方法解出音/视频数据。与之相对应的是 DVD 和 VCD，它们属于硬件解码器。通常，计算机要播放某种格式视频，就需要支

持该视频编码的解码器，视频解码器应运而生，如 RM/RMVB Real Media 解码器，MOV Quick Time 解码器、3GP/MP4 解码器、DVD/VOB 解码器、Divx 解码器、xvid 解码器、WMV 解码器等。

2）硬件解码器

解码器的存在是因为音/视频数据存储要先通过压缩，否则数据量太庞大，而压缩需要通过一定的编码才能用最小的容量来存储质量最高的音/视频数据。因此在需要对数据进行播放时要先通过解码器进行解码。可以解码的数字编码格式有 AC-3，HDCD，DTS 等，这些都是多声道音/视频编码格式。如果要达到高保真的水平，有双声道的 PCM 数字编码。所以在选择硬件解码器时应该注意是否支持这些格式的软件。

3）无线解码器

无线解码器的常见接口为 RS-232 端口。RS-232-C 接口（又称为 EIA RS-232-C）是目前最常用的一种串行通信接口。主要技术要求如下：

（1）频率范围。频率范围是指在规定的失真度和额定输出功率条件下的工作频带宽度，即无线的最低工作频率至最高工作频率之间的范围，单位为 Hz（赫兹）。无线解码器实际的工作频率范围可能会大于定义的工作频率范围。

（2）频率稳定度。频率稳定度标识了无线解码器工作频率的稳定程度。通常，无线解码器的频率稳定度应在 $\pm 1.5 \times 10^{-6}$ 上下。

（3）信道间隔。信道指发射和接收时占用的频率值。相邻信道之间的频率差值称为信道间隔。规定的信道间隔有 25 kHz（宽带）、20 kHz、12.5 kHz（窄带）等。

（4）调制方式。无线解码器的调制方式主要有以下几类：

- GMSK，高斯滤波最小频移键控。GMSK 调制是在 MSK（最小频移键控）调制器之前插入高斯低通预调制滤波器的一种调制方式。GMSK 提高了数字移动通信的频谱利用率和通信质量。

- CPFSK，连续相位频移键控。采用 CPFSK 调制方式使接收机易于实现，与 QPSK 的调制方式相比，CPFSK 对相位稳定度要求不高，不易受外界温度噪声的影响，而且在信号解调处理时实现低功耗。

- QAM，正交振幅调制。QAM 是用数字信号去调制载波的幅度和相位，使载波的幅度和相位受控于数字信号，常用的有 16QAM、32QAM、64QAM 等。

- QPSK，四进制相移键控调制。QPSK 是一种四进制的相位键控调制方式，可以看成两个正交的二相调制的合成。把相继码元的 4 种组合（00、01、10、11）对应于载波的 4 个相位（0、$\pm \pi / 2$、$\pi$）。

- 接口校验，无线解码器接口的常见校验形式有奇校验和偶校验。奇、偶校验能够检测出信息传输过程中的部分误码（1 位误码能检出，2 位及 2 位以上误码不能检出），但它不能纠错。在发现错误后，只能要求重发。由于其实现简单，所以得到了广泛使用。

## 5.4.3 设置协议和波特率

解码器协议选择采用四位拨码开关：ON = 1，OFF = 0。解码器的协议选择、拨码开关位置和适用范围、生产厂商不同，其设置有所不同。常见厂商如表5-4所示。

表 5-4 常见解码器拨码开关设置

| 序号 | 协 议 | 拨码开关位置 | 波特率/(波特/秒) | 适 用 范 围 | 备 注 |
|---|---|---|---|---|---|
| 1 | PELCO-DHC | ON / OFF 1 2 3 4 | 2400 | 派尔高系列，康银主机 | HC-9600Dec-1200 |
| 2 | HY | ON / OFF 1 2 3 4 | 9600 | 德加拉、康银系列 | |
| 3 | VICON（surveyor99） | ON / OFF 1 2 3 4 | 4800 | PICO2000 系列 | 唯康主机 |
| 4 | （kdt-312）CW0601 | ON / OFF 1 2 3 4 | 9600 | 卡拉特设备，DCW系列 | DCW 系统 |
| 5 | PELCO-P | ON / OFF 1 2 3 4 | 9600 | 派尔高主机，德加拉主机 | |
| 6 | HN-C | ON / OFF 1 2 3 4 | 9600 | 华南光电系列 | |
| 7 | SAMAUN | ON / OFF 1 2 3 4 | 9600 | 三星快球 | 9600 |
| 8 | KODICOM-RXKER-301RX | ON / OFF 1 2 3 4 | 9600 | PICASO 主机，Kodicom 主机 | 增加光圈控制功能 |
| 9 | DH 大华/凯创 | ON / OFF 1 2 3 4 | 9600 或 19200 | 大华、凯创嵌入式 | |
| 10 | NEOCAM | ON / OFF 1 2 3 4 | 9600 | 耐康姆系统 | |
| 11 | PIH1016（利凌） | ON / OFF 1 2 3 4 | 2400 | 利凌矩阵 | |
| 12 | SAMSUNG | ON / OFF 1 2 3 4 | 9600 | 三星 | |
| 13 | RM110/S1601 | ON / OFF 1 2 3 4 | 9600 | 诚丰系列，三乐系列 | |
| 14 | 红苹果 | ON / OFF 1 2 3 4 | 9600 | 红苹果矩阵 | |
| 14 | 银信 V1200 | ON / OFF 1 2 3 4 | 9600 | 银信矩阵 | 地址码从 0 开始 |
| 15 | SANTACHI- 450/9600 卡拉特 KDT348 矩阵 4800 | ON / OFF 1 2 3 4 | 9600 或 4800 | 三立矩阵，卡拉特矩阵 | |

## 1. 波特率设置

8 位地址开关的 1～2 位波特率设置如表 5-5 所示。

表5-5　8位地址开关的1~2位波特率设置

| 序　　号 | 波特率<br>/(波特/秒) | 拨码开关设置 | 备　　注 |
|---|---|---|---|
| 0 | 1200 或 19200 | ON ▊▊<br>OFF 1 2 | 根据协议不同，自动识别这两种波特率 |
| 1 | 2400 | ON ▊▊<br>OFF 1 2 | |
| 2 | 4800 | ON ▊▊<br>OFF 1 2 | |
| 3 | 9600 | ON ▊▊<br>OFF 1 2 | |

☞注意：如果波特率设置不正确，在控制解码器时，解码器会产生通信复位。

**2. 地址码设置**

8位地址开关的3~8位地址码设置如表5-6所示。

表5-6　8位地址开关的3~8位地址码设置

| 地址计算 | 32× | 16× | 8× | 4× | 2× | 1× |
|---|---|---|---|---|---|---|
| 地址码 | 开关第3位 | 开关第4位 | 开关第5位 | 开关第6位 | 开关第7位 | 开关第8位 |
| 0 | 0 | 0 | 0 | 0 | 0 | 0 |
| 1 | 0 | 0 | 0 | 0 | 0 | 1 |
| 2 | 0 | 0 | 0 | 0 | 1 | 0 |
| 3 | 0 | 0 | 0 | 0 | 1 | 1 |
| 4 | 0 | 0 | 0 | 1 | 0 | 0 |
| 5 | 0 | 0 | 0 | 1 | 0 | 1 |
| 6 | 0 | 0 | 0 | 1 | 1 | 0 |
| 7 | 0 | 0 | 0 | 1 | 1 | 1 |
| 8 | 0 | 0 | 1 | 0 | 0 | 0 |
| 9 | 0 | 0 | 1 | 0 | 0 | 1 |
| 10 | 0 | 0 | 1 | 0 | 1 | 0 |
| 11 | 0 | 0 | 1 | 0 | 1 | 1 |
| 12 | 0 | 0 | 1 | 1 | 0 | 0 |
| 13 | 0 | 0 | 1 | 1 | 0 | 1 |
| 14 | 0 | 0 | 1 | 1 | 1 | 0 |
| 15 | 0 | 0 | 1 | 1 | 1 | 1 |
| 16 | 0 | 1 | 0 | 0 | 0 | 0 |
| 17 | 0 | 1 | 0 | 0 | 0 | 1 |
| 18 | 0 | 1 | 0 | 0 | 1 | 0 |
| ⋮ | ⋮ | ⋮ | ⋮ | ⋮ | ⋮ | ⋮ |
| 63 | 1 | 1 | 1 | 1 | 1 | 1 |

- 地址码设置：8 位拨码开关的 3 ~ 8 位，ON = 1，OFF = 0。
- 超过 64 个解码器地址码时，必须注明。
- 拨码开关拨到"ON"的位置表示"1"，拨到"OFF"位置表示"0"。例如解码器地址设为 43 号，即 32 + 8 + 2 + 1 = 43，拨码开关的第 3、5、7、8 拨到 ON。
- 地址编码是以二进制方式编码。
- 有的控制主机的初始地址是从 0 开始的，有的是从 1 开始的。

### 3. 解码器常见故障

解码器常见故障如表 5-7 所示。

表 5-7　解码器常见故障

| 故 障 现 象 | 故障分析及解决 |
|---|---|
| 加电指示不亮 | 1. 供电电压是否为交流 200 V；<br>2. 电源开关没有打开或保险烧坏 |
| 不断地产生复位（每隔 2.5 s，灯闪一次） | 通信线接反，或通信线路有断路的地方 |
| 每控制一次后，2.5 s 复位一次 | 1. 波特率设置错误；<br>2. 协议设置不正确 |
| 不能控制 | 1. 计算机本身是否正常、通信串口设置是否与硬件设置一致；<br>2. 地址开关设置是否与主机控制的摄像机地址相符（有的主机 1 号摄像机是地址 0，有的主机 1 号摄像机是地址 1）；<br>3. 通信协议设置不正确 |
| 近距离可控制，远距离不能控制 | 1. RS-485 转换器输出驱动能力不够；<br>2. 线路长度超过 1 200 m，应加 RS-485 中继器或 RS-485 分配器 |

### 4. 控制线连接

控制线采用双绞线，如采用平行线，通信距离将会大大缩短。解码器采用 RS-485 通信方式，采用二芯屏蔽双绞线，连接电缆的最远距离应不超过 1 200 m。解码器可采用链式和星式连接，RS +（A）、RS −（B）为信号端，接主机 RS-485 的 A 和 B 不可接反。多个解码器连接应在最远一个解码器的 A、B 两端之间并接 120 Ω 的匹配电阻。

1）RS-485 通信控制设备的使用方法

接线方法：矩阵主机直接连接到解码器，计算机可采用无源或有源的 RS-232 与 RS − 485 转换器连接到解码器，如图 5-21 所示。

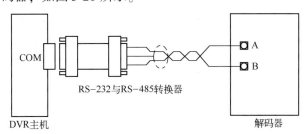

图 5-21　控制线的连接

通信距离超过 1 200 m 或线路干扰过大时，要在线路中间位置接一个 RS-485 中继器。星形接线时，最好采用 RS-485HUB，它可以将一路 RS-485 转换成 4 路 RS-485，这样可以相互隔离，并可减少线路对其他线路的影响，又可增加通信距离。当线路干扰过大或非双绞线时，会造成控制不灵活或不受控，建议采用 RS-485HUB 或 RS-485 中继器等设备，如图 5-22 所示。

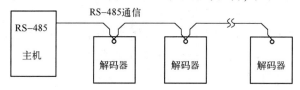

图 5-22　RS-485 连接解码器

2）接线示意图

（1）RS+（A）为 RS-485 通信+，RS-（B）为 RS-485 通信-；

（2）DC 12 V、AC 24 V 为摄像机供电的接线端子；

（3）AUX1、AUX2 可作为摄像机电源、雨刷或灯光控制开关使用；

（4）AC 220 V INPUT 为解码器供电端子，外接 AC 220 V 电源；

（5）经济型接线图如图 5-23 所示；

（6）标准型接线图如图 5-24 所示。

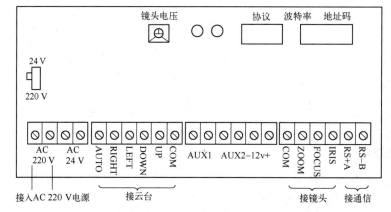

图 5-23　经济型接线图

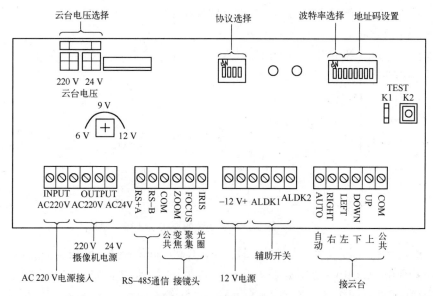

图 5-24　标准型接线图

# 5.5　H.264 视频编码

## 5.5.1　视频编码技术概述

视频编码技术基本由 ISO/IEC 制定的 MPEG-x 和 ITU-T 制定的 H.26x 两大系列视频编码国际标准推出。从 H.261 视频编码建议，到 H.262/3、MPEG-1/2/4 等都有一个共同的不断追求的目标，即在尽可能低的码率（或存储容量）下获得尽可能好的图像质量。而且，随着市场对图像传输需求的增加，如何适应不同信道传输特性的问题也日益显现出来。于是 IEO/IEC 和 ITU-T 两大国际标准化组织联手制定了视频新标准 H.264 来解决这些问题。

H.261 是最早出现的视频编码建议，目的是规范 ISDN 上的会议电视和可视电话应用中的视频编码技术。它采用的算法结合了可减少时间冗余的帧间预测和可减少空间冗余的 DCT 变换的混合编码方法，和 ISDN 信道相匹配，其输出码率是 $p \times 64\,kb/s$。p 取值较小时，只能传清晰度不太高的图像，适合于面对面的电视电话；$p$ 取值较大时（如 $p > 6$），可以传输清晰度较好的会议电视图像。H.263 建议的是低码率图像压缩标准，在技术上是 H.261 的改进和扩充，支持码率小于 64 kb/s 的应用。但实质上 H.263 以及后来的 H.263 + 和 H.263 ++ 已发展成支持全码率应用的建议，从它支持众多的图像格式这一点就可以看出，如 Sub-QCIF、QCIF、CIF、4CIF 甚至 16CIF 等格式。

MPEG-1 标准的码率为 1.2 Mb/s 左右，可提供 30 帧 CIF（$352 \times 288$）质量的图像，是为 CD-ROM 光盘的视频存储和播放所制定的。MPEG-l 标准视频编码部分的基本算法与 H.261/H.263 相似，也采用运动补偿的帧间预测、二维 DCT、VLC 游程编码等措施。此外还引入了帧内帧（I）、预测帧（P）、双向预测帧（B）和直流帧（D）等概念，进一步提高了编码效率。在 MPEG-1 的基础上，MPEG-2 标准在提高图像分辨率、兼容数字电视等方面做了一些改进，例如它的运动矢量的精度为半像素；在编码运算中（如运动估计和 DCT）区分"帧"和"场"；引入了编码的可分级性技术，如空间可分级性、时间可分级性和信噪比可分级性等。近年推出的 MPEG-4 标准引入了基于视听对象（AVO，Audio-Visual Object）的编码，大大提高了视频通信的交互能力和编码效率。MPEG-4 中还采用了一些新的技术，如形状编码、自适应 DCT、任意形状视频对象编码等。但是 MPEG-4 的基本视频编码器还是属于和 H.263 相似的一类混合编码器。

总之，H.261 建议是视频编码的经典之作，H.263 是其发展，并将逐步在实际上取而代之，主要应用于通信方面，但 H.263 众多的选项往往令使用者无所适从。MPEG 系列标准从针对存储媒体的应用发展到适应传输媒体的应用，其核心视频编码的基本框架是和 H.261 一致的，其中引人注目的 MPEG-4 的"基于对象的编码"部分由于尚有技术障碍，目前还难以普遍应用。因此，在此基础上发展起来的新的视频编码建议 H.264 克服了两者的弱点，在混合编码的框架下引入了新的编码方式，提高了编码效率，面向实际应用。同时，它是两大国际标准化组织共同制定的，其应用前景不言而喻。

## 5.5.2　H.264 技术

H.264 是 ITU-T 的 VCEG（视频编码专家组）和 ISO/IEC 的 MPEG（活动图像专家组）的联合视频组（JVT，Joint Video Team）开发的一个新的数字视频编码标准，它既是 ITU-T 的 H.264，又是 ISO/IEC 的 MPEG-4 的第 10 部分。H.264 于 1998 年 1 月份开始草案征集，1999 年 9 月，完成第一个草案，2001 年 5 月制定了其测试模式 TML-8，2002 年 6 月的 JVT 第 5 次会议通过了 H.264 的 FCD 板，2003 年 3 月正式发布。

H.264 和以前的标准一样，也是 DPCM 加变换编码的混合编码模式。但它采用"回归基本"的简捷设计，不用众多选项，可获得比 H.263 + + 好得多的压缩性能；加强了对各种信道的适应能力，采用"网络友好"的结构和语法，有利于对误码和丢包的处理；应用目标范围较宽，以满足不同速率、不同清晰度以及不同传输（存储）场合的需求；它的基本系统是开放的，使用时不涉及版权问题。

在技术上，H.264 标准中有多个闪光之处，如统一的 VLC 符号编码，高精度、多模式的位移估计，基于 4 × 4 块的整数变换、分层的编码语法等。这些措施使得 H.264 算法具有很高的编码效率，在相同的重建图像质量下，能够比 H.263 节约 50% 左右的码率。H.264 的码流结构网络适应性强，增加了差错恢复能力，能够很好地适应 IP 和无线网络的应用。

H.264 的技术特点具体如下：

（1）分层设计。H.264 算法在概念上可以分为两层：视频编码层（VCL，Video Coding Layer）负责高效的视频内容表示，网络提取层（NAL，Network Abstraction Layer）负责以网络所要求的恰当方式对数据进行打包和传送。在 VCL 和 NAL 之间定义了一个基于分组方式的接口，打包和相应的信令属于 NAL 的一部分。这样，高编码效率和网络友好性的任务分别由 VCL 和 NAL 来完成。

VCL 层包括基于块的运动补偿混合编码和一些新特性。与前面的视频编码标准一样，H.264 没有把前处理和后处理等功能包括在草案中，这样可以增加标准的灵活性。

NAL 负责使用下层网络的分段格式来封装数据，包括组帧、逻辑信道的信令、定时信息的利用或序列结束信号等。例如，NAL 支持视频在电路交换信道上的传输格式，支持视频在 Internet 上利用 RTP/UDP/IP 传输的格式。NAL 包括自己的头部信息、段结构信息和实际载荷信息，即上层的 VCL 数据（如果采用数据分割技术，数据可能由几个部分组成）。

（2）高精度、多模式运动估计。H.264 支持 1/4 或 1/8 像素精度的运动矢量。在 1/4 像素精度时可使用 6 抽头滤波器来减少高频噪声，对于 1/8 像素精度的运动矢量，可使用更为复杂的 8 抽头滤波器。在进行运动估计时，编码器还可以选择"增强"内插滤波器来提高预测的效果。

在 H.264 的运动预测中，一个宏块（MB）可以分为不同的子块，形成 7 种不同模式的块尺寸。这种多模式的灵活和细致的划分，更切合图像中实际运动物体的形状，大大提高了运动估计的精确程度。这种方式下，每个宏块中可以包含 1、2、4、8 或 16 个运动矢量。

在 H.264 中，允许编码器使用多于一帧的先前帧用于运动估计，这就是所谓的多帧参考技术。例如 2 帧或 3 帧刚刚编码好的参考帧，编码器将选择对每个目标宏块给出更好的预测帧，并为每个宏块指示是哪一帧被用于预测。

（3）4×4 块的整数变换。H.264 与先前的标准相似，对残差采用基于块的变换编码，但变换是整数操作而不是实数运算，其过程和 DCT 基本相似。这种方法的优点在于：在编码器和解码器中允许精度相同的变换和反变换，便于使用简单的定点运算方式。也就是说，这里没有"反变换误差"。变换的单位是 4×4 块，而不是以往常用的 8×8 块。由于用于变换块的尺寸缩小，运动物体的划分更精确，这样，不但变换计算量比较小，而且在运动物体边缘处的衔接误差也大为减小。为了使小尺寸块的变换方式对图像中较大面积的平滑区域不产生块之间的灰度差异，可对帧内宏块亮度数据的 16 个 4×4 块的 DC 系数（每个小块一个，共 16 个）进行第二次 4×4 块的变换，对色度数据的 4 个 4×4 块的 DC 系数（每个小块一个，共 4 个）进行 2×2 块的变换。

H.264 为了提高码率控制的能力，量化步长的变化幅度控制在 12.5% 左右，而不是以不变的增幅变化。变换系数幅度的归一化被放在反量化过程中处理以减少计算的复杂性。为了强调彩色的逼真性，对色度系数采用了较小量化步长。

（4）统一的 VLC。H.264 中熵编码有两种方法，一种是对所有的待编码的符号采用统一的 VLC（UVLC，Universal VLC），另一种是采用内容自适应的二进制算术编码（CABAC，Context-Adaptive Binary Arithmetic Coding）。CABAC 是可选项，其编码性能比 UVLC 稍好，但计算复杂度也高。UVLC 使用一个长度无限的码字集，设计结构非常有规则，用相同的码表可以对不同的对象进行编码。这种方法很容易产生一个码字，而解码器也很容易地识别码字的前缀，UVLC 在发生比特错误时能快速获得重同步。

（5）帧内预测。在先前的 H.26x 系列和 MPEG-x 系列标准中，都是采用的帧间预测的方式。在 H.264 中，当编码 Intra 图像时可用帧内预测。对于每个 4×4 块（除了边缘块特别处置以外），每个像素都用 17 个最接近的先前已编码的像素的不同加权和（有的权值可为 0）来预测，即此像素所在块的左上角的 17 个像素。显然，这种帧内预测不是在时间上，而是在空间域上进行的预测编码算法，可以除去相邻块之间的空间冗余度，取得更为有效的压缩。

（6）面向 IP 和无线环境。H.264 草案中包含了用于差错消除的工具，以利于压缩视频在误码、丢包多发环境中传输，如提高在移动信道或 IP 信道中传输的健壮性。

为了抵御传输差错，H.264 视频流中的时间同步可以通过采用帧内图像刷新来完成，空间同步由条结构编码（Slice Structured Coding）来支持。同时为了便于误码以后的再同步，在一幅图像的视频数据中还提供了一定的重同步点。另外，帧内宏块刷新和多参考宏块允许编码器在决定宏块模式的时候不仅可以考虑编码效率，还可以考虑传输信道的特性。

除了利用量化步长的改变来适应信道码率外，在 H.264 中，还常利用数据分割的方法来应对信道码率的变化。从总体上说，数据分割的概念就是在编码器中生成具有不同优先级的视频数据以支持网络中的服务质量 QoS。例如采用基于语法的数据分割（Syntax-based Data Partitioning）方法，将每帧数据按其重要性分为几部分，这样允许在缓冲区溢出时丢弃不太重要的信息。还可以采用类似的时间数据分割（Temporal Data Partitioning）方法，通过在 P 帧和 B 帧中使用多个参考帧来完成。

在无线通信的应用中，我们可以通过改变每一帧的量化精度或空间/时间分辨率来支持无线信道的大比特率变化。可是在多播的情况下，要求编码器对变化的各种比特率进行响应是不可能的。因此，不同于 MPEG-4 中采用的精细分级编码 FGS（Fine Granular Scalability）的方法（效率比较低），H.264 采用流切换的 SP 帧来代替分级编码。

### 5.5.3　H.264 与其他视频编码技术的比较

TML-8 为 H.264 的测试模式，用它来对 H.264 的视频编码效率进行比较和测试。测试结果所提供的 PSNR 已清楚地表明，相对于 MPEG-4（ASP，Advanced Simple Profile）和 H.263++（HLP，High Latency Profile）的性能，H.264 的结果具有明显的优越性。

H.264 的 PSNR 比 MPEG-4（ASP）和 H.263++（HLP）明显要好，在 6 种速率的对比测试中，H.264 的 PSNR 比 MPEG-4（ASP）平均要高 2 dB，比 H.263（HLP）平均要高 3 dB。6 个测试速率及其相关的条件分别为：32 kb/s 速率、10 帧/秒帧率和 QCIF 格式；64 kb/s 速率、15 帧/秒帧率和 QCIF 格式；128 kb/s 速率、15 帧/秒帧率和 CIF 格式；256 kb/s 速率、15 帧/秒帧率和 QCIF 格式；512 kb/s 速率、30 帧/秒帧率和 CIF 格式；1024 kb/s 速率、30 帧/秒帧率和 CIF 格式。

## 5.6　PoE 技术

PoE（Power over Ethernet）指的是在现有的以太网 5 类布线基础架构不做任何改动的情况下，在为一些基于 IP 的终端（如 IP 电话机、无线局域网接入点 AP、网络摄像机等）传输数据信号的同时，还能为此类设备提供直流供电（Power）的技术，如图 5-25 所示。

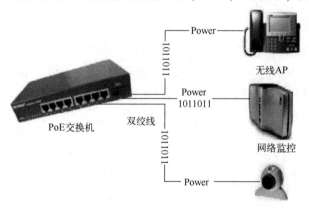

图 5-25　PoE 技术示意图

PoE 技术能在确保现有结构化布线安全的同时保证现有网络的正常运作，最大限度地降低成本。

所有的网络设备都需要进行数据连接和供电，模拟电话是通过传递语音的电话线由电话交换机供给电源的。通过采用以太网供电（PoE）后，这种供电形式也用于以太网服务。

PoE 也被称为基于局域网的供电系统（PoL，Power over LAN）或有源以太网（Active Ethernet），有时也简称为以太网供电，这是利用现存标准以太网传输电缆的同时传送数据和电功率的最新标准规范，并保持了与现存以太网系统和用户的兼容性。

标准及发展：PoE 早期应用没有标准，采用空闲供电的方式。IEEE 802.3af（15.4 W）是首个 PoE 供电标准，规定了以太网供电标准，它是现在 PoE 应用的主流实现标准。IEEE 802.3at（25.5 W）应大功率终端的需求而诞生，在兼容 IEEE 802.3af 的基础上，提供更高的供电需求。IEEE 802.3af 和 IEEE 802.3at 标准的比较如表 5-8 所示。

表 5-8　IEEE 802.3af 和 IEEE 802.3at 标准的比较

表 5-8　IEEE 802.3af 和 IEEE 802.3at 标准的比较

| 比 较 项 | IEEE 802.3af（PoE） | IEEE 802.3at（PoE plus） |
|---|---|---|
| 分级（Classification） | 0～3 | 0～4 |
| 最大电流 | 350 mA | 600 mA |
| PSE 输出电压 | 44～57 V（DC） | 50～57 V（DC） |
| PSE 输出功率 | ≤15.4 W | ≤30 W |
| PD 输入电压 | 36～57 V（DC） | 42.5～57 V（DC） |
| PD 最大功率 | 12.9 W | 25.5 W |
| 线缆要求 | 未做要求 | CAT-5e 或以上 |
| 供电线缆对数 | 2 | 2 |

#  5.7　实训：监控键盘的使用

【实训目的】

学习监控键盘的使用。

【实训拓扑】

实训拓扑如图 5-26 所示。

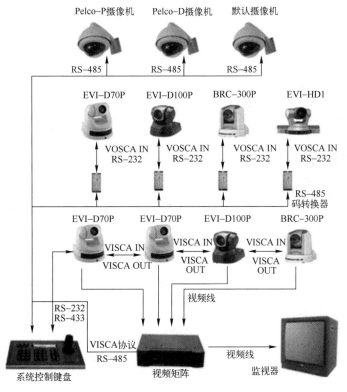

图 5-26　监控键盘实训拓扑

**【实训步骤】**

步骤 1：认识监控键盘。

（1）后面板接口如图 5-27 所示，各接口的说明如表 5-9 所示。

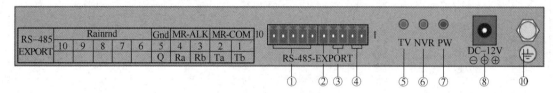

图 5-27　监控键盘后面板结构

表 5-9　监控键盘接口及功能说明

| 序　号 | 物 理 接 口 | 功　能 |
|---|---|---|
| 1 | 端口保留 | 连接说明 |
| 2 | 控制线接地端（Ground） | 控制信号线接地端 |
| 3 | 控制 NVR 副控键盘输入（NVR-AUX） | 连接 NVR 副控键盘的 NVR 控制输出口 |
| 4 | NVR 控制输出（NVR-CON） | 连接 NVR 的绿色端子 |
| 5 | TV 控制指示灯 | 电视墙模式/NVR 模式指示 |
| 6 | NVR 控制指示灯 | 在 NVR 控制模式下，按键时显示状态为闪烁、绿色 |
| 7 | 电源指示灯（PW） | 控制键盘在工作状态为常亮、红色 |
| 8 | 电源输入（DC-12 V） | 直流 12 V 电源输入 |
| 9 | 接地端 | 控制键盘接地端子 |

（2）监控键盘的前面板结构图如图 5-28 所示。

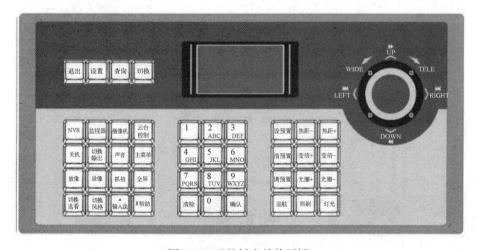

图 5-28　监控键盘的前面板

步骤 2：按键操作。监控键盘的按键功能说明如表 5-10 所示。

**表 5-10　监控键盘按键功能说明**

| 按 键 名 称 | 功　　能 |
|---|---|
| 设置 | 长按 3 s，进入控制键盘参数设置状态，注意默认密码，如 default、8888 等 |
| 查询 | 参数：设备号、型号、序列号 |
| 切换 | 切换 NVR 控制模式或电视墙模式，NVR 编号的有效值为 0～8，监视器编号的有效值是 0～15 |
| NVR | 设置 NVR 编号 |
| 监视器 | 在 TV 控制模式下，设置电视机编号 |
| 摄像机 | 在 TV 控制模式下，设置摄像机编号 |
| 0～9 字母 | 数字 0、1、2、3、4、5、6、7、8、9、A～Z（26 个英文字母） |
| 关机 | 关闭 NVR |
| 切换输出 | 切换 NVR 的输出制式，PAL、NTSC、VGA |
| 声音 | 调节 NVR 输出音量 |
| 云台控制 | NVR 模式下，进入云台控制状态 |
| 主菜单 | 调用 NVR 设置主菜单 |
| 放像 | 控制 NVR 进入放像状态 |
| 录像 | 控制 NVR 进入录像状态 |
| 抓拍 | 控制 NVR 进入抓拍状态 |
| 全屏 | 画面全屏 |
| 切换选看 | 循环切换 NVR 选中监控画面的监控点 |
| 切换风格 | 循环切换 NVR 监控画面的风格 |
| Fn 输入法 | 切换输入法 |
| #_ 帮助 | 提示快捷的帮助、切换输入法区域、输入空格 |
| 清除 | 清除当前输入内容 |
| 确认 | 确认当前输入内容 |
| 设预置 | 设置有预置位功能快球的预置位功能 |
| 清预置 | 清除快球预置位功能 |
| 调预置 | 调用快球已设预置位功能 |
| 巡航 | 设置快球自动巡航，与快球自定义有关，参照快球说明书 |
| 焦距 + | 拉近镜头焦距 |
| 焦距 − | 放远镜头焦距 |
| 变倍 + | 扩大镜头视野 |
| 变倍 − | 缩小镜头视野 |
| 光圈 + | 打开镜头光圈 |
| 光圈 − | 关闭镜头光圈 |
| 雨刷 | 打开/关闭雨刷 |
| 灯光 | 打开/关闭灯光 |

步骤3：摇杆控制操作。摇杆控制功能说明如表5-11所示。

表5-11　摇杆控制

| 摇杆图示 | 操　作 | 功　能　说　明 |
|---|---|---|
| | 上 | 在PTZ控制模式下，控制云台向上移动；<br>在NVR控制模式下，控制录像文件快放 |
| | 下 | 在PTZ控制模式下，控制云台向下移动；<br>在NVR控制模式下，控制录像文件慢放 |
| | 左 | 在PTZ控制模式下，控制云台向左移动；<br>在NVR控制模式下，控制录像文件后退 |
| | 右 | 在PTZ控制模式下，控制云台向右移动；<br>在NVR控制模式下，控制录像文件前进 |
| | 左旋 | 暂留 |
| | 右旋 | 暂留 |

步骤4：液晶屏显示操作。按键上的所有操作均会在液晶屏上对应显示。液晶屏会在智能控制器没有接收到任何输入的情况下，30 s后自动进入省电模式（亮度降低到最小）。

步骤5：键盘设置。按下"设置"键30 s，进入控制键盘参数设置（注意默认密码）。设置→键盘设置（密码设置、恢复默认设置、按键声音设置、键盘地址设置）。

步骤6：键盘查询。按下"查询"键，查询控制键盘的控制输出、参数设置。

步骤7：控制NVR。控制NVR典型接线如图5-29所示。

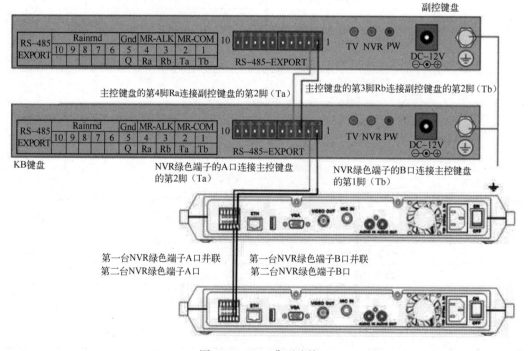

图5-29　NVR典型连接

# 第6章

# 安防视频监控系统工程设计

安防视频监控系统工程设计是完成一个安防工程项目的第一步，也是非常关键的一步。任何一个工程项目，其设计正确、合理与否，都将直接关系到后续整个工程的实施。本章介绍安防视频监控系统工程设计的原则、方法和步骤。

## 6.1 安防视频监控系统工程设计概述

### 6.1.1 安防视频监控系统工程的基本程序与要求

#### 1. 安防视频监控工程程序

安全防范视频监控工程的建设应根据国家法令、法规的规定，参照 GA/T75《安全技术防范工程程序与要求》的相关要求。其基本程序如图 6-1 所示（图中带 * 号者为重点）。

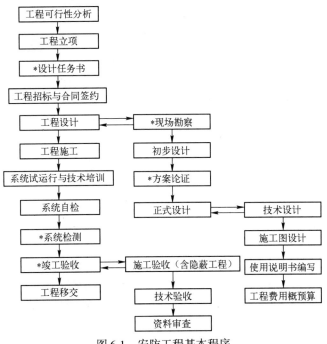

图 6-1  安防工程基本程序

**2. 监控工程主要环节要求**

（1）工程立项与可行性研究。安全技术防范工程申请立项前，必须进行可行性研究。可行性研究报告经批准后，工程正式立项。可行性研究报告由建设单位（或委托单位）编制。

（2）工程设计任务书的编制。建设单位根据经批准的可行性研究报告，编制工程设计任务书，并按照"工程招标法"进行工程招标与合同签约。设计任务书的主要内容应包括：

- 任务来源；
- 政府部门的有关规定和管理要求；
- 应执行的国家现行标准；
- 被防护对象的风险等级与防护级别；
- 工程项目的内容和要求（包括设计、施工、调试、检测、验收、培训和维修服务等）；
- 建设工期；
- 工程投资控制数额；
- 工程建成后应达到的预期效果；
- 工程设计应遵循的原则；
- 系统构成；
- 系统功能要求（含各子系统的功能要求）；
- 监控中心要求；
- 建设单位的安全保卫管理制度；
- 接处警反应速度；
- 建筑物平面图。

（3）现场勘察。具体要求参见6.2.2节。

（4）方案论证。工程设计单位应根据工程设计任务书和现场勘察报告进行初步设计。初步设计完成后必须组织方案论证。方案论证由建设单位主持，业务主管部门、行业主管部门、设计单位及一定数量的技术专家参加，对初步设计的各项内容进行审查，对其技术、质量、费用、工期、服务和预期效果做出评价并提出整改措施。整改措施由设计单位和建设单位落实后，方可进行正式设计。

（5）系统检验。

（6）竣工验收。

## 6.1.2 工程设计的依据和要求

**1. 工程设计依据概述**

工程设计的基本依据是用户的设计任务书。任务书是指用户根据自己的需要，将系统应该具有的总体功能、技术性能、技术指标、摄像机数量、摄像机镜头要求、云台的要求、工程环境情况、传输距离、控制要求等各方面的要求以书面文字的形式表现出来，作为设计方的基本依据。

设计的技术依据是与安防工程系统设计有关的具体技术要求。这不同于设计任务书，设计任务书是对系统功能的要求和描述，而技术依据是在设计中根据系统功能的要求，对一些具体技术问题加以了解、考察甚至实际测试，得出技术结论后，再落实到设计中去。这方面的一些问题与设计任务书的要求有关，但又不是在设计任务书中能全部包括和解决的。所以，技术依据有它单独的一些特点和具体问题。一般说来，设计的技术依据来自以下几个方面：

(1) 国家有关的标准与规范；

(2) 设计任务书；

(3) 工程现场勘察；

(4) 设备说明书中所用设备的技术指标；

(5) 根据系统整体情况选择传输方式；

(6) 其他必要的技术依据。

其中工程现场勘察是非常重要的一个环节。现场勘察对设备的配置、安装位置、传输距离、工作环境、传输方式等各个方面都起决定性作用，所以对这个问题必须非常重视。在现场勘察时，要做好记录、画出草图等，以备设计时作为依据。

**2. 系统设计的要求**

(1) 安防视频监控系统工程的建设要与建筑及其强弱电系统的设计统一规划，根据实际情况，可以一次建成，也可以分步实施。

(2) 安防视频监控系统的设计要具有安全性、可靠性、开放性、可扩充性和使用灵活性，做到技术先进，经济合理。

(3) 安防视频监控系统的设计，要符合国家现行的有关技术标准、规范的规定。现行的与安防视频监控有关的常用国家标准、规范有：

● GB 50395—2007《视频安防监控系统工程设计规范》；

● GB 50348—2018《安全防范工程技术标准》；

● GA/T 367—2001《视频安防监控系统技术要求》；

● GB/T 25724—2017《公共安全视频监控数字视音频编解码技术要求》；

● GA/T 74—2017《安全防范系统通用图形符号》；

● GA/T 70—2014《安全防范工程建设与维护保养费用预算编制办法》。

(4) 安防视频监控系统工程的设计应该综合应用视频探测、图像处理/控制/显示/记录、多媒体、有线/无线通信、计算机网络、系统集成等先进而成熟的技术，配置可靠而适用的设备。

(5) 安防视频监控系统中使用的设备必须符合国家法律法规和现行强制性标准的要求，并经法定机构检验或认证合格。

(6) 安防视频监控系统的制式要与我国的电视制式一致。

(7) 安防视频监控系统的兼容性应该满足设备互换性的要求，系统可扩展性应该满足简单扩容和集成的要求。

(8) 安防视频监控系统工程的设计要满足如下要求：

● 不同防范对象、防范区域对防范需求（包括风险等级和管理要求）的确认；

● 风险等级、安全防护级别对视频探测设备数量和视频显示/记录设备数量的要求；

● 对图像显示及记录和回放的图像质量的要求；

● 监视目标的环境条件和建筑物格局分布对视频探测设备选型及其安装位置的要求；

- 对控制终端设置的要求；
- 对系统构成和视频切换、控制功能的要求；
- 与其他安防子系统集成的要求；
- 视频（音频）和控制信号传输的条件以及对传输方式的要求；
- 设计流程与深度要符合国家安防监控规范的规定，设计文件应该准确、完整、规范。

### 6.1.3 安防工程设计的原则、程序与步骤

**1. 安防工程的设计原则**

（1）系统的防护级别与被防护对象的风险等级相适应；

（2）技防、物防、人防相结合，探测、延迟、反应相协调；

（3）满足防护的纵深性、均衡性、抗易损性要求；

（4）满足系统的安全性、电磁兼容性要求；

（5）满足系统的可靠性、维修性与维护保障性要求；

（6）满足系统的先进性、兼容性、可扩展性要求；

（7）满足系统的经济性、适用性要求。

**2. 安防视频监控系统设计要符合的规定**

（1）应根据各类建筑物安全防范管理的需要，对建筑物内（外）的主要公共活动场所、通道、电梯及重要部位和场所等进行视频探测、图像实时监视和有效记录、回放。对高风险的防护对象，显示、记录、回放的图像质量及信息保存时间应满足管理要求。

（2）系统的画面显示应能任意编程，能自动或手动切换，画面上应有摄像机的编号、部位、地址和时间、日期显示。

（3）系统应能独立运行。应能与入侵报警系统、出入口控制系统等联动。当与报警系统联动时，能自动对报警现场进行图像复核，能将现场图像自动切换到指定的监示器上显示并自动录像。

（4）集成式安全防范系统的视频安防监控系统应能与安全防范系统的安全管理系统联网，实现安全管理系统对视频安防监控系统的自动化管理与控制。

（5）组合式安全防范系统的视频安防监控系统应能与安全防范系统的安全管理系统联接，实现安全管理系统对视频安防监控系统的联动管理与控制。

（6）分散式安全防范系统的视频安防监控系统，应能向管理部门提供决策所需的主要信息。

**3. 工程设计的程序与步骤**

视频监控工程设计的最根本依据是用户的设计任务书以及国家的有关规范与标准。所谓设计任务书是指用户根据自己的需要，将系统应当具有的总体功能、技术性能、技术指标，所用入侵探测器的数量、型号，摄像机数量、型号，摄像机镜头的要求，云台的要求，工作环境情况，传输距离，控制要求等各方面的要求以文字形式写出来，并作为提供给设计方的基本依据。设计程序与步骤应按下述顺序进行：

（1）用户给出设计任务书。

（2）设计方根据设计任务书和有关的规范与标准提出设计方案。一般来说，方案设计

是个粗线条的设计，所以也称为初步设计。方案设计（初步设计）应包含的主要内容有：

- 平面布防图（前端设备的布局图）；
- 系统构成框图（图中应标明各种设备的配置数量、分布情况、传输方式等）；
- 系统功能说明（包括整个系统的功能，所用设备的功能、监视覆盖面等）；
- 设备、器材配置明细表（包括设备的型号，主要技术性能指标、数量、基本价格或估价、工程总造价等）。

（3）将方案设计（初步设计）提交给用户，征求用户意见，进行修改。待双方协调并同意后，由用户签字盖章并返还设计方（用户可留有备份复印件或备份正式文本）。双方签订合同书。

（4）将方案设计（初步设计）等有关资料，按要求上报公安机关技防管理部门进行资料的初步审查，并在此基础上由建设单位（用户）的上级主管部门会同公安机关技防管理部门对方案设计（初步设计）进行论证。

（5）设计方根据用户已经同意的并经论证通过了的方案设计（初步设计）书进行正式设计。正式设计书应包含方案设计（初步设计）中的（1）、（2）、（3）、（4）四部分内容，只不过应更加确切和完善。此外，还应包含下面几个重要设计文件：

- 施工图。施工图是能指导具体施工的图纸，应包括设备的安装位置、线路的走向、线间距离、所使用导线的型号规格、护套管的型号规格、安装要求，等等。
- 测试、调试说明。应包括系统的分调、联调等说明及要求。
- 其他必要的文件（如设备使用说明书、产品合格证书等）。

以上是设计程序和步骤的一般形式。在具体做法上，有些步骤可以简化，但总体上不应当相差太远。

## 6.1.4　风险等级划分、适应性要求

### 1. 安全防范防护对象风险等级的划分要遵循下列原则

（1）根据被防护对象自身的价值、数量以及周围环境等因素，判定被防护对象受到威胁或承受风险的程度。

（2）防护对象的选择可以是单位、部位（建筑物内外的某个空间）和具体的实物目标。不同类型的防护对象，其风险等级的划分可以采用不同的判定模式。

（3）防护对象的风险等级分为 3 级，按风险由大到小定为一级风险、二级风险和三级风险。

文物保护单位、博物馆风险等级和防护级别的划分按照 GA 27—2002《文物系统博物馆风险等级和安全防护级别的规定》执行。

银行营业场所风险等级和防护级别的划分按照 GA 38—2015《银行营业场所安全防范要求》执行。

重要物资储存库风险等级和防护级别的划分要根据国家的法律、法规和公安部与相关行政主管部门共同制定的规章，并根据被防护对象自身的价值、数量及其周围的环境等因素进行确定。

民用机场风险等级和防护级别要遵照中华人民共和国民用航空总局和公安部的有关管理规章，根据国内各民用机场的性质、规模、功能进行确定，并符合表6-1的规定。

表 6-1　民用机场风险等级与防护级别

| 风险等级 | 机　　　场 | 防护级别 |
|---|---|---|
| 一级 | 国家规定的中国对外开放一类口岸的国际机场及安防要求特殊的机场 | 一级 |
| 二级 | 除定为一级风险以外的其他省会城市国际机场 | 二级或二级以上 |
| 三级 | 其他机场 | 三级或三级以上 |

　　铁路车站的风险等级和防护级别遵照中华人民共和国铁道部和公安部的有关管理规章，根据国内各铁路车站的性质、规模、功能进行确定，并符合表 6-2 的规定。

表 6-2　铁路车站风险等级与防护级别

| 风险等级 | 铁　路　车　站 | 防护级别 |
|---|---|---|
| 一级 | 特大型旅客车站，即客、货运的特等站及安防要求特殊的车站 | 一级 |
| 二级 | 大型旅客车站，即客货运一等站、特等编组站、特等货运站 | 二级 |
| 三级 | 中型旅客车站（最高聚集人数不少于 600 人），即客货运二等站、一等编组站、一等货运站 | 三级 |

### 2. 通用型公共建筑安全防范工程设计

　　通用型公共建筑安防工程包括新建、扩建和改建的办公楼建筑、宾馆建筑、商业建筑（商场、超市）、文化建筑（文体、娱乐）等的安全防范工程。通用型公共建筑安全防范工程应根据具体建筑物不同的使用功能和建筑物的建设标准进行工程设计及系统配置。通用型公共建筑安全防范工程根据其安全管理要求、建设投资、系统规模、系统功能等因素，由低至高分为基本型、提高型、先进型 3 种类型。其中，基本型安全防范工程必须符合对安全防范管理的基本要求，重点强调物防和人防的要求；提高型安全防范工程增加了相应的技防功能要求和系统设备的配置要求；先进型安全防范工程应为技防功能较齐全、系统设备的配置较完备、技术水准较高的安全防范系统。

### 3. 通用型公共建筑安防系统设防区域、部位的设计

　　（1）周界：建筑物单体、建筑物群体外层周界、楼外广场、建筑物周边外墙、建筑物地面层、建筑物顶层等。

　　（2）出入口：建筑物、建筑物群周界出入口、建筑物地面层出入口、办公室门、建筑物内和/或楼群间通道出入口、安全出口、疏散出口、停车库（场）出入口等。

　　（3）通道：周界内主要通道、门厅（大堂）、楼内各楼层内部通道、各楼层电梯厅、自动扶梯口等。

　　（4）公共区域：会客厅、商务中心、购物中心、会议厅、酒吧、咖啡座、功能转换层、避难层、停车库（场）等。

　　（5）重要部位：重要工作室、财务出纳室、建筑机电设备监控中心、信息机房、重要物品库、监控中心等。

　　☞注意：通用型公共建筑安全防范工程应按照安全防范管理工作的基本要求，确定设防

的区域和部位，工程设计者应根据项目设计任务书的要求，对本条所列的部位（或目标）、区域进行选择，实施部分或全部设防。

**4. 基本型安防工程设计**

（1）周界的防护规定：

● 地面层的出入口（正门和其他出入口）、外窗宜有电子防护措施；

● 顶层宜设置实体防护设施或电子防护措施。

（2）各层安全出口、疏散出口安装出入口控制系统时，应与消防报警系统联动。在火灾报警的同时应自动释放出入口控制系统，不应设置延迟功能。疏散门在出入口控制系统释放后应能随时开启，以便消防人员顺利进入实施灭火救援。

（3）各层通道宜预留视频安防监控系统管线和接口。

（4）电梯厅和自动扶梯口应预留视频安防监控系统管线和接口。

（5）公共区域的防护规定：

● 避难层、功能转换层应视实际需要预留视频安防监控系统管线和接口；

● 会客区、商务中心、会议区、商店、文体娱乐中心等宜预留视频安防监控系统管线和接口。

（6）重要部位的防护规定：

● 重要工作室应安装防盗安全门，可设置出入口控制系统、入侵报警系统；

● 大楼设备监控中心应设置防盗安全门，宜设置出入口控制系统、视频安防监控系统和入侵报警系统；

● 信息机房应设置防盗安全门；

● 楼内财务出纳室应设置防盗安全门、紧急报警装置，宜设置入侵报警系统和视频安防监控系统；

● 重要物品库应设置防盗安全门、紧急报警装置，宜设置出入口控制系统、入侵报警系统和视频安防监控系统；

● 监控/管理中心可设在值班室内。

**5. 提高型安防工程设计**

（1）周界的防护应符合下列规定：

● 地面层出入口（正门和其他出入口）宜设置视频安防监控系统；

● 顶层宜设置实体防护和/或电子防护设施。

（2）楼内各层门厅宜设置视频安防监控装置。

（3）各层安全出口、疏散出口安装出入口控制系统时，应与消防报警系统联动。

（4）各层通道宜设置入侵报警系统和/或视频安防监控系统。

（5）电梯厅和自动扶梯口宜设置视频安防监控系统。

（6）公共区域的防护规定：

● 避难层、功能转换层宜设置视频安防监控系统；

● 停车库（场）宜设置停车库（场）管理系统，并视实际需要预留视频安防监控系统管线和接口；

● 会客区、商务中心、会议区、商店、文体娱乐中心等宜设置视频安防监控系统。

（7）重要部位的防护规定：

- 重要工作室应设置防盗安全门、出入口控制系统，宜设置入侵报警系统；
- 大楼设备监控中心应设置防盗安全门、出入口控制系统，宜设置视频安防监控系统和入侵报警系统；
- 信息机房应设置防盗安全门、出入口控制系统，宜设置视频安防监控系统和入侵报警系统；
- 楼内财务出纳室应设置防盗安全门、紧急报警系统、入侵报警系统，宜设置视频安防监控系统；
- 重要物品库应设置防盗安全门、紧急报警系统、出入口控制系统，宜设置入侵报警系统和视频安防监控系统。

（8）监控/管理中心的组建模式为综合式安全防范系统，监控/管理中心应为专用工作区，其面积不宜小于 30 m²，并设独立的卫生间和休息室。

### 6. 先进型安防工程设计

（1）周界的防护规定：

- 地面层的出入口（正门和其他出入口）、外窗宜有电子防护措施；
- 顶层宜设置实体防护设施或电子防护措施。

（2）楼内各层门厅宜设置视频安防监控装置。

（3）各层安全出口、疏散出口安装出入口控制子系统时，应与消防报警系统联动。在火灾报警的同时应自动释放出入口控制子系统，不应设置延迟功能。疏散门在出入口控制子系统释放后应能随时开启，以便消防人员顺利进入实施灭火救援。

（4）各层通道应设置入侵报警系统和/或视频安防监控系统。

（5）公共区域的防护规定：

- 避难层、功能转换层应设置视频安防监控系统；
- 停车库（场）应设置停车库（场）管理系统，宜设置视频安防监控系统；
- 会客区、商务中心、会议区、商店、文体娱乐中心等应设置视频安防监控系统。

（6）重要部位防护的规定与提高型安防工程设计中的重要部位防护规定相同。

### 7. 住宅小区安全防范工程设计

（1）住宅小区视频监控工程设计的一般规定：

- 本节内容适用于总建筑面积在 50 000 m² 以上（含 50 000 m²），设有小区监控中心的新建、扩建、改建的住宅小区安全防范工程。
- 住宅小区的安全防范工程，根据建筑面积、建设投资、系统规模、系统功能和安全管理要求等因素，由低至高分为基本型、提高型、先进型 3 种类型。
- 住宅小区安全防范工程的设计，应遵从人防、物防、技防有机结合的原则，在设置物防、技防设施时，应考虑人防的功能和作用。
- 安全防范工程的设计，必须纳入住宅小区开发建设的总体规划中，统筹规划，统一设计，同步施工。50 000 m² 以上（含 50 000 m²）的住宅小区应设置监控中心。

（2）住宅小区监控中心的设计规定：

- 监控中心宜设在小区地理位置的中心，避开噪声、污染、振动和较强电磁场干扰的地方。可与住宅小区管理中心合建，使用面积应根据设备容量确定。

- 监控中心设在一层时，应设内置式防护窗（或高强度防护玻璃窗）及防盗门。
- 各安防子系统可单独设置，但由监控中心统一接收、处理来自各子系统的报警信息。
- 应留有与接处警中心联网的接口。
- 应配置可靠的有线通信工具，发生警情时，能及时向上一级接警中心报警并与相关部门联系。

**8. 系统安全性、可靠性、电磁兼容性和环境适应性要求**

（1）系统安全性除了要符合现行国家标准《安全防范工程技术规范》GB 50348 的相关规定外，还应符合以下规定：

- 具有视频丢失检测示警能力；
- 系统选用的设备不应引入安全隐患和对防护对象造成损害。

（2）系统可靠性应符合现行国家标准《安全防范工程技术规范》GB 50348 的相关规定。

（3）系统电磁兼容性应符合现行国家标准《安全防范工程技术规范》GB 50348 的相关规定，选用的控制、显示、记录、传输等主要设备的电磁兼容性应符合电磁兼容试验和测量技术系列标准的规定，其严酷等级应满足现场电磁环境的要求。

（4）系统环境适应性应符合现行国家标准《安全防范工程技术规范》GB 50348 的相关规定。

## 6.1.5　安防视频监控系统功能、性能设计

（1）安防视频监控系统对需要进行监控的建筑物内（外）的主要公共活动场所、通道、电梯（厅）、重要部位和区域等进行有效的视频探测与监视，图像显示、记录与回放。

（2）前端设备的最大视频（音频）探测范围要满足现场监视覆盖范围的要求，摄像机灵敏度要与环境照度相适应，监视和记录图像效果要满足有效识别目标的要求，安装效果要与环境相协调。

（3）系统的信号传输要保证图像质量、数据的安全性和控制信号的准确性。

（4）系统控制功能规定：

- 系统要能手动或自动操作，对摄像机、云台、镜头、防护罩等的各种功能进行遥控，控制效果平稳、可靠。
- 系统要能手动切换或编程自动切换，对视频输入信号在指定的监视器上进行固定或时序显示，切换图像显示重建时间要在可接受的范围内。
- 矩阵切换和数字视频网络虚拟交换/切换模式的系统要具有系统信息存储功能，在供电中断或关机后，对所有编程信息和时间信息均应保持。
- 系统要具有与其他系统联动的接口。当其他系统向视频系统给出联动信号时，系统能够按照预定工作模式，切换出相应部位的图像到指定监视器上，并能够启动视频记录设备，其联动响应时间不大于4 s。
- 辅助照明联动要与相应联动摄像机的图像显示协调同步。
- 同时具有音频监控能力的系统要具有视/音频同步切换的能力。
- 需要多级或异地控制的系统要支持分控的功能。
- 前端设备对控制终端的控制响应和图像传输的实时性要满足安全管理要求。

（5）监视图像信息和声音信息要具有原始完整性。

（6）系统要保证对现场发生的图像、声音信息的及时响应，并满足管理要求。

（7）图像记录功能要符合下列规定：

- 记录图像的回放效果要满足资料的原始完整性，视频存储容量和记录/回放带宽与检索能力要满足管理要求。
- 系统要能记录下列图像信息：发生事件的现场及其全过程的图像信息；预定地点发生报警时的图像信息；用户需要掌握的其他现场动态图像信息。
- 系统记录的图像信息要包含图像编号/地址、记录时的时间和日期。
- 对于重要的固定区域的报警录像应该提供报警前的图像记录。
- 根据安全管理需要系统要能够记录现场声音信息。

（8）系统监视或回放的图像要清晰、稳定，显示方式要满足安全管理要求。显示画面上要有图像编号/地址、时间、日期等。文字显示要采用简体中文。电梯轿厢内的图像显示要包含电梯轿厢所在楼层信息和运行状态的信息。

（9）有视频移动报警的系统要能够任意设置视频警戒区域和报警触发条件。

（10）在正常工作照明条件下，系统图像质量的性能指标要符合以下规定：

- 模拟复合视频信号应符合以下规定：视频信号输出幅度为 1 V（峰－峰值），±3 dB VBS；实时显示黑白电视水平清晰度≥400TVL；实时显示彩色电视水平清晰度≥270TVL；回放图像中心水平清晰度≥220TVL；黑白电视灰度等级≥8；随机信噪比≥36 dB。
- 数字视频信号要符合以下规定：单路画面像素数量≥352×288（CIF）；单路显示基本帧率：≥25 帧/秒。
- 监视图像质量不能低于 GB 50198—2011《民用闭路监视电视系统工程技术规范》中的规定即表 6-3 所示的第 4 级，回放图像质量不应低于表 6-3 中的第 3 级；在显示屏上要能够有效识别目标。

表 6-3　五级损伤制评分分级

| 图像质量损伤的主观评价 | 评 分 分 级 |
| --- | --- |
| 图像上觉察不到有损伤或干扰存在 | 5 |
| 图像上有可觉察的损伤或干扰，但并不令人讨厌 | 4 |
| 图像上有明显的损伤或干扰，令人感到讨厌 | 3 |
| 图像上损伤或干扰较严重，令人相当讨厌 | 2 |
| 图像上损伤或干扰极严重，不能观看 | 1 |

# 6.2　安防视频监控工程设计深度要求

## 6.2.1　设计任务书的编制

（1）视频安防监控系统工程设计前，建设单位应该根据安全防范需求提出设计任务书。

（2）设计任务书应包括以下内容：

- 任务来源；
- 政府部门的有关规定和管理要求（含防护对象的风险等级和防护级别）；
- 建设单位的安全管理现状与要求；
- 工程项目的内容和要求（包括功能需求、性能指标、监控中心要求、培训和维修服务等）；
- 建设工期；
- 工程投资控制数额及资金来源。

## 6.2.2　现场勘察

现场勘察的内容和要求应符合下列规定。

### 1. 全面调查和了解被防护对象本身的基本情况

（1）被防护对象的风险等级与所要求的防护级别。

（2）被防护对象的物防设施能力与人防组织管理概况。

（3）被防护对象所涉及的建筑物、构筑物或其群体的基本概况：建筑平面图、使用（功能）分配图、通道、门窗、电（楼）梯配置、管道、供电线路布局、建筑结构、墙体及周边情况等。

### 2. 调查和了解被防护对象所在地及周边的环境情况

（1）地理与人文环境。调查了解被防护对象周围的地形地物、交通情况及房屋状况；调查了解被防护对象当地的社情民风及社会治安状况。

（2）气候环境和雷电灾害情况。调查工程现场一年中温度、湿度、风、雨、雾、霜等的变化情况和持续时间（以当地气候资料为准）；调查了解当地的雷电活动情况和所采取的雷电防护措施。

（3）电磁环境。调查被防护对象周围的电磁辐射情况，必要时，应实地测量其电磁辐射的强度和辐射规律。

（4）其他需要勘察的内容。

### 3. 草拟布防方案

按照纵深防护的原则，草拟布防方案，拟定周界、监视区、防护区、禁区的位置，并对布防方案所确定的防区进行现场勘察。

（1）周界区勘察。

- 周界形状、周界长度；
- 周界内外地形地物状况等；
- 提出周界警戒线的设置和基本防护形式的建议。

（2）周界内勘察。

- 勘察防区内防护部位、防护目标；
- 勘察防区内所有出入口位置、通道长度、门洞尺寸等；
- 勘察防区内所有门窗（包括天窗）的位置、尺寸等。

（3）施工现场勘察。勘察并拟定前端设备安装方案，必要时要进行现场模拟试验。

- 探测器：安装位置、覆盖范围、现场环境；

- 摄像机：安装位置、监视现场一天的光照度变化和夜间提供光照度的能力、监视范围、供电情况；
- 勘察并拟定线缆、管、架（桥）敷设安装方案；
- 勘察并拟定监控中心位置及设备布置方案：监控中心面积，终端设备布置与安装位置，线缆进线、接线方式，电源，接地，人机环境。

**4. 现场勘察的具体内容**

现场勘察的具体内容依防范对象而定，一般应包括：地理环境、人文环境、物防设施、人防条件、气候（温度、湿度、降雨量、霜雾等）、雷电环境、电磁环境等。这里所列项目并不要求每项工程都全项勘察。

**5. 现场勘察结束后应编制现场勘察报告**

现场勘察报告应包括下列内容：

（1）进行现场勘察时，对上述相关勘察内容所做的勘察记录；

（2）根据现场勘察记录和设计任务书的要求，对系统的初步设计方案提出的建议；

（3）现场勘察报告经参与勘察的各方授权人签字后作为正式文件存档。

## 6.2.3 初步设计

**1. 初步设计的依据**

（1）相关法律法规和国家现行标准；

（2）工程建设单位或其主管部门的有关管理规定；

（3）设计任务书；

（4）现场勘察报告、相关建筑图纸及资料。

**2. 初步设计的内容**

（1）建设单位的需求分析与工程设计的总体构思（包含防护体系的构架和系统配置）；

（2）前端设备的布设及监控范围说明；

（3）前端设备（包括摄像机、镜头、云台、防护罩等）的选型；

（4）中心设备（包括控制主机、显示设备、记录设备等）的选型；

（5）信号的传输方式、路由及管线敷设说明；

（6）监控中心的选址、面积、温湿度、照明等要求和设备布局；

（7）系统安全性、可靠性、电磁兼容性、环境适应性、供电、防雷与接地等的说明；

（8）与其他系统的接口关系（如联动、集成方式等）；

（9）系统建成后的预期效果说明和系统扩展性的考虑；

（10）对人防、物防的要求和建议；

（11）设计施工一体化企业应提供售后服务与技术培训的承诺。

**3. 初步设计文件**

初步设计文件应该包括设计说明、设计图纸、主要设备材料清单和工程概算书。

**4. 初步设计文件的编制内容**

（1）设计说明应包括工程项目概述、布防策略、系统配置及其他必要的说明。

（2）设计图纸应包括系统图、平面图、监控中心布局示意图及必要说明。

（3）设计图纸应符合以下规定：

- 图纸应符合国家制图相关标准的规定，标题栏应完整，文字应准确、规范，应有相关人员签字，设计单位盖章；
- 图例要符合《GA/T 74 安全防范系统通用图形符号》等国家现行相关标准的规定；
- 平面图要标明尺寸、比例和指北针；
- 在平面图中要包括设备名称、规格、数量和其他必要的说明。

（4）系统图包括以下内容：

- 主要设备类型及配置数量；
- 信号传输方式、系统主干的管槽线缆走向和设备连接关系；
- 供电方式；
- 接口方式（含与其他系统的接口关系）；
- 其他必要的说明。

（5）平面图包括以下内容：

- 标明监控中心的位置及面积；
- 标明前端设备的布设位置、设备类型和数量等；
- 管线走向的设计应该对主干管路的路由等进行标注；
- 其他必要的说明。

（6）对安装部位有特殊要求的，要提供安装示意图等工艺性图纸。

（7）监控中心布局示意图包括以下内容：

- 平面布局和设备布置；
- 线缆敷设方式；
- 供电要求；
- 其他必要的说明。

（8）主要设备材料清单应包括设备材料名称、规格、数量等。

（9）按照工程内容，根据《安全防范工程费用预算编制办法》GA/T 70 等国家现行相关标准的规定，编制工程概算书。

## 6.2.4　安防系统工程图的绘制

为了提高安防系统的工程质量，必须做好安防系统工程图的绘制。工程图的设计和绘制必须与有关专业密切配合。

认真执行绘图的规定，所有图形和符号都必须符合公安部颁布的"安全防范系统通用图形符号"的规定，以及"工业企业通信工程设计图形及文字符号标准"。不足部分应补充并加以说明。绘图要清晰整洁，字体规整，原则上要求书写宋体字，力求图纸简化，方便施工，既详细而又不烦琐地表达设计意图。

绘制图纸要求主次分明，应突出线路敷设。电器元件和设备等为中实线，建筑轮廓为细实线，凡建筑平面的主要房间，应标示房间名称，绘出主要轴线标号。

各类有关的防范区域，应根据平面图，明显标出，以检查防范的方法以及区域是否符合设计要求，探测器及摄像机布置的位置力求准确，墙面或吊顶上安装的设备要标出距地面的高度（即标高）。相同的平面，相同的防范要求，可只绘制一层或单元一层平面；局部不同时，应按轴线绘制局部平面图。

比例尺的规定：凡在平面图上绘制多种设备，而数量又较多时，宜采用1:100。但面积很大，设备又较少，能表达清楚的话可采用1:200。复杂的剖面图宜用1:20，1:30，甚至1:5。以比例关系细小部分的清晰度而定。

施工图的设计说明力求语言简练，表达明确。凡在平面图上表示清楚的不必另在说明中重复叙述。凡施工图中未注明或属于共性的情况，以及图中表达不清楚者，均需加以补充说明，如防范区域、空间防范的防范角等。单项工程可以在首页图纸的右下方，图角的上侧方列举说明事项。如果系统的子系统较多，属于统一性的问题，均应编制总说明，排列在图纸的首页。说明内容一般按下列顺序：

- 探测器、摄像机等前端设备的选用、功能、安装；
- 报警控制器和视频矩阵切换主机等中心控制设备的功能、容量、特点及安装；
- 管线的敷设，接地要求，做法。室外管线的敷设，电缆敷设方式等。

## 6.2.5　方案论证

工程项目签订合同、完成初步设计后，由建设单位组织相关人员对包括视频安防监控系统在内的安防工程初步设计进行方案论证。风险等级较高或建设规模较大的安防工程项目应进行方案论证。

**1. 方案论证要提交的资料**

（1）设计任务书；
（2）现场勘察报告；
（3）初步设计文件；
（4）主要设备材料的型号、生产厂家、检验报告或认证证书。

**2. 方案论证的内容**

（1）系统设计内容是否符合设计任务书的要求；
（2）系统设计的总体构思是否合理；
（3）设备选型是否满足现场适应性、可靠性的要求；
（4）系统设备配置和监控中心的设置是否符合防护级别的要求；
（5）信号传输方式、路由和管线敷设方案是否合理；
（6）系统安全性、可靠性、电磁兼容性、环境适应性、供电、防雷与接地是否符合相关标准的规定；
（7）系统的可扩展性、接口方式是否满足使用要求；
（8）初步设计文件是否符合"初步设计文件工程概算书"和"初步设计文件的编制"的相应规定；
（9）建设工期是否符合工程现场的实际情况和满足建设单位的要求；
（10）工程概算是否合理；
（11）对于设计施工一体化企业，其售后服务承诺和培训内容是否可行。

**3. 方案论证结论**

方案论证要对"方案论证包括的内容"做出评价，形成结论（通过、基本通过、不通过），提出整改意见，并由建设单位确认。

## 6.2.6　施工图文件编制

**1. 施工图设计文件编制的依据**

（1）初步设计文件；

（2）方案论证中提出的整改意见和设计单位所做出的并经建设单位确认的整改措施。

**2. 施工图设计文件**

施工图设计文件包括设计说明、设计图纸、主要设备材料清单和工程预算书。

**3. 施工图设计文件的编制要符合以下规定**

（1）施工图设计说明应该对初步设计进行修改、补充、完善，包括设备材料的施工工艺说明、管线敷设说明等，并落实整改措施；

（2）施工图纸要包括系统图、平面图、监控中心布局图及其必要说明；

（3）系统图要在初步设计的系统图所包含内容的基础上，充实系统配置的详细内容（如立管图等），标注设备数量，补充设备接线图，完善系统内的供电设计等。

**4. 平面图包括的内容**

（1）前端设备布防图要正确标明设备安装位置、安装方式和设备编号等，并列出设备统计表。

（2）前端设备布防图可以根据需要提供安装说明和安装大样图。

（3）管线敷设图纸要标明管线的敷设安装方式、型号、路由、数量，以及末端出线盒的位置高度等；分线箱应根据需要，标明线缆的走向、端子号，并根据要求在主干线路上预留适当数量的备用线缆，并列出材料统计表。

（4）管线敷设图可以根据需要提供管路敷设的局部大样图。

（5）其他必要的说明。

**5. 监控中心布局图包括的内容**

（1）监控中心的平面图要标明控制台和显示设备柜（墙）的位置、外形尺寸、边界距离等；

（2）根据人机工程学原理，确定控制台、显示设备、机柜以及相应控制设备的位置、尺寸；

（3）根据控制台、显示设备柜（墙）、设备机柜及操作位置的布置，标明监控中心内管线走向、开孔位置；

（4）标明设备连线和线缆的编号；

（5）说明对地板敷设、温湿度、风口、灯光等装修的要求；

（6）其他必要的说明。

**6. 编制工程预算书**

按照施工内容，根据《安全防范工程费用预算编制办法》GA/T 70 等国家现行相关标准的规定，编制工程预算书。

 ## 6.3 设备选型与设置的设计要求

已经列入国家强制性认证产品目录的安防产品，必须通过3C认证合格并贴有认证标签后才能在安防工程中使用。对尚未列入"强制性认证目录"的安防产品，按国家和行业对安防产品现行的管理规定执行，并逐步推行自愿性认证制度。

### 6.3.1 前端设备选型与设置的设计要求

#### 1. 摄像机选型与设置要求

（1）为确保系统总体功能和总体技术指标，摄像机选型要充分满足监视目标的环境照度、安装条件、传输、控制和安全管理需求等因素的要求。

（2）监视目标的最低环境照度不应低于摄像机靶面最低照度的50倍。

（3）监视目标的环境照度不高，而要求图像清晰度较高时，应该选用黑白摄像机；监视目标的环境照度不高，而且需要安装彩色摄像机时，需要设置附加照明装置。附加照明装置的光源光线要避免直射摄像机镜头，以免产生晕光，并力求环境照度分布均匀，附加照明装置可由监控中心控制。

（4）在监视目标的环境中，可见光照明不足或摄像机隐蔽安装监视时，应该选用红外灯作为光源。

（5）要根据现场环境照度变化情况选择适合的宽动态范围的摄像机；监视目标的照度变化范围大或必须逆光摄像时，要选用具有自动电子快门的摄像机。

（6）摄像机镜头安装要顺光源方向对准监视目标，要避免逆光安装；当必须逆光安装时，要降低监视区域的光照对比度或选用具有帘栅作用等具有逆光补偿功能的摄像机。

（7）摄像机的工作温度、湿度要适应现场气候条件的变化，必要时可采用适应环境条件的防护罩。

（8）选择数字型摄像机要符合的要求。

- 系统兼容性应满足设备互换性要求，系统可扩展性应满足简单扩容和集成的要求；
- 前端设备的最大视频（音频）探测范围应满足现场监视覆盖范围的要求，摄像机灵敏度应与环境照度相适应，监视和记录图像效果应满足有效识别目标的要求，安装效果宜与环境相协调；
- 系统的信号传输应保证图像质量、数据的安全性和控制信号的准确性；
- 系统要能手动切换或编程自动切换，对视频输入信号在指定的监视器上进行固定或时序显示，切换图像显示重建时间应能在可接受的范围内；
- 前端设备对控制终端的控制响应和图像传输的实时性应满足安全管理要求；
- 监视图像信息和声音信息应具有原始完整性；
- 系统应保证对现场发生的图像、声音信息的及时响应，并满足管理要求。

（9）摄像机要有稳定牢固的支架。摄像机要设置在监视目标区域附近不易受外界损伤的位置，设置的位置不要影响现场设备运行和人员正常活动，同时保证摄像机的视野范围满足监视的要求。

摄像机设置的高度，室内距地面不宜低于 2.5 m；室外距地面不宜低于 3.5 m。室外如采用立杆安装，立杆的强度和稳定度要满足摄像机的使用要求。

（10）电梯轿厢内的摄像机要设置在电梯轿厢门侧顶部左或右上角，并能有效监视乘员的体貌特征。

**2. 镜头的选型与设置要求**

（1）镜头像面尺寸要与摄像机靶面尺寸相适应，镜头的接口与摄像机的接口配套。

（2）用于固定目标监视的摄像机，可选用固定焦距镜头，监视目标离摄像机距离较大时可以选用长焦镜头；在需要改变监视目标的观察视角或视场范围较大时应选用变焦距镜头；监视目标离摄像机距离近且视角较大时可选用广角镜头。

（3）镜头焦距的选择要根据视场大小和镜头到监视目标的距离等来确定，可参照如下公式：

$$f = A \cdot X \cdot L/H$$

其中，$f$ 为焦距（mm）；$A$ 为像场高/宽（mm）；$L$ 为镜头到监视目标的距离（mm）；$H$ 为视场高/宽（mm）。

（4）监视目标环境照度恒定或变化较小时要选用手动可变光圈镜头。

（5）监视目标环境照度变化范围高低相差达到 100 倍以上，或昼夜使用的摄像机，应选用自动光圈或遥控电动光圈镜头。

（6）变焦镜头要满足最大距离的特写与最大视场角观察的需求，并要选用具有自动光圈、自动聚焦功能的变焦镜头。变焦镜头的变焦和聚焦响应速度应与移动目标的活动速度和云台的移动速度相适应。

（7）摄像机需要隐蔽安装时应采取隐蔽措施，镜头宜采用小孔镜头或棱镜镜头。

**3. 云台、支架和防护装置的选型与设置要求**

（1）根据使用要求选用云台/支架，并与现场环境相协调。

（2）监视对象为固定目标时，摄像机要配置手动云台。

（3）监视场景范围较大时，摄像机应配置电动遥控云台，所选云台的负荷能力应大于实际负荷的 1.2 倍；云台的工作温度、湿度范围应满足现场环境要求。

（4）云台转动停止时应具有良好的自锁性能，水平和垂直转角回差不应大于 1°。

（5）云台的运行速度（转动角速度）和转动的角度范围，要与跟踪移动的目标和搜索范围相适应。

（6）室内型电动云台在承受最大负载时，机械噪声声强级不应大于 50 dB。

（7）根据需要可配置快速云台或一体化遥控摄像机（含内置云台等）。

（8）根据使用要求选择使用防护罩，并要与现场环境相协调。

（9）防护罩尺寸规格要与摄像机、镜头等相配套。

## 6.3.2　控制设备的选型要求

**1. 控制台的选型与设置要求**

（1）根据现场条件和使用要求，选用适合形式的控制台。

（2）控制台的设计应满足人机工程学要求；控制台的布局、尺寸、台面及座椅的高度应符合现行国家标准 GB 7269—2008《电子设备控制台的布局、型式和基本尺寸》的规定。

**2. 视频切换控制设备的选型应符合的要求**

（1）视频切换控制设备的功能配置应满足使用和冗余要求。

（2）视频输入接口的最低路数应留有一定的冗余量。

（3）视频输出接口的最低路数应根据安全管理需求和显示、记录设备的配置数量确定。

（4）视频切换控制设备应能手动或自动操作，对镜头、电动云台等的各种动作（如转向、变焦、聚焦、光圈等动作）进行遥控。

（5）视频切换控制设备应能手动或自动编程切换，对所有输入视频信号在指定的监视器上进行固定或时序显示。

（6）视频切换控制设备应具有配置信息存储功能：在供电中断或关机后，对所有编程设置、摄像机号、地址、时间等均可记忆；在开机或电源恢复供电后，系统应恢复正常工作。

（7）视频切换控制设备应具有与外部其他系统联动的接口。当与报警控制设备联动时应能切换出相应部位摄像机的图像，并显示记录。

（8）具有系统操作密码权限设置和中文菜单显示。

（9）具有视频信号丢失报警功能。

（10）当系统有分控要求时，应根据实际情况分配控制终端如控制键盘及视频输出接口等，并根据需要确定操作权限功能。

（11）大型综合安防系统宜采用多媒体技术，做到文字、动态报警信息、图表、图像、系统操作在同一套计算机上完成。

**3. 记录和回放设备的选型与设置应符合的要求**

（1）宜选用数字录像设备，并应具备防篡改功能；其存储容量和回放的图像（和声音）质量应满足相关标准和管理使用要求。

（2）在同一系统中，对于磁带录像机和记录介质的规格应一致。

（3）录像设备应具有联动接口。

（4）在录像的同时需要记录声音时，记录设备应能同步记录图像和声音，并可同步回放。

（5）图像记录与查询检索设备宜设置在易于操作的位置。

**4. 数字视/音频设备的选型与设置应符合的要求**

视频探测、传输、显示和记录等数字视频设备要符合如下要求：

（1）系统兼容性应满足设备互换性要求，系统可扩展性应满足简单扩容和集成的要求。

（2）前端设备的最大视频（音频）探测范围应满足现场监视覆盖范围的要求，摄像机灵敏度应与环境照度相适应，监视和记录图像效果应满足有效识别目标的要求，安装效果宜与环境相协调。

（3）系统的信号传输应保证图像质量、数据的安全性和控制信号的准确性。

（4）系统应能手动切换或编程自动切换，对视频输入信号在指定的监视器上进行固定或时序显示，切换图像显示重建时间应能在可接受的范围内。前端设备对控制终端的控制响应和图像传输的实时性应满足安全管理要求。

（5）监视图像信息和声音信息应具有原始完整性。

（6）系统应保证对现场发生的图像、声音信息的及时响应，并满足管理要求。

（7）宜具有联网和远程操作、调用的能力。

（8）数字视/音频处理设备分析处理的结果应与原有视/音频信号对应特征保持一致，其误判率应在可接受的范围内。

### 6.3.3　显示设备的选型与设置要求

显示设备的选型与设置要符合如下要求：

（1）选用满足现场条件和使用要求的显示设备。

（2）显示设备的清晰度不应低于摄像机的清晰度，宜高出 100 TVL（电视行，也称为线）。

（3）操作者与显示设备屏幕之间的距离为屏幕对角线的 4~6 倍，显示设备的屏幕尺寸为 230~635 mm。根据使用要求可选用大屏幕显示设备等。

（4）显示设备的数量由实际配置的摄像机数量和管理要求来确定。

（5）在满足管理需要和保证图像质量的情况下，可进行多画面显示。多台显示设备同时显示时，宜安装在显示设备柜或电视墙内，以获取较好的观察效果。

（6）显示设备的设置位置应使屏幕不受外界强光直射。当有不可避免的强光入射时，应采取相应避光措施。

（7）显示设备的外部调节旋钮/按键应方便操作。

（8）显示设备的设置应与监控中心的设计统一考虑，合理布局，方便操作，易于维修。

### 6.3.4　传输设备的设计要求

#### 1. 传输方式等的选择和设计要求

1）传输方式的选择

（1）传输方式的选择取决于系统规模、系统功能、现场环境和管理工作的要求。一般采用有线传输为主、无线传输为辅的传输方式。有线传输可采用专线传输、公共电话网、公共数据网传输、电缆光缆传输等多种模式。

（2）选用的传输方式要保证信号传输的稳定、准确、安全、可靠，且便于布线、施工、检验和维修。

（3）可靠性要求高或布线便利的系统，应优先选用有线传输方式，最好是选用专线传输方式。布线困难的地方可考虑采用无线传输方式，但要选择抗干扰能力强的设备。

（4）报警网的主干线（特别是借用公共电话网构成的区域报警网），宜采用有线传输为主、无线传输为辅的双重报警传输方式，并配以必要的有线/无线转接装置。

（5）对有安全保密要求的传输方式还应采取信号加密措施。

2）线缆的选择

（1）传输线缆的衰减、弯曲、屏蔽、防潮等性能应满足系统设计总要求，并符合相应产品标准的技术要求。在满足上述要求的前提下，宜选用线径较细、容易施工的线缆。

（2）报警信号传输线的耐压应不低于 AC 250 V，应有足够的机械强度；铜芯绝缘导线、电缆芯线的最小横截面积应满足下列要求：

- 穿管敷设的绝缘导线线芯最小截面积不应小于 $1.00 \text{ mm}^2$；
- 线槽内敷设的绝缘导线线芯最小截面积不应小于 $0.75 \text{ mm}^2$；
- 多芯电缆的单股线芯最小截面积不应小于 $0.50 \text{ mm}^2$。

（3）视频信号传输电缆应满足下列要求：

- 应根据图像信号采用基带传输或射频传输，确定选用视频电缆或射频电缆；
- 所选用电缆的防护层应适合电缆敷设方式及使用环境的要求（如气候环境、是否存在有害物质、干扰源等）；
- 室外线路，宜选用外导体内径为 9 mm 的同轴电缆，采用聚乙烯外套；
- 室内距离不超过 500 m 时，宜选用外导体内径为 7 mm 的同轴电缆，且采用防火的聚氯乙烯外套；
- 终端机房设备间的连接线，距离较短时，宜选用外导体内径为 3 mm 或 5 mm，且具有密编铜网外导体的同轴电缆；
- 电梯轿厢的视频同轴电缆应选用电梯专用电缆。

3）光缆的要求

（1）光缆的传输模式，可依传输距离而定。长距离时宜采用单模光纤，距离较短时宜采用多模光纤。

（2）光缆芯线数目，应根据监视点的个数、监视点的分布情况来确定，并注意留有一定的余量。

（3）光缆的结构及允许的最小弯曲半径、最大抗拉力等机械参数，应满足施工条件的要求。

（4）光缆的保护层，应适合光缆的敷设方式及使用环境的要求。

4）传输不同信号，传输介质的选择

（1）模拟视频信号宜采用同轴电缆，根据视频信号的传输距离、端接设备的信号适应范围和电缆本身的衰耗指标等确定同轴电缆的型号、规格；信号经差分处理，也可采用不低于 5 类线性能的双绞线传输。

（2）数字视频信号的传输按照数字系统的要求选择线缆。

（3）根据线缆的敷设方式和途经环境的条件确定线缆型号、规格。

**2. 传输设备的选型与设置要求**

传输设备的选型与设置除了要符合现行国家标准 GB 50348—2018《安全防范工程技术标准》的相关规定外，还要符合下列规定：

（1）传输设备应确保传输带宽、载噪比和传输延迟满足系统整体指标的要求，接口应适应前后端设备的连接要求。

（2）传输设备应有自身的安全防护措施，并宜具有防拆报警功能；对于需要保密传输的信号，设备应支持加/解密功能。

（3）传输设备应设置于易于检修和保护的区域，并宜靠近前/后端的视频设备。

**3. 布线的设计要求**

（1）传输方式的选择取决于系统规模、系统功能、现场环境和管理工作的要求。一般采用有线传输为主、无线传输为辅的传输方式。有线传输可采用专线传输、公共电话网、公共数据网传输、电缆光缆传输等多种模式。

（2）选用的传输方式应保证信号传输的稳定、准确、安全、可靠，且便于布线、施工、检验和维修。

（3）可靠性要求高或布线便利的系统，应优先选用有线传输方式，最好是选用专线传输方式。布线困难的地方可考虑采用无线传输方式，但要选择抗干扰能力强的设备。

（4）报警网的主干线（特别是借用公共电话网构成的区域报警网），宜采用有线传输为主、无线传输为辅的双重报警传输方式，并配以必要的有线/无线转接装置。

（5）非综合布线系统的路由设计，应符合下列要规定：

- 路由应短捷、安全可靠，施工维护方便；
- 应避开恶劣环境条件或易使管道损伤的地段；
- 与其他管道等障碍物不宜交叉跨越。

（6）同轴电缆宜采取穿管暗敷或线槽的敷设方式。当线路附近有强电磁场干扰时，电缆应在金属管内穿过，并埋入地下。当必须架空敷设时，应采取防干扰措施。

**4. 传输设备选型设计要求**

利用公共电话网、公用数据网传输报警信号时，其有线转接装置应符合公共网入网要求；采用无线传输时，无线发射装置、接收装置的发射频率、功率应符合国家无线电管理的有关规定。

视频电缆传输部件应满足下列要求：

（1）视频电缆传输方式。

①下列位置宜加电缆均衡器：

- 黑白电视基带信号在 5 MHz 时的不平坦度不小于 3 dB 处；
- 彩色电视基带信号在 5.5 MHz 时的不平坦度不小于 3 dB 处。

②下列位置宜加电缆放大器：

- 黑白电视基带信号在 5 MHz 时的不平坦度不小于 6 dB 处；
- 彩色电视基带信号在 5.5 MHz 时的不平坦度不小于 6 dB 处。

（2）射频电缆传输方式。

- 摄像机在传输干线某处相对集中时，宜采用混合器来收集信号；
- 摄像机分散在传输干线的沿途时，宜选用定向耦合器来收集信号；
- 控制信号传输距离较远，到达终端已不能满足接收电平要求时，宜考虑中途加装再生中继器。

（3）无线图像传输方式。

- 监控距离在 10 km 范围内时，可采用高频开路传输。
- 监控距离较远且监视点在某一区域较集中时，应采用微波传输方式。需要传输距离更远或中间有阻挡物时，可考虑加微波中继。
- 无线传输频率应符合国家无线电管理的规定，发射功率应不干扰广播和民用电视，调制方式宜采用调频制式。

（4）光端机、解码箱或其他光部件在室外使用时，应具有良好的密闭防水结构。

**5. 传输线路的抗干扰设计要符合下列规定**

（1）电力系统与信号传输系统的线路应分开敷设。

（2）信号电缆的屏蔽性能、敷设方式、接头工艺、接地要求等应符合相关标准的规定。

（3）当电梯箱内安装摄像机时，应有防止电梯电力电缆对视频信号电缆产生干扰的措施。

### 6.3.5　监控中心设计

安防视频监控系统的监控中心设计要符合如下要求：

（1）监控中心的设置应符合现行国家标准《安全防范工程技术标准》（GB 50348—2018）的相关规定。

（2）监控中心应设置为禁区，应有保证自身安全的防护措施和进行内外联络的通信手段，并应设置紧急报警装置和留有向上一级接处警中心报警的通信接口。

（3）监控中心的面积应与安防系统的规模相适应，不宜小于 20 m²，应有保证值班人员正常工作的相应辅助设施。

（4）监控中心室内地面应防静电、光滑、平整、不起尘。门的宽度不应小于 0.9 m，高度不应小于 2.1 m。

（5）监控中心内的温度宜为 16 ~30°C，相对湿度宜为 30% ~75%。

（6）监控中心内应有良好的照明。

（7）室内的电缆、控制线的敷设宜设置地槽；当不设置地槽时，也可敷设在电缆架槽、电缆走廊、墙上槽板内，或采用活动地板。

（8）根据机架、机柜、控制台等设备的相应位置，应设置电缆槽和进线孔，槽的高度和宽度应满足敷设电缆的容量和电缆弯曲半径的要求。

（9）室内设备的排列，应便于维护与操作。

（10）控制台的装机容量应根据工程需要留有扩展余地。控制台的操作部分应方便、灵活、可靠。

（11）控制台正面与墙的净距离不应小于 1.2 m，侧面与墙或其他设备的净距离在主要走道不应小于 1.5 m，在次要走道不应小于 0.8 m。

（12）机架背面和侧面与墙的净距离不应小于 0.8 m。

##  6.4　安防工程的其他问题

安防工程设计中要注意的其他问题：

（1）初步设计论证应在委托生效（合同签订）后进行。这样规定有利于工程建设的规范运作，也有利于保护工程设计、施工单位的合法权益。

（2）工程应试运行一个月，这是基本要求。对省级以上的大型工程或重点工程，建设单位可同设计、施工单位协商，适当延长至 2 ~3 个月，以充分观察及考核系统运行的可靠性和有效性。

（3）关于安防视频监控系统的检查验收中提及的电梯内摄像机的安装位置要求，与国家现行标准如《民用闭路监视电视系统工程技术规范》（GB 50198—2011）的位置要求不同，但从安全防范工作实践考虑，应按国家有关规范执行。

# 第7章

# 安全防范工程费用预算

## 7.1 安全防范工程费用预算概述

安全防范工程费用预算，是指从工程立项到工程竣工验收的全部过程中计算工程造价的工作。

制定安全防范工程费用预算，要根据国家当前实施的有关安防工程费用预算规范。目前实施的安防工程费用预算规范是 GA/T 70—2014《安全防范工程建设与维护保养费用预算编制办法》，它规定了安全防范工程费用的构成和计算方法，是编制安全防范工程费用概算、预算和决算的依据，是工程招标、投标计算标底的基础。它适用于新建、扩建和改建（含技术改造项目）的安全防范工程，以及从事安全防范工程建设、设计、咨询、施工、监理、审计等的单位。

## 7.2 安全防范工程费用计算

### 7.2.1 现场勘察费

现场勘察费是根据委托书的要求，收集相关资料、制定现场勘察大纲、进行现场勘察作业、编制现场勘察文件等应收取的费用。它根据 HYD 41—2015《电子建设工程预算定额》，参考表 7-1 所示的费率计取。

表 7-1　现场勘察费费率表

| 序号 | 投资规模/万元 | 费率/% |
|:---:|:---:|:---:|
| 1 | 100 以下 | 1.00 |
| 2 | 100 ~ 500 | 0.80 |
| 3 | 500 ~ 1 000 | 0.60 |
| 4 | 1 000 以上 | 0.50 |

现场勘察费按差额定率累进法计算。

例如，某现场勘察业务投资规模为 1 000 万元，则现场勘察费如下计算：

$$100 \text{ 万元} \times 1.0\% = 1 \text{ 万元}$$

$$(500-100)\text{万元}\times 0.8\%=3.2\text{万元}$$
$$(1000-500)\text{万元}\times 0.6\%=3.0\text{万元}$$
$$\text{合计收费}=1\text{万元}+3.2\text{万元}+3.0\text{万元}=7.2\text{万元}$$

## 7.2.2　工程设计费

工程设计费是根据委托书的要求，提供工程项目初步设计文件与方案论证、施工图设计文件、非标准设备设计文件、施工预算文件、竣工图文件等应收取的费用。它根据国家发展计划委员会、建设部发布的《工程勘察设计收费管理规定》（计价格〔2002〕10号），参考表7-2所示的费率计取。

表7-2　安全防范工程设计费计取一览表

| 计费额/万元 | 最高费率/% | 初步设计费率/% | 施工设计费率/% |
| --- | --- | --- | --- |
| 10以下 | 6.5 | | 6.5 |
| 10 ~ 50 | 6.2 | 2.48 | 3.72 |
| 50 ~ 100 | 6.0 | 2.4 | 3.6 |
| 100 ~ 200 | 5.8 | 2.32 | 3.48 |
| 200 ~ 500 | 5.4 | 2.16 | 2.24 |
| 500 ~ 1 000 | 5 | 2.0 | 3.0 |
| 1 000以上 | 4.5 | 1.8 | 2.7 |
| 注：计费额计算的基础，是经批准的建设项目初步设计预算中的设备购置费和安装工程费。 | | | |

工程设计费按差额定率累进法计算。

例如，某工程计费额为200万元，则工程设计费如下计算：

$$10\text{万元}\times 6.5\%=0.65\text{万元}$$
$$(50-10)\text{万元}\times 6.2\%=2.48\text{万元}$$
$$(100-50)\text{万元}\times 6.0\%=3.00\text{万元}$$
$$(200-100)\text{万元}\times 5.8\%=5.8\text{万元}$$
$$\text{合计收费}=0.65\text{万元}+2.48\text{万元}+3.0\text{万元}+5.8\text{万元}=11.93\text{万元}$$

## 7.2.3　设备购置费

设备购置费是根据委托书的要求，购置工程所需的设备、器材、材料、软件等应收取的费用。国内设备、器材、材料、软件的购置费，由设备、器材、材料、软件的原价和运杂费等费用组成。

注意：原价为出厂价或供货地点价。

引进的设备、器材、材料、软件的购置费，由到岸价及关税、增值税、商检费、银行财务费、外贸公司手续费、海关监管费和国内运杂费等费用组成。

运杂费是工程所需的设备、器材、材料、软件等由供货地点运至施工地点应收取的费用。其中包括：

● 国内设备器材、材料从制造厂交货地点（引进设备器材、材料从国内口岸）至安装地仓库或施工现场堆放点所发生的运输、装卸和保管费用；

- 承建单位为采购、保管设备、材料的人员支付的工资、差旅费及其他有关费用；
- 供应部门的手续费、服务费、配套费或成套费；
- 软件运杂费（按实际发生的计取）。

设备费和运杂费根据工程所在地工程造价管理机构的文件规定计取。

## 7.2.4　安装工程费

### 1．安装工程费的组成

安装工程费由直接费、间接费、利润和税金组成。

（1）直接费是由直接工程费、其他直接费和现场经费组成：

- 直接工程费是施工过程中耗费的构成工程实体的各项费用；
- 其他直接费是施工过程中发生的直接工程费以外其他费用；
- 现场经费是施工准备、组织施工生产和管理所需的费用。

（2）间接费不直接由施工的工艺过程所引起，却与工程的总体条件有关，是施工企业组织施工和经营管理，以及间接为施工生产服务所需的各项费用。

（3）利润是施工企业完成所承包工程应获得的盈利。

（4）税金是国家税法规定的应计入建筑安装工程造价内的营业税、城市维护建设税及教育附加费等。

### 2．直接工程费的计算

根据《全国统一安装工程预算定额》、《全国统一安装工程预算工程量计算规则》（建标［2000］60 号）和《全国统一安装工程预算定额》第十三册《建筑智能化系统设备安装工程》（建设部 2003 年 2 月 25 日［第 120 号］），采用《全国统一安装工程预算定额》、工程所在地的《单位估价表》、《建设工程概算定额》或相应的行业定额计算直接工程费。

### 3．安装工程费的计算

选用与直接工程费定额相配套的费用定额计算直接费、间接费、利润和税金，然后算出安装工程费。

## 7.2.5　工程（系统）检测费

工程（系统）检测费是项目建设单位在工程完工和系统试运行后，按有关规定委托法定检测机构实施系统检测应支付的费用。它由项目建设单位和工程检测单位根据国家或行业有关规定协商计取。

## 7.2.6　工程建设其他费用

### 1．建设单位管理费

建设单位管理费是项目建设单位按规定在项目建设过程中为管理项目所发生的必要支出。其中包括建设项目的筹备、建设、方案审核（论证）、系统试运行、竣工验收、工程移交、总结评价、财务审计、工程质量管理监督等过程的合理费用支出。它根据 HYD

41—2015《电子建设工程预算定额》，以工程建设总概算为基础，参考表7-3所示的费率计取。

表7-3　建设单位管理费率表

| 序号 | 工程总预算/万元 | 费率/% | |
| --- | --- | --- | --- |
| | | 新建 | 改扩建 |
| 1 | 500 以下 | 5.0 | 2.0 |
| 2 | 500 ~ 1 000 | 4.5 | 1.8 |
| 3 | 1 000 ~ 3 000 | 4.0 | 1.6 |
| 4 | 3 000 以上 | 3.5 | 1.4 |

### 2. 工程招标（服务）费

工程招标（服务）费是项目建设单位委托工程招标单位实施招标应支付的费用。它根据《招标代理服务收费管理暂行办法》（计价格（2002）1980号），参考表7-4所示的费率计取。

表7-4　招标代理服务费收费标准

| 中标金额/万元 | 费率/% | | |
| --- | --- | --- | --- |
| | 货物招标 | 服务招标 | 工程招标 |
| 100 以下 | 1.5 | 1.5 | 1.0 |
| 100 ~ 500 | 1.1 | 0.8 | 0.7 |
| 500 ~ 1 000 | 0.8 | 0.45 | 0.55 |
| 1 000 ~ 5 000 | 0.5 | 0.25 | 0.35 |

按表7-4中的费率计算的收费，为招标代理服务全过程的收费基础价格；单独提供编制招标文件（有标底的含标底）服务的，可按规定标准的30%计取。

招标代理服务收费按差额定率累进法计算。

例如，某工程招标代理业务的中标金额为1 000万元，则招标代理服务费如下计算：

$$100 \text{万元} \times 1.0\% = 1 \text{万元}$$
$$(500 - 100) \text{万元} \times 0.7\% = 2.8 \text{万元}$$
$$(1000 - 500) \text{万元} \times 0.55\% = 2.75 \text{万元}$$
$$\text{合计收费} = 1 \text{万元} + 2.8 \text{万元} + 2.75 \text{万元} = 6.55 \text{万元}$$

### 3. 工程建设监理费

工程建设监理费是项目建设单位按照规定的标准或合同（协议）的约定应支付给工程监理单位的费用。它根据《工程建设监理费有关规定的通知》（国家物价局、建设部〔1992〕价费字479号文），参考表7-5所示的费率计取。

表 7-5 工程建设监理费收费标准

| 序号 | 工程概（预）算总额（M） | 设计阶段（含设计招标）监理费费率（a） | 施工（含施工招标）及保修阶段监理费费率（b） |
|---|---|---|---|
| 1 | M < 500 万元 | a > 0.20% | b > 2.50% |
| 2 | 500 万元 ≤ M < 1 000 万元 | 0.15% < a ≤ 0.20% | 2.00% < b ≤ 2.50% |
| 3 | 1 000 万元 ≤ M < 5 000 万元 | 0.10% < a ≤ 0.15% | 1.40% < b ≤ 2.00% |

**4. 工程维护费**

工程维护费是工程验收保持期后，为保证系统运行而维护应支付的费用。它根据工程系统验收保质期后运行年限，参考表 7-6 所示的费率计取。

计费额基础为系统设备器材费。

设备器材的维修更换费按实际发生的费用另行计取。

表 7-6 工程维护费收费标准

| 序号 | 保持期后运行年限 | 费率/% |
|---|---|---|
| 1 | 3 年以内 | 3.0 |
| 2 | 3 ~ 5 年 | 4.0 |
| 3 | 5 年以后 | 5.0 |

**5. 工程保险费**

工程保险费是工程建设过程中为解决自然灾害、意外事故风险和第三者责任风险应支付的费用。它根据保险内容按国家有关规定计取。

## 7.2.7 预备费

预备费是工程实施过程中应对各种不可预测因素（人力、自然）而预留的费用，包括：

（1）在技术设计、施工图设计和施工过程中，在批准的初步设计和预算范围外应增加的工程费用；

（2）由于一般性自然灾害造成的损失和预防自然灾害所采取的预防措施费用；

（3）在施工过程中，因设计变更、材料代用而增加的费用；

（4）在建设期内由于设备、人工、材料、施工机械、仪器、仪表的价格及费率、利率、汇率等变化引起工程造价变化的预测预留费用。

表 7-7 预备费费率

| 序号 | 设计阶段 | 费率/% |
|---|---|---|
| 1 | 立项 | 10 ~ 15 |
| 2 | 初步设计 | 7 ~ 8 |
| 3 | 施工图设计 | 2 ~ 4 |

预备费根据 HYD 41—2015《电子建设工程预算定额》，参考表 7-7 所示的费率计取。

预备费以工程建设概算为基础，具体指标由设计单位和建设单位协商。

# 7.3 安防工程预算书的构成和示例

## 7.3.1 安全防范工程费用预算书构成

安全防范工程费用预算书（预算文件）一般包括：

（1）封面；

（2）封二；

（3）编制说明；

（4）预算总表；

（5）设备器材报价清单；

（6）设备安装工程费用计算程序表；

（7）安装工程直接费计算表。

### 7.3.2　安全防范工程费用预算书示例

#### 1．封面

封面中有关项目，如编制单位、编制人、审核人、批准人等，应盖章或签字。安全防范工程费用预算书封面如图 7-1 所示。

<br>

# XXX安全防范系统工程
# 预 算 书

<br><br>

编制：

审核：

批准：

<br><br>

（编制单位）

年　　月　　日

<br>

图 7-1　预算书封面

**2. 封二**

封二内容包括工程项目、建设单位、设计单位、施工单位、编制单位等。安全防范系统工程费用预算书的封二如图 7-2 所示。

```
工程项目：

建设单位：

设计单位：

施工单位：

编制单位：
```

图 7-2　封二

**3. 编制说明**

编制说明的内容包括工程概况、编制依据等。

（1）工程概况：说明工程项目的内容、建设地点、地理土壤环境及施工条件等。

（2）编制依据：说明编制工程项目预算所依据的法规、文件、预算定额、取费标准、相应的价差调整以及其他有关未尽事宜。以北京市建设工程预算定额为例，编制说明如图 7-3 所示。

编 制 说 明

一、工程概况

　1. 工程地点：

　2. 工程内容：

二、编制依据：

　1. 中华人民共和国公共安全行业标准GA/T 70—2004《安全防范工程费用概预算编制办法》。

　2. 北京市建设委员会二〇〇一年发布《北京市建设工程费用定额》。

　3. 北京市建设委员会二〇〇一年发布《北京市建设工程费用定额》第四册 "电气工程"。

　4. 在《北京市建设工程预算定额》中缺项的设备器材，在子项目定额编号前加有"参"字。（参照信息产业部《电子工程建设预算定额》）

　5. 其他需要说明的问题。

注：本例采用北京市建设工程预算定额。

图 7-3　编制说明

**4. 预算总表**

预算总表的内容应包括：设备器材购置费、安装工程费、设计费、检测费、工程建设其他费用、预备费和工程总造价等。安防系统工程预算总表如图 7-4 所示。

# 预 算 总 表

一、设备器材购置费：1+2

    1. 设备器材费：

    2. 运杂费：

二、工程安装费：

三、设计费：（一 + 二）x 费率

四、工程（系统）检测费：（一 + 二 + 三）x 费率

五、工程建设其他费用：

六、预备费：（一 + 二 + 三 + 四 + 五）x 费率

七、工程总造价：（一 + 二 + 三 + 四 + 五 + 六）

图 7-4　预算总表

## 5. 设备器材报价清单

设备器材购置费包括设备器材报价清单所列的费用和运杂费。安防工程预算设备器材报价清单如图 7-5 所示。

# （工程名称）设备器材报价清单

| 序号 | 设备器材名称 | 设备器材型号 | 生产厂家 | 单位 | 数量 | 单价 | 合计 |
|---|---|---|---|---|---|---|---|
|  |  |  |  |  |  |  |  |
|  |  |  |  |  |  |  |  |
|  |  |  |  |  |  |  |  |
|  |  |  |  |  |  |  |  |
|  |  | ⋮ |  |  |  |  |  |
|  |  |  |  |  |  |  |  |
|  |  |  |  |  |  |  |  |
|  |  |  |  |  |  |  |  |
|  |  |  |  |  | 设备器材单价： |  |  |

图 7-5　设备器材报价清单

**6. 设备安装工程费用计算程序表**

安装工程直接工程费计算表，应标明定额编号、人工费、材料费、机械费（仪器仪表费）的单位、数量、单价、合计等。

以北京市建设工程费用定额为例，安防设备安装工程费用计算程序表如图 7-6 所示。

**设备安装工程费用计算程序表**

工程名称：

| 序号 | 费用项目 | 计算公式 | 金额 |
|---|---|---|---|
| 一 | 直接费 | 1 + 2 + 3 | |
| 1 | 定额直接费 | 人工费 + 材料费 + 机械费 + 仪器仪表使用费 + 器材设备费 | |
| 1.1 | 其中人工费 | | |
| 2 | 高层建筑超高费 | 定额人工费 × 费率 | |
| 2.1 | 其中人工费 | 定额人工费 × 费率 | |
| 3 | 脚手架使用费 | 定额人工费 × 费率 | |
| 4 | 其中人工费合计 | 1.1 + 2.1 + 3.1 | |
| 二 | 现场管理费 | 5 + 6 | |
| 5 | 临时设施费 | 4 × % | |
| 6 | 现场经费 | 4 × % | |
| 三 | 企业管理费 | 4 × % | |
| 四 | 利润 | （一 + 二 + 三） × % | |
| 五 | 税金 | （一 + 二 + 三 + 四） × % | |
| 六 | 工程费用 | 一 + 二 + 三 + 四 + 五—器材设备费 | |

注：此表执行北京市建设工程费用定额。

图 7-6 设备安装工程费用计算程序表

**7. 安装工程直接工程费计算表**

安防工程直接工程费计算表如图 7-7 所示。

**安装工程直接工程费计算表**

工程名称：

| 序号 | 定额编号 | 项目内容 | 单位 | 数量 | 单位定额换算值/元 | | | | 合计/元 | | | |
|---|---|---|---|---|---|---|---|---|---|---|---|---|
| | | | | | 人工费 | 材料费 | 机械费 | 仪器仪表费 | 人工费 | 材料费 | 机械费 | 仪器仪表费 |
| | | | | | | | | | | | | |
| | | | | | | | | | | | | |
| | | | | | | | | | | | | |
| | | | | | | | | | | | | |
| | | | | | | | | | | | | |
| | | | | | | | | | | | | |
| | | | | | | | | | | | | |
| | | | | | | | | | | | | |
| | | | | | | | | | | | | |
| | | | | | | | | | | | | |
| | | | | | | | | | | | | |
| | | | | | | | | | | | | |
| | | | | | | | | | | | | |
| | | | | | | | | | | | | |
| | | | | | | | | | | | | |

图 7-7　安装工程直接工程费计算表

# 第8章

# 安防视频监控系统工程的施工及检验

本章内容为安防工程施工工艺、项目管理和施工检验，是安防工程设计要求的具体实施过程。为确保安防工程质量，提高施工工艺和技术水准，对安防工程施工的全过程（包括施工准备、管线敷设、设备安装，以及系统调试等）提出了具体的规定和要求。

## 8.1 安防视频监控系统工程施工概述

### 8.1.1 安防视频监控系统工程施工注意事项

安防工程施工是安防工程实施中一个重要环节，施工质量将直接影响安全防范工程的质量，施工单位、监理单位、建设单位要十分重视安防工程的施工。根据多年来安防工程建设与管理的实践，在安防工程的施工中应特别注意以下问题：

（1）施工人员必须经过培训，熟悉相关标准并掌握安防设备安装、线缆敷设的基本技能；系统调试人员应熟悉系统的功能、性能要求，并具有排除系统一般故障的能力。

（2）施工单位在线缆敷设结束后要尽快与建设单位和/或监理单位一起对管线敷设质量进行随工验收，并填写"隐蔽工程随工验收单"，以避免对工程造成不良后果。

（3）线缆敷设时，为避免干扰，电源线与信号线、控制线，应分别穿管敷设；当低电压供电时，电源线与信号线、控制线可以同管敷设。

（4）规范对摄像机在电梯轿厢内的安装位置做出了要求，即电梯轿厢内的摄像机应安装在厢门上方的左、右侧顶部，以便能有效地观察电梯轿厢内乘员的面部特征，这是基于安全防范的实际需要而做出的规定。

### 8.1.2 安防视频监控系统工程施工准备和检查

安防视频监控系统工程施工准备和检查应该符合如下要求：

（1）施工前要对施工现场进行检查，符合下列要求方可进场。

- 施工对象已基本具备进场条件，如作业场地、安全用电等均符合施工要求；
- 施工区域内建筑物的现场情况和预留管道、预留孔洞、地槽及预埋件等应符合设计要求；
- 使用道路及占用道路（包括横跨道路）情况符合施工要求；
- 允许共杆架设的杆路及自立杆路的情况清楚，符合施工要求；
- 敷设管道电缆和直埋电缆的路由状况清楚，并已对各管道标出路由标志；

- 当施工现场有影响施工的各种障碍物时，已提前清除。

（2）对施工准备进行检查，符合下列要求方可施工。

- 设计文件和施工图纸齐全；
- 施工人员熟悉施工图纸及有关资料，包括工程特点、施工方案、工艺要求、施工质量标准及验收标准；
- 设备、器材、辅材、工具、机械以及通信联络工具等应满足连续施工和阶段施工的要求；
- 有源设备应通电检查，各项功能正常。

### 8.1.3　安防视频监控系统工程施工管理

工程施工应按正式设计文件和施工图纸进行，不得随意更改。

如果确实需要局部调整和变更的，必须填写"更改审核单"（如表 8-1 所示）或监理单位提供的更改单，经批准后方可施工。

表 8-1　更改审核单

| 工程名称： | | | |
|---|---|---|---|
| 更改内容 | 更改原因 | 原为 | 更改为 |
|  |  |  |  |
|  |  |  |  |
|  |  |  |  |
|  |  |  |  |
|  |  |  |  |
|  |  |  |  |
|  |  |  |  |
|  |  |  |  |
|  |  |  |  |
|  |  |  |  |
|  |  |  |  |
|  |  |  |  |
|  |  |  |  |
|  |  |  |  |
|  |  |  |  |
|  |  |  |  |
|  |  |  |  |
|  |  |  |  |
|  |  |  |  |

| 申请单位（人） | | 日期 | | 分发单位 | |
|---|---|---|---|---|---|
| 审核单位（人） | | 日期 | | | |
| 批准会签 | 设计施工单位： | 日期 | | | |
| | 建设监理单位： | 日期 | | | |
| 更改实施日期 | | | | | |

施工中要做好隐蔽工程的随工验收。管线敷设时，建设单位或监理单位应会同设计、施

工单位对管线敷设质量进行随工验收，并填写"隐蔽工程随工验收单"（如表 8-2 所示）或监理单位提供的隐蔽工程随工验收单。

表 8-2 隐蔽工程随工验收单

工程名称：

| | | 建设单位/总包单位 | | 设计施工单位 | | 监理单位 | |
|---|---|---|---|---|---|---|---|
| 隐蔽工程内容 | 序号 | 检查内容 | | 安装质量 | | 部 位 | |
| | 1 | | | | | | |
| | 2 | | | | | | |
| | 3 | | | | | | |
| | 4 | | | | | | |
| | 5 | | | | | | |
| | 6 | | | | | | |
| | 7 | | | | | | |
| 验收意见 | | | | | | | |
| | | 建设单位/总包单位 | | 设计施工单位 | | 监 理 单 位 | |
| | | 验收人：<br><br>日期：<br><br>签章： | | 验收人：<br><br>日期：<br><br>签章： | | 验收人：<br><br>日期：<br><br>签章： | |

☞注意：

（1）检查内容包括：（序号 1）管道排列、走向、弯曲处理、固定方式；（序号 2）管道搭铁、接地；（序号 3）管口安放护圈标识；（序号 4）接线盒及桥架加盖；（序号 5）线缆对管道及线间绝缘电阻；（序号 6）线缆接头处理等。

（2）检查结果的安装质量栏内，按照检查内容序号，合格的打"√"，基本合格的打"△"，不合格的打"×"，并注明对应的楼层（部位）、图号。

（3）综合安装质量的检查结果，在验收意见栏内填写验收意见并扼要说明情况。

 # 8.2 安防视频监控系统工程施工设备安装要求

## 8.2.1 探测器、摄像机的安装要求

### 1. 探测器的安装要求

探测器的安装要符合如下要求：

（1）各类探测器的安装，应根据所选产品的特性及警戒范围的要求进行安装；

（2）周界入侵探测器的安装，防区要交叉、盲区要避免，并应符合产品使用和防护范围的要求；

（3）探测器底座和支架应固定牢靠；

（4）导线连接应采用可靠方式，外接部分不得外露，并留有适当余量。

**2. 摄像机的安装**

摄像机的安装如图 8-1 ~ 图 8-6 所示。

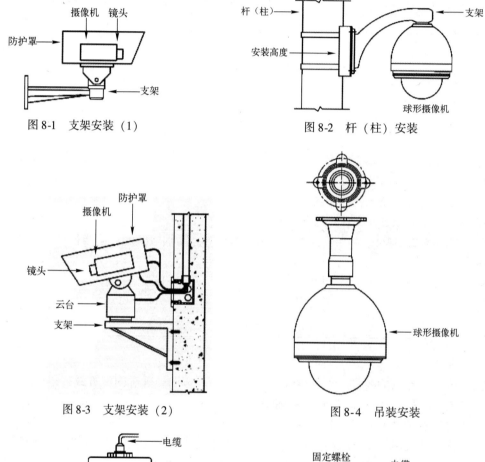

图 8-1  支架安装（1）

图 8-2  杆（柱）安装

图 8-3  支架安装（2）

图 8-4  吊装安装

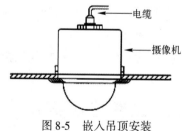

图 8-5  嵌入吊顶安装

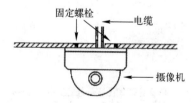

图 8-6  吸顶安装

## 8.2.2  云台、解码器、控制设备的安装要求

**1. 云台安装要求**

云台、解码器的安装要符合如下要求：

（1）云台的安装应牢固，转动时无晃动；

（2）应根据产品技术条件和系统设计要求，检查云台的转动角度范围是否满足要求；

（3）解码器应安装在云台附近或吊顶内（但必须留有检修孔）。

**2. 控制设备安装要求**

控制台、机柜的安装要符合如下要求:

(1) 控制台、机柜 (架) 的安装位置应符合设计要求,安装应平稳牢固、便于操作维护。

(2) 机柜 (架) 背面、侧面离墙净距离应符合设计要求。

● 所有控制、显示、记录等终端设备的安装应平稳,便于操作。其中监视器 (屏幕) 应避免外来光直射,当不可避免时,应采取避光措施。在控制台、机柜 (架) 内安装的设备应有通风散热措施,内部接插件与设备连接应牢靠。

● 控制室内所有线缆都要根据设备安装位置设置电缆槽和进线孔,排列、捆扎整齐,编号,并有永久性标志。

## 8.2.3 线缆敷设要求

**1. 标准线缆敷设要求**

标准线缆的敷设要符合如下要求:

(1) 敷设线缆应合理安排,不宜交叉;敷设时应防止电缆之间及电缆与其他物体之间产生摩擦;固定时要松紧适度。

(2) 多芯电缆的弯曲半径应不小于其外径的 6 倍,同轴电缆的弯曲半径应不小于其外径的 15 倍。

(3) 线缆槽敷设截面利用率≤60%;线缆穿管敷设截面利用率≤40%。

(4) 信号线与电力线交叉敷设时,应成直角,当平行敷设时,其相互间的距离应符合设计文件的规定。

(5) 电缆沿支架敷设或在线槽内敷设时,应在下列各处固定牢:

● 电缆垂直排列或倾斜坡度超过 45°时的每一个支架上;

● 电缆水平排列或倾斜坡度不超过 45°时,在每隔 1 ~ 2 个支架上;

● 在引入接线盒及分线箱前 150 ~ 300 mm 处。

(6) 明敷设的信号线路与具有强磁场、强电场的电气设备之间的净距离宜大于 1.5 m,当采用屏蔽线缆或穿金属保护管或在金属封闭线槽内敷设时,净距离宜大于 0.8 m。

(7) 线缆在沟道内敷设时,应敷设在支架上或线槽内。当线缆进入建筑物后,线缆沟道与建筑物间应隔离密封。

(8) 线缆穿管前应检查保护管是否畅通,管口应加护圈,防止穿管时损伤导线。

(9) 导线在管内或线槽内不应有接头和扭结。导线的接头应在接线盒内焊接或用端子连接。

(10) 同轴电缆应一线到位,中间无接头。

(11) 综合布线系统的施工应按 GB/T 50312——2016《综合布线系统工程验收规范》中的有关规定进行。

(12) 直埋电缆的施工应按 GB 50198—2011《民用闭路监视电视系统工程技术规范》中的有关规定进行。

**2. 非综合布线系统室内线缆的敷设要求**

非综合布线室内线缆的敷设要符合如下要求:

(1) 准备:检查线的品质规格,测一下 (用万用表) 有无开路、短路。

（2）室内敷设方式：沿墙明敷，用管或线槽。无机械损伤的电（光）缆，或改、扩建工程使用的电（光）缆，可采用沿墙明敷方式。

下列情况不可采用明管配线：

● 易受外部损伤；

● 在线路路由上，其他管线和障碍物较多，不宜明敷的线路；

● 在易受电磁干扰或易燃易爆等危险场所。

（3）新建的隐蔽工程暗敷时，检查管内是否有其他物体，如水泥、细沙、水，甚至钉子（最易伤及线的外皮）等；放上铁丝，一般用棉纱布条拖一下；在管口用护口（塑料）将管口启平，不允许有毛刺。

（4）顶棚内、房顶上要用支架将管支起来。

（5）电缆和电力线平行或交叉敷设时，其间距不得小于0.3 m。

（6）电力线和信号线交叉敷设时，应成直角。

**3. 室外线缆的敷设要求**

室外线缆的敷设要符合如下要求：

（1）当采用通信管道（含隧道、槽道）敷设时，不宜与通信电缆共管孔。

（2）当电缆与其他线路共沟（隧道）敷设时，其最小间距应符合表8-3所示的规定。

（3）当采用架空电缆与其他线路共杆架设时，其两线间最小垂直间距应符合表8-4所示的规定。

表8-3　电缆与其他线路共沟（隧道）的最小距离

| 种　类 | 最小间距 |
| --- | --- |
| 220 V 交流供电线 | 0.5 m |
| 通信电缆 | 0.1 m |

表8-4　电缆与其他线路共杆架设的最小垂直距离

| 种　类 | 最小垂直间距 |
| --- | --- |
| 1～10 kV 电力线 | 2.5 m |
| 1 kV 以下电力线 | 1.5 m |
| 广播线 | 1.0 m |
| 通信线 | 0.6 m |

（4）当线路敷设经过建筑物时，可采用沿墙敷设方式。

（5）当线路跨越河流时，应采用桥上管道或槽道敷设方式。当没有桥梁时，可采用架空敷设方式或水下敷设方式。

（6）敷设电缆时，多芯电缆的最小弯曲半径应大于其外径的6倍，同轴电缆的最小弯曲半径应大于其外径的15倍，而光缆的最小弯曲半径应大于其外径的20倍。

（7）线缆在沟道内敷设时，应敷设在支架上或线槽内。当线缆进入建筑物后，线缆沟道与建筑物间应隔离密封。

（8）敷设在多尘或潮湿场所，特别是井的管口连接处（防潮密封）。

（9）沿墙敷设要用支架，在伸缩缝等容易变形处考虑伸缩，横平竖直，不影响交通采取防干扰措施。

（10）进屋的线管要有防水弯，管内或线槽内不应有接头和扭结，导线接头应在接线盒内焊接、端接。

（11）敷完线后要测量绝缘电阻，芯线之间、芯线和管壁之间，大于20 Ω。

（12）"电气绝缘电阻测试表"（隐蔽工程）做永久性标记。

（13）立杆安装摄像机，其示意图如图 8-7 所示。

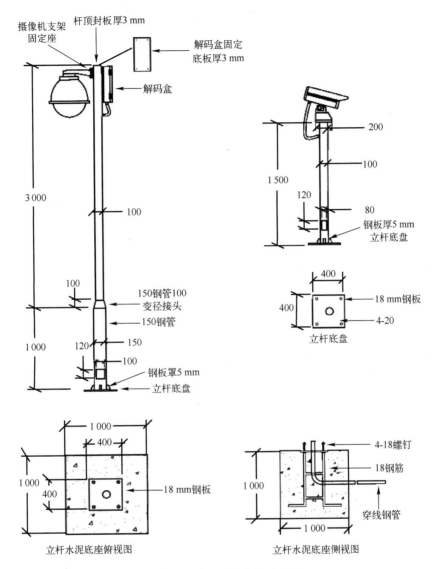

图 8-7　摄像机立杆安装示意图

主杆安装摄像机的防雷接地示意图如图 8-8 所示。

立杆埋深要符合 GB 51348—2019《民用建筑电气设计标准》。间距为 40 m，挂钩间距为 0.5 m。

**4. 光缆敷设要求**

光缆敷设要符合如下要求：

（1）敷设光缆前，应对光纤进行检查。光纤应无断点，其衰耗值应符合设计要求。核对光缆长度，并应根据施工图的敷设长度来选配光缆。配盘时应使接头避开河沟、交通要道和其他障碍物。架空光缆的接头应设在杆旁 1 m 以内。

（2）敷设光缆时，其最小弯曲半径应大于光缆外径的 20 倍。光缆的牵引端头应做好技术处理，可采用自动控制牵引力的牵引机进行牵引。牵引力应加在加强芯上，其牵引力不应超过 150 kg；牵引速度宜为 10 m/min；一次牵引的直线长度不宜超过 1 km，光纤接头的预留长度不应小于 8 m。

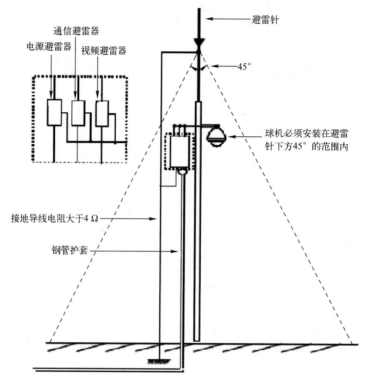

图 8-8　立杆安装摄像机的防雷接地示意图

（3）光缆敷设后，应检查光纤有无损伤，并对光缆敷设损耗进行抽测。确认没有损伤后，再进行接续。

（4）光缆接续应由受过专门训练的人员操作，接续时应采用光功率计或其他仪器进行监视，使接续损耗达到最小。接续后应做好保护，并安装好光缆接头护套。

（5）在光缆的接续点和终端应做永久性标志。

（6）管道敷设光缆时，无接头的光缆在直道上敷设应由人工逐个入孔同步牵引；预先做好接头的光缆，其接头部分不得在管道内穿行。光缆端头应用塑料胶带包扎好，并盘圈放置在托架上。

（7）光缆敷设完毕后，应测量通道的总损耗，并用光时域反射计观察光纤通道全程波导衰减特性曲线。

**2. 视频线敷设注意事项**

视频线缆敷设应该注意如下事项：

（1）若摄像机到监控主机（图像处理器、矩阵控制主机或数码录像机）的距离少于 200 m，可用 RG59 视频，若超过 200 m，应该采用 SWY－75－5 视频线，以保证监控图像的质量。

（2）对于安装在电梯内的摄像机，在电梯井内的布线应采用星铁槽并接地处理，以减少电梯电动机启动时对视频信号造成的干扰。

（3）如果摄像机安装在室外（如大院门口或停车场等），线路需要在室外走线或通过架空钢缆走线，条件允许的情况下要安装视频避雷器（加装防雷设备会造成工程总造价的增加），即分别在摄像机端和监控主机端各安装 1 个视频避雷器，而且每个视频避雷器均要接地（室外摄像机要单独打地线，监控室的视频避雷器可统一接地），以防止感应雷对设备造成损坏。

**3. 控制线敷设注意事项**

控制线缆敷设过程中要注意如下事项：

（1）在模拟监控系统中，若安装配云台变焦镜头的摄像机，并采用云台镜头控制器进行控制，控制线的选择应根据摄像机与云台镜头控制器的距离确定。当距离少于 100 m 时，云台控制线可采用 RVV6×0.5 护套线，当距离大于 100 m 时，云台控制线应采用 RVV6×0.75 护套线，镜头控制线均采用 RVV4×0.5 护套线。

如果该模拟监控系统是通过矩阵控制主机对云台和镜头进行控制的，一般需要用到解码器，控制线路敷设可参考所用矩阵控制主机的技术要求。

（2）在数码监控系统中，若安装配云台变焦镜头的摄像机，则需要通过解码器对云台和镜头进行控制。解码器一般安装在摄像机旁，解码器与数码录像机采用 RS-485 总线进行通信。布线应采用 RVVP2×1 屏蔽双绞线从数码录像机先引至距离最近的解码器 1，然后由解码器 1 引至解码器 2，以此类推。现在的 16 路数码录像机最多可接 16 台解码器，而 RS-485 通信线的总长度最长可达 1 200 m。解码器有 AC 220 V 和 AC 24 V 两种供电类型，若选用 AC 24 V 解码器，则一般由 AC 24 V 变压器统一供电。特别需要注意的是，由于有些解码器输出的 DC 12 V 电源有干扰，用于摄像机供电时会对图像造成一定的影响，因此需要统一对摄像机（12 V）供电。

（3）摄像机电源线敷设注意事项：市面上采用 DC 12 V 供电的普通摄像机工作电流为 200～300 mA，一体化摄像机为 350～400 mA。如果摄像机的数量较少（5 台以内）且摄像机与监控主机的距离较近（少于 50 m），每台摄像机可单独布 RVV2×0.5 电源线到监控室并用小型变压器供电。如果摄像机的数量较多，则应采用大功率的 12 V 直流稳压电源集中供电。

## 8.2.4　供电、防雷与接地的施工要求

供电、防雷与接地在安防施工中要符合如下要求：

**1. 供电施工要求**

系统供电除应符合现行国家标准 GB 50348—2018《安全防范工程技术标准》的相关规定外，还应符合以下要求：

（1）摄像机应由监控中心统一供电或由监控中心控制的电源供电。

（2）异地的本地供电，摄像机和视频切换控制设备的供电应为同相电源，或采取措施以保证图像同步。

（3）当供电线（低压供电）与控制线合用多芯线时，多芯线与视频线可一起敷设。

（4）电源供电方式应采用 TN-S 制式。

**2. 防雷施工要求**

系统防雷与接地设施的施工，除应符合现行国家标准 GB 50348—2018《安全防范工程技术标准》的相关规定外，还应符合下列要求：

（1）采取相应隔离措施，防止地电位不等引起图像干扰。

（2）室外安装的摄像机连接电缆宜采取防雷措施。

（3）当接地电阻达不到要求时，应在接地极回填土中加入无腐蚀性长效降阻剂；当仍达

不到要求时，应经过设计单位的同意，采取更换接地装置的措施。

**3. 监控中心施工要求**

监控中心内应设置接地汇集环或汇集排，汇集环或汇集排宜采用裸铜线，其横截面积应不小于 35 mm，安装应平整。接地母线安装的系统接地电阻不得大于 4 Ω；建造在野外的安全防范系统，其接地电阻不得大于 10 Ω；在高山岩石的土壤电阻率大于 2 000 Ω·m 时，系统接地电阻不得大于 20 Ω，并用螺钉固定。

对各子系统的室外设备，应按设计文件要求进行防雷与接地施工。

**4. 系统安全性、可靠性、电磁兼容性、环境适应性**

系统安全性除了要符合现行国家标准 GB 50348—2018《安全防范工程技术标准》的相关规定外，还应符合以下要求：

（1）具有视频丢失检测示警能力。

（2）系统选用的设备不应引入安全隐患和对防护对象造成损害。

（3）系统可靠性应符合现行国家标准 GB 50348—2018《安全防范工程技术标准》的相关规定。

（4）系统电磁兼容性应符合现行国家标准 GB 50348—2018《安全防范工程技术标准》的相关规定，选用的控制、显示、记录、传输等主要设备的电磁兼容性应符合电磁兼容试验和测量技术系列标准的规定，其严格等级应满足现场电磁环境的要求。

（5）系统环境适应性应符合现行国家标准 GB 50348—2018《安全防范工程技术标准》的相关规定。

#  8.3 安防视频监控系统工程的系统调试

## 8.3.1 系统调试的基本要求

系统调试前应编制完成系统设备平面布置图、布线图以及其他必要的技术文件。调试工作应由项目责任人或具有相当于工程师资格的专业技术人员主持，并编制调试大纲。

经验表明，安防系统由于文件资料不全，给系统安装、调试和系统正常运行带来许多麻烦和困难，因此需明确规定安防系统调试开通前必须具备的文件资料。安防系统的调试工作是一项专业性很强的工作。因此，规定系统调试必须由项目责任人或相当于工程师资格的专业技术人员主持，并有调试大纲。

## 8.3.2 系统调试前的准备

按照 8.2 节"安防视频监控系统工程施工设备安装要求"，检查工程的施工质量。对施工中出现的问题，如错线、虚焊、开路或短路等应予以解决，并有文字记录。

按正式设计文件的规定查验已安装设备的规格、型号、数量、备品/备件等。

系统在通电前应检查供电设备的电压、极性、相位等。

## 8.3.3 调试系统

安防视频工程安装完成后，要按如下要求进行调试：

## 1. 做好调试记录

首先对各种有源设备逐个进行通电检查，工作正常后方可进行系统调试，并做好调试记录，调试报告的格式如表 8-5 所示。

表 8-5　调试报告

编号：

| 工程名称 | | | 工程地址 | | | |
|---|---|---|---|---|---|---|
| 使用单位 | | | 联系人 | | 电话 | |
| 调试单位 | | | 联系人 | | 电话 | |
| 设计单位 | | | 施工单位 | | | |
| 主要设备 | 设备名称型号 | 数量 | 编号 | 出厂年月 | 生产厂 | 备注 |
| | | | | | | |
| | | | | | | |
| | | | | | | |
| | | | | | | |
| | | | | | | |
| | | | | | | |
| | | | | | | |
| 施工有无遗留问题 | | 施工单位联系人 | | 电话 | | |
| 调试情况 | | | | | | |
| 调试人员（签字） | | | 使用单位人员（签字） | | | |
| 施工单位负责人（签字） | | | 设计单位负责人（签字） | | | |
| 填表日期 | | | | | | |

☞注意：安防系统的所有设备都应按产品说明书要求，单机通电工作正常后才能接入系统，这样可以避免单机工作不正常而影响系统调试。

## 2. 做好调试中的检查

调试中的检查要符合如下要求：

（1）检查并调试摄像机的监控范围、聚焦、环境照度与抗逆光效果等，使图像清晰度、灰度等级达到系统设计要求。

（2）检查并调整对云台、镜头等的遥控功能，排除遥控延迟和机械冲击等不良现象，使监视范围达到设计要求。

（3）检查并调整视频切换控制主机的操作程序、图像切换、字符叠加等功能，保证工作正常，满足设计要求。

（4）调整监视器、录像机、打印机、图像处理器、同步器、编码器、解码器等设备，保证工作正常，满足设计要求。

（5）当系统具有报警联动功能时，应检查与调试自动开启摄像机电源、自动切换音/视频到指定监视器、自动实时录像等功能。系统应叠加摄像时间、摄像机位置（含电梯楼层显示）的标识符，并显示稳定。当系统需要灯光联动时，应检查灯光打开后图像质量是否达到设计要求。

（6）检查与调试监视图像与回放图像的质量，在正常工作照明环境条件下，监视图像质量不应低于表 6-3 所示五级损伤制评分分级中规定的 4 级，回放图像质量不应低于表 6-3 所示五级损伤制评分分级中规定的 3 级，或至少能辨别人的面部特征。

☞注意：按相关标准的规定及设计要求，检查与调试每路安防视频监控系统，使摄像机监视范围、图像清晰度、切换与控制、字符叠加、显示与记录、回放以及联动等功能正常，满足设计要求。

**3. 系统集成方式的系统调试**

系统集成方式的系统调试要按以下方式进行：

（1）按系统的设计要求和相关设备的技术说明书、操作手册，先对各子系统进行检查和调试，使其能正常工作。

（2）按照设计文件的要求，检查并调试安全管理系统对各子系统的监控功能，显示、记录功能，以及各子系统联网独立运行等功能。

☞注意：安防系统的各子系统应先独立调试、运行；当采用系统集成方式工作时，应按设计要求和相关设备的技术说明书、操作手册，检查和调试统一的通信平台和管理软件后，再将监控中心设备与各子系统设备联网，进行系统总调，并模拟实施监控中心对整个系统进行管理和控制、显示与记录各子系统运行状况及处理报警信息数据等功能。

**4. 供电、防雷与接地设施的检查**

供电、防雷与接地设施的检查要符合如下要求：

（1）检查系统的主电源和备用电源，其容量应符合规定。

（2）检查各子系统在电源电压规定范围内的运行状况，使其能正常工作。

（3）分别用主电源和备用电源供电，检查电源自动转换和备用电源的自动充电功能。

（4）当系统采用稳压电源时，检查其稳压特性、电压纹波系数应符合产品技术条件；当采用 UPS 作为备用电源时，应检查其自动切换的可靠性、切换时间、切换电压值及容量，并应符合设计要求。

（5）按规范要求，检查系统的防雷与接地设施，复核土建施工单位提供的接地电阻测试数据。

（6）按设计文件要求，检查各子系统的室外设备是否有防雷措施。

系统调试结束后，应根据调试记录，按表 8-5 的要求如实填写调试报告。调试报告经建设单位认可后，系统才能进入试运行。

# 第9章

# 安防视频监控工程的测试、验收和移交

本章主要介绍安防视频监控工程的测试、验收和移交。首先介绍视频监控系统工程测试模型和测试设备，以及视频监控工程平台的性能测试和功能测试，对每一项测试从测试条件、测试方法和预期结果 3 个方面进行说明；然后介绍监控工程验收的基本规则，对安防视频监控工程从施工验收、检查验收到技术图纸资料的准确性、完整性、规范性等的验收进行说明；最后介绍安防视频监控工程移交的过程和要求。

## 9.1 安防视频监控工程测试

安防视频监控工程测试是安防工程的重要一环，通过测试对工程质量进行科学、客观的评价。由第三方技术单位来测试，更有利于保证测试评价结果的公正性。

### 9.1.1 测试模型和测试设备

安防视频监控平台测试模型如图 9-1 所示，该模型用于视频监控平台的性能、功能，以及客户端的功能等的测试。

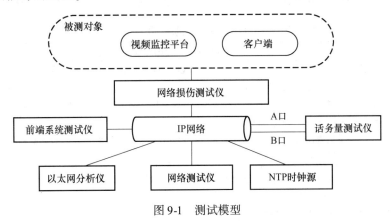

图 9-1　测试模型

☞注意：
- 测试主备切换性能时，图 9-1 中视频监控平台的主要服务单元应具有主备切换功能；
- 测试转发分发功能时，图 9-1 中的客户端指多个客户端。

前端系统测试仪应具有下列功能：

（1）前端系统设计的所有功能；

（2）能实时记录所有数据交互的过程，并根据协议的标准性进行判断和统计；

（3）能产生各种流量的以太网报文；

（4）能模拟真实的 WAN 或 LAN 的时延、抖动、丢包、乱序等。

## 9.1.2 视频监控平台性能测试

按照设计要求对视频监控平台的注册并发请求处理能力、呼叫并发请求处理能力、对媒体数据的转发分发能力、主备切换性能进行测试。

注册并发请求处理能力的测试方法及要求如表 9-1 所示。

**表 9-1 注册并发请求处理能力测试方法及要求**

| 测试项目 | 视频监控平台在多个前端系统同时注册时的并发处理能力 |
|---|---|
| 测试条件 | （1）在 1 000 Mb/s 网络条件下，网络时延小于 10 ms，按图 9-1 的要求连接测试系统；<br>（2）按照设计的编码规则，确定被测视频监控平台编码；<br>（3）话务量测试仪 B 口作为前端系统接入到被测视频监控平台，并按设计时的编码规则生成前端系统编码 |
| 测试方法 | （1）在话务量测试仪 B 口上发起注册请求时，并发按设计编码规则的 1.2 倍设置；<br>（2）第一路注册请求成功后，话务量测试仪 B 口立即发起注销请求；<br>（3）重复过程（1）（2）30 min |
| 预期结果 | （1）被测视频监控平台注册响应消息流程符合设计规范；<br>（2）被测视频监控平台注册请求的成功率大于 99.99%；<br>（3）每条请求所对应消息的响应时间平均值小于 500 ms。 |

呼叫并发请求处理能力测试方法及要求如表 9-2 所示。

**表 9-2 呼叫并发请求处理能力测试方法及要求**

| 测试项目 | 视频监控平台在处理多个用户请求前端系统视频时的并发处理能力 |
|---|---|
| 测试条件 | （1）按图 9-1 的要求连接测试系统。在 1 000 Mb/s 网络环境下，网络延时小于 10 ms。<br>（2）按设计要求确定被测视频监控平台编码。<br>（3）话务量测试仪 A 口作为前端系统接入到被测视频监控平台，并按设计编码规划生成前端系统编码和前端系统内的摄像头编码，模拟摄像头数量为 1 000～100 000 个。<br>（4）话务量测试仪 A 口与被测视频监控平台建立连接，话务量测试仪 B 口向被测视频监控平台成功注册 |
| 测试方法 | （1）在话务量测试仪 A 口上发起对话务量测试仪 B 口上的摄像头呼叫请求，并发数按设计要求确定，为预期并发数的 1.2 倍；<br>（2）每一路呼叫请求成功后，话务量测试仪 A 口立即发起挂断请求；<br>（3）每一路挂断请求成功后，话务量测试仪 A 口立即发起呼叫请求；<br>（4）重复（2）（3）30 min |
| 预期结果 | （1）被测视频监控平台呼叫响应消息流程符合设计规定；<br>（2）被测视频监控平台呼叫请求的成功率大于 99.99%；<br>（3）每条请求所对应消息的响应时间平均值小于 500 ms |

媒体数据的转发分发能力测试方法及要求如表9-3所示。

**表9-3　媒体数据的转发分发能力测试方法及要求**

| 测试项目 | 视频监控平台在处理呼叫过程中对媒体数据的转发分发处理能力 |
|---|---|
| 测试条件 | （1）按图9-1的要求连接测试系统。在1000 Mb/s网络环境下，网络延时应小于10 ms。<br>（2）按设计编码规则，确定被测视频监控平台编码。<br>（3）话务量测试仪A口作为用户接入到被测视频监控平台，并按设计编码规则生成编码。<br>（4）话务量测试仪B口作为前端系统接入到测试视频监控平台，并按设计规则生成前端系统编码和前端系统内的摄像头编码，模拟摄像头数量为1000个，每路模拟产生一段标准H.264格式的视频流数据，码流为512 kb/s。<br>（5）话务量测试仪A口与视频监控平台建立连接，话务量测试仪B口向被测视频监控平台成功注册 |
| 测试方法 | （1）在话务量测试仪A口上发起对话务量测试仪B口上的摄像头呼叫请求，并发数为100~1000路。<br>（2）增加呼叫请求数至实际的媒体数据占用的网络流量达到网络总流量的50%时，停止呼叫请求并维持30 min |
| 预期结果 | （1）通过增加呼叫请求数，媒体数据所占用的网络流量能达到网络总流量的50%；<br>（2）所有媒体数据能通过被测视频监控平台转发到话务量测试仪A口；<br>（3）统计被测视频监控平台的媒体数据丢包率；<br>（4）单路媒体数据转发延时小于500 ms |

视频监控平台主备切换性能测试方法及要求如表9-4所示。

**表9-4　主备切换性能测试方法及要求**

| 测试项目 | 视频监控平台在异常情况下的主备切换性能 |
|---|---|
| 测试条件 | （1）按图9-1要的求连接测试系统。在1 000 Mb/s网络环境下，网络延时应小于10 ms。<br>（2）按设计编码规则，确定被测视频监控平台编码。<br>（3）话务量测试仪A口作为用户接入到被测视频监控平台，并按设计的编码规则生成用户编码。<br>（4）话务量测试仪B口作为前端系统接入到被测视频监控平台，并按设计编码规则生成前端系统编码和前端系统内的摄像头编码，模拟摄像头数量为100个，每路模拟产生一段标准H.264格式的视频流数据，码流为512 kb/s。<br>（5）话务量测试仪A口与被测主视频监控平台建立连接，话务量测试仪B口向被测主视频监控平台成功注册。<br>（6）在话务量测试仪A口上发起对话务量测试仪B口上摄像头100路呼叫请求，且呼叫建立成功 |
| 测试方法 | （1）断开被测主视频监控平台的连接。<br>（2）等待话务量测试仪A口与被测视频监控平台之间建立连接，同时话务量测试仪B口向被测视频监控平台成功注册。<br>（3）在话务量测试仪A口上重新发起对话务量测试仪B口上的摄像头100路呼叫请求，且呼叫建立成功。<br>（4）断开被测备视频监控平台的连接。<br>（5）等待话务量测试仪A口与被测主视频监控平台之间建立连接，同时话务量测试仪B口向被测主视频监控平台成功注册。<br>（6）在话务量测试仪A上重新发起对话务量测试仪B口上的摄像头100路呼叫请求，且呼叫建立成功 |
| 预期结果 | 测试方法（1）到（2）之间的时间间隔小于10 s；测试方法（4）到（3）之间的时间间隔小于10 s；测试方法（1）到（3）之间的时间间隔小于100 s；测试方法（4）到（6）之间的时间间隔小于100 s |

### 9.1.3　视频监控平台功能测试

对视频监控平台的功能测试包括前端设备访问的代理、录像和回放、客户端接入、视音频通信、转发分发、时间同步、AAA 认证、用户级管理、组内用户管理、权限管理、设备管理、网络结构和参数管理、性能管理、日志管理、告警事件的存储、报警联动等测试。这里重点介绍代理、录像和回放、客户端接入、视音频通信测试。

前端设备访问代理的测试方法及要求如表 9-5 所示。

表 9-5　前端设备访问代理的测试方法及要求

| 测试项目 | 用户通过视频监控平台对前端设备访问时，视频监控平台代理可提供的管理控制功能 |
| --- | --- |
| 测试条件 | （1）在 10 Mb/s 网络环境下，按图 9-1 的要求连接测试系统；<br>（2）按设计编码规则，确定被测视频监控平台编码；<br>（3）前端系统测试仪接入到被测视频监控平台，并按设计编码规则生成前端系统编码；<br>（4）前端系统测试仪向被测视频监控平台成功注册 |
| 测试方法 | 被测视频监控平台通过客户端对前端系统测试仪模拟的以下功能分别进行操作：<br>（1）调阅多画面实时视频；<br>（2）云台控制；<br>（3）历史视频查询；<br>（4）历史视频回放；<br>（5）订阅报警；<br>（6）联动报警；<br>（7）与前端设备的语音对讲、语音监听和语音广播；<br>（8）查询设备状态 |
| 测试结果 | 被测视频监控平台通过客户端支持以下操作：<br>（1）多画面的实时视频预览；<br>（2）云台控制，包括光圈开、光圈关、近聚焦、远聚焦、缩小、放大、向上、向下、向左、向右、预置位保存、预置位调用、预置位删除、云台锁定、云台解锁、雨刷开、雨刷关、灯亮、灯关、加热开、红外开、红外关等功能；<br>（3）对历史视频信息的查询功能，查询信息包括时间、地点、设备和报警类型；<br>（4）远程回放功能，回放操作功能支持播放、快放、慢放、单帧放、拖曳、暂停等功能；<br>（5）订阅不同报警类型的订阅请求，并对报警信息进行展示，报警类型包括视频服务器报警、摄像头报警、数字量报警；<br>（6）与前端设备之间的语音对讲、语音监听和语音广播功能；<br>（7）查询获取当前所有设备的正确状态 |

录像和回放测试方法及要求如表 9-6 所示。

表 9-6　录像和回放测试方法及要求

| 测试项目 | 视频监控平台内统一录像存储功能及支持流式回放功能 |
| --- | --- |
| 测试条件 | （1）在 10 Mb/s 网络环境下，按图 9-1 的要求连接测试系统；<br>（2）按设计编码规则，确定被测视频监控平台编码；<br>（3）前端系统测试仪接入到被测视频监控平台，并按设计的编码规则生成前端系统编码；<br>（4）前端系统测试仪向被测视频监控平台成功注册 |

（续）

| 测试项目 | 视频监控平台内统一录像存储功能及支持流式回放功能 |
|---|---|
| 测试方法 | 被测视频监控平台通过客户端分别进行以下操作：<br>（1）设置定时录像，对录像文件进行检索和回放；<br>（2）设置手动录像，对录像文件进行检索和回放；<br>（3）设置报警联动录像，对录像文件进行检索和回放；<br>（4）订阅前端系统测试仪的报警，前端系统测试仪产生报警，并将报警信息发送给订阅者 |
| 预期结果 | 被测视频监控平台通过客户端支持以下操作：<br>（1）设置定时录像功能，并支持对录像文件的检索和回放；<br>（2）设置手动录像功能，并支持对录像文件的检索和回放；<br>（3）设置报警联动录像功能，并支持对录像文件的检索和回放；<br>（4）对录像文件进行检索，检索条件包括时间、地点、设备和报警类型等信息；<br>（5）对录像文件进行回放，回放控制功能包括播放、快放、慢放、单帧放、拖曳、暂停等 |

客户端接入测试方法及要求如表 9-7 所示。

**表 9-7　客户端接入测试方法及要求**

| 测试项目 | 视频监控平台支持 B/S 客户端、C/S 客户端及用户终端接入方式的功能 |
|---|---|
| 测试功能 | （1）在 10 Mb/s 网络环境下，按图 9-1 的要求连接测试系统；<br>（2）按设计编码规则，确定被测试视频监控平台编码；<br>（3）前端系统测试仪接入到被测视频监控平台，并按设计的编码规则生成前端系统编码；<br>（4）前端系统测试仪向被测视频监控平台成功注册 |
| 测试方法 | （1）B/S 客户端接入到被测视频监控平台，并对实时视音频业务进行访问；<br>（2）C/S 客户端接入到被测视频监控平台，并对实时单视频业务进行访问；<br>（3）基于标准 SIP 协议、采用 H.264 编码的可视终端接入到被测视频监控平台，并对实时视音频业务进行访问 |
| 预期结果 | （1）被测视频监控平台支持 B/S 客户端接入，支持 IE 浏览器，并能实现相关的视音频业务功能，包括调阅实时视音频、云台控制、多画面显示、设备列表、录像和回放、轮巡；<br>（2）被测视频监控平台支持 C/S 客户端的接入，并能实现相关的视音频业务功能，包括调阅实时视音频、云台控制、多画面显示、设备列表、录像和回放、轮巡；<br>（3）被视频监控平台支持可视终端对实时视频的浏览功能 |

视音频通信测试方法及要求如表 9-8 所示。

**表 9-8　视音频通信测试方法及要求**

| 测试项目 | 视频监控平台支持客户端与前端系统间视音频通信的功能 |
|---|---|
| 测试条件 | （1）在 10Mb/s 网络环境下，按图 9-1 的要求连接测试系统；<br>（2）按设计编码规则，确定被测视频监控平台编码；<br>（3）前端系统测试仪接入到被测试视频监控平台，并按设计编码规则生成前端系统编码；<br>（4）前端系统测试仪向被测视频监控平台成功注册 |

（续）

| 测试项目 | 视频监控平台支持客户端与前端系统间视音频通信的功能 |
|---|---|
| 测试方法 | 被测视频监控平台通过客户端分别发起对前端系统的以下操作：<br>（1）实时视频浏览请求；<br>（2）实时监听请求；<br>（3）语音对讲请求；<br>（4）语音广播请求 |
| 预期结果 | 被测视频监控平台通过客户端支持对前端系统的以下操作：<br>（1）实时视频浏览功能；<br>（2）实时监听功能；<br>（3）语音对讲功能；<br>（4）语音广播功能 |

# 9.2　安防视频监控工程的验收

## 9.2.1　安防视频监控工程验收的内容及要求

### 1. 验收的内容

视频监控系统工程的验收包括下列内容：
- 系统工程的施工质量；
- 系统质量的主观评价；
- 系统质量的客观测试；
- 图纸、资料的移交；
- 有关部分的安全防范措施。

### 2. 验收的一般要求

验收的一般要求明确了安全防范工程竣工验收的基本规则，对安全防范工程的竣工验收（从施工质量、技术质量及图纸资料的准确、完整、规范等方面）提出了基本要求，是安全防范工程验收的基本依据。

（1）根据国家公共安全行业标准GA/T 75—94《安全防范工程程序与要求》的规定，将安全防范工程划分为一、二、三级，以便区别对待。

（2）涉密工程项目的验收，相关单位、人员应严格遵守国家的保密法规和相关规定，严防泄密、扩散。

（3）国家标准GB 50198—2011《民用闭路电视系统工程技术规范》规定：系统工程的验收应由工程的设计、施工、建设单位和本地区的系统管理部门的代表组成验收小组，按施工图纸进行验收时应该做好记录，签署验收证书，并应该立卷、归档。各工程项目验收合格后，方可交付使用；当验收不合格时，应由设计、施工单位返修，直到合格后，再进行验收。

## 3. 安防工程验收要符合的条件

（1）对安全防范工程（尤其是一、二级安全防范工程）进行验收前，必须具备从工程初步设计方案论证通过直至设计、施工单位向工程验收机构提交全套验收图纸资料的各方面的验收条件，其基本目的是遵循"工程质量，责任重于泰山"的方针，体现"质量是做出来的，不是验出来的"的思想，只有严格规范工程建设的全程质量控制，才能确保工程质量，使验收工作达到"质量把关"的目的，并能顺利、有效地进行验收。

工程初步设计论证通过，并按照正式设计文件施工。工程必须经过初步设计论证通过，并根据论证意见提出的问题和要求，由设计、施工单位和建设单位共同签署设计整改落实意见。工程经过初步设计论证通过后，必须完成正式设计，并按正式设计文件施工。

（2）工程经试运行达到设计、使用要求并为建设单位认可，出具系统试运行报告。工程调试开通后应该试运行一个月，并按表 9-9 所示的要求做好系统试运行记录。

**表 9-9　系统试运行记录**

| 工程名称 | | | | 工程级别 | |
|---|---|---|---|---|---|
| 建设（使用）单位 | | | | | |
| 设计、施工单位 | | | | | |
| 日期时间 | 试运行情况 | 试运行内容 | | 备注 | 值班人 |
| | | | | | |
| | | | | | |
| | | | | | |
| | | | | | |
| | | | | | |
| | | | | | |
| | | | | | |
| | | | | | |
| | | | | | |
| | | | | | |
| | | | | | |

☞注意：
- 系统试运行情况栏中，正常打"√"，并每天不少于填写一次。不正常的在备注栏内及时简明扼要地说明情况（包括修复日期）。
- 系统有报警部分的，报警试验每天运行一次。出现误报、漏报现象的，在试运行情况和内容栏内如实填写。

建设单位根据试运行记录写出系统试运行报告。其内容包括：试运行起止日期，试运行过程是否正常，故障（含误报警、漏报警）产生的日期、次数、原因和排除状况，系统功能是否符合设计要求以及综合评价等。

试运行期间，设计、施工单位应配合建设单位建立系统值勤、操作和维护管理制度。

（3）进行技术培训。根据工程合同有关条款的规定，设计、施工单位必须对有关人员进行操作技术培训，使系统主要使用人员能够独立操作。培训内容要征得建设单位同意，并提供系统及其相关设备操作和日常维护方法说明的技术资料。

（4）符合竣工要求的，出具竣工报告。

工程项目按设计任务书的规定内容全部建成，经试运行达到设计使用要求，并为建设单位认可后，视为竣工。少数非主要项目未按规定全部建成的，由建设单位与设计、施工单位协商，对遗留问题提出明确的处理方案，经试运行基本达到设计使用要求并为建设单位认可后，也可视为竣工。

工程竣工后，由设计、施工单位写出工程竣工报告。其内容包括：工程概况，对照设计文件安装的主要设备，依据设计任务书或工程合同所完成的工程质量自我评估，维修服务条款以及竣工核算报告等。

（5）初验合格，出具初验报告。工程正式验收前，由建设单位（监理单位）组织设计施工单位根据设计任务书或工程合同提出的设计、使用要求对工程进行初验，要求初验合格并写出工程初验报告。

初验报告的内容主要有：系统试运行概述；对照设计任务书要求，对系统功能、效果进行检查的主观评价；对照正式设计文件对安装设备的数量、型号进行核对的结果；对隐蔽工程随工验收单的复核结果等。

（6）工程检验合格并出具工程检验报告。工程正式验收前，应进行系统功能检验和性能检验。工程检验后由检验机构出具检验报告。检验报告要准确、公正、完整、规范，并注重量化。

（7）工程正式验收前，设计、施工单位要向工程验收小组（委员会）提交下列验收图纸资料（全套，数量应满足验收的要求）：

- 设计任务书；
- 工程合同；
- 工程初步设计论证意见（并附方案评审小组或评审委员会名单）及设计、施工单位与建设单位共同签署的设计整改落实意见；
- 正式设计文件与相关图纸资料（系统原理图、平面布防图及器材配置表、线槽管道布线图、监控中心布局图、器材设备清单以及系统选用的主要设备、器材的检验报告或认证证书等）；
- 系统试运行报告；
- 工程竣工报告；
- 系统使用说明书（含操作和日常维护说明）；
- 工程竣工核算（按工程合同和被批准的正式设计文件，由设计施工单位对工程费用概预算执行情况做出说明）报告；
- 工程初验报告（含隐蔽工程随工验收单）；
- 工程检验报告。

**4. 验收的组织与职责要符合的要求**

安全防范工程的竣工验收，一般工程应由建设单位会同相关部门组织安排；省级以上的大型工程或重点工程要由建设单位上级业务主管部门会同相关部门组织安排，并对验收组织与职责作如下要求：

（1）工程验收时，应协商组成工程验收小组，重点工程或大型工程验收时应组成工程验收委员会。工程验收委员会（验收小组）下设技术验收组、施工验收组、资料审查组。当工程规模较小、系统相对简单、验收人员较少时，验收机构下设的"组"可以简化，可以兼任或合并。

（2）工程验收委员会（验收小组）的人员组成，应由验收的组织单位根据项目的性质、特点和管理要求与相关部门协商确定，并推荐主任、副主任（组长、副组长），验收人员中技术专家应不低于验收人员总数的50%，不利于验收公正的人员不能参加工程验收。

（3）验收机构对工程验收要做出正确、公正、客观的验收结论。尤其是对国家、省级重点工程和银行、文博系统等要害单位的工程验收，验收机构对照设计任务书、合同、相关标准以及正式设计文件，如发现工程有重大缺陷或质量明显不符合要求的应予以指出，严格把关。

（4）验收通过或基本通过的工程，对设计、施工单位根据验收结论写出的并经建设单位认可的整改措施，验收机构有责任配合公安技防管理机构和工程建设单位督促、协调落实。验收不通过的工程，验收机构要在验收结论中明确指出问题与整改要求。

实践证明，任何工程都难以做到百分之百达标。为体现验收不是目的而是手段，确保工程质量才是根本，强调验收通过或基本通过的工程仍需要落实整改；验收不通过的工程，验收机构必须明确指出存在的重大问题和整改要求。

## 9.2.2 安防视频监控工程的施工验收

安防工程施工完成后，工程验收要符合如下规定：

**1. 施工验收应符合的规定**

（1）施工验收由工程验收委员会（验收小组）的施工验收组负责实施。

（2）施工验收应依据正式设计文件、图纸进行。施工过程中若根据实际情况确实需要进行局部调整或变更的，应由施工方提供更改审核单。

（3）工程设备安装验收（包括现场前端设备和监控中心终端设备）：按相关项目现场抽验工程设备的安装质量并做好记录。

（4）管线敷设验收：按相关项目与要求，抽查明敷管线及明装接线盒、线缆接头等的施工工艺并做好记录。

（5）隐蔽工程验收：对照表9-10，复核隐蔽工程随工验收单的检查结果。

这里特别强调了对隐蔽工程随工验收单（表9-10）的复核检查。这是因为隐蔽工程的施工质量十分重要，但一般又不可能在验收时现场检查。验收时只能复核其结果，如果发现系统无随工验收单或其结果不合格，应在表9-10中的对应项目栏注明。

☞注意：
- 检查结果栏选择在符合实际情况的空格内打"√"，并作为统计数。
- 检查结果统计合格率$(K_s)$ =（合格数 + 基本合格数 × 0.8）/项目检查数（项目检查数如无要求或实际缺项未检查的不计在内）。
- 验收结论：合格率$(K_s)$ ≥ 0.8 时判为通过；0.8 > $K_s$ ≥ 0.6 时判为基本通过；$K_s$ < 0.6 时判为不通过。必要时进行简要说明。

表 9-10 施工质量抽查验收报告

工程名称： 　　　　　　　设计、施工单位：

| | 项　目 | 要　　求 | 方　　法 | 检查结果 合格 | 检查结果 基本合格 | 检查结果 不合格 | 抽查百分数 |
|---|---|---|---|---|---|---|---|
| 前端设备安装质量 | 1. 安装位置（方向） | 合理，有效 | 现场抽查观察 | | | | 抽查 |
| | 2. 安装质量（工艺） | 牢固，整洁，美观，规范 | 现场抽查观察 | | | | 抽查 |
| | 3. 线缆连接 | 视频电缆一线到位，接插件可靠。电源线与信号线、控制线分开，走向顺直，无扭绞 | 复核，抽查或对照图纸 | | | | |
| | 4. 通电 | 工作正常 | 现场通电检查 | | | | 100% |
| 控制设备安装质量 | 5. 机架、操作台 | 安装平稳，合理，便于维护 | 现场观察 | | | | 抽查 |
| | 6. 控制设备安装 | 操作方便，安全 | 现场观察 | | | | |
| | 7. 开关、按钮 | 灵活，方便，安全 | 现场观察，询问 | | | | |
| | 8. 机架、设备接地 | 接地规范，安全 | 现场观察，询问 | | | | |
| | 9. 接地电阻 | 符合规范*3.9.3 相关要求 | 对照检验报告或对照规范 6.3.6 第 9 款 5 项 | | | | |
| | 10. 雷电防护 | 符合规范 3.9.5 相关要求 | 核对检验报告 现场观察 | | | | 抽查 |
| | 11. 机架电缆线扎及标识 | 整齐，有明显编号标识，牢固 | 现场检查 | | | | 抽查 |
| | 12. 电源引入线端标识 | 引入线端标识清晰，牢固 | 现场检查 | | | | 100% |
| | 13. 通电 | 工作正常 | 现场通电检查 | | | | |
| 管线敷设质量 | 14. 明敷线 | 牢固美观，与室内装饰协调，抗干扰 | 现场观察，询问 | | | | 抽查1　2处 |
| | 15. 接线盒 | 垂直与水平交叉处有分线盒，线缆安装固定，规范 | 现场观察，询问 | | | | 抽查1　2处 |
| | 16. 隐蔽工程随工验收单复核 | 有隐蔽工程随工验收单并验收合格。如无隐蔽工程随工验收单，在右栏内简要说明 | 随工验收 | | | | |
| 检查结果 K_s 合格率　统　计 | | | | 施工质量验收结论： | | | |

验收（人员）签名： 　　　　　　　验收日期：

施工验收组（人员）签名：

* 验收的规范为 GB 50348—2018《安全防范工程技术标准》。

**2. 技术验收要符合的规定**

（1）技术验收由工程验收委员会（验收小组）的技术验收组负责实施。

（2）对照初步设计论证意见、设计整改落实意见和工程检验报告，检查系统的主要功能和技术性能指标，应符合设计任务书、工程合同和现行国家标准、行业标准与管理规定等相关要求。

（3）对照竣工报告、初验报告、工程检验报告，检查系统配置，包括设备数量、型号及安装部位，应符合正式设计文件要求。

（4）对照工程检验报告，检查系统中的备用电源在主电源断电时是否能自动快速切换，要能保证系统在规定的时间内正常工作。

（5）对具有集成功能的安全防范工程，要按照设计任务书的具体要求，检查各子系统与安全管理系统的联网接口及安全管理系统对各子系统的集中管理与控制能力（对照工程检验报告）。

（6）视频安防监控系统的抽查与验收。

- 对照正式设计文件和工程检验报告，复核系统的监控功能（如图像切换、云台转动、镜头光圈调节、变焦等）。
- 对照工程检验报告，复核在正常工作照明条件下，监视图像质量不应低于现行国家标准 GB 50198—2011《民用闭路监视电视系统工程技术规范》中规定的 4 级，图像回放质量不应低于规定的 3 级，或至少能辨别人的面部特征。
- 复核图像画面显示的摄像时间、日期、摄像机位置、编号或电梯楼层显示标识等，要稳定正常。

（7）监控中心的检查与验收。

对照正式设计文件和工程检验报告，复查监控中心的设计要符合相关要求。检查其通信联络手段（宜不少于两种）的有效性、实时性，检查其是否具有自身防范（如防盗门、门禁、探测器、紧急报警按钮等）和防火等安全措施。

**3. 技术验收的内容、要求与方法**

技术验收主要包括以下内容：

（1）检查系统要达到的基本要求、主要功能与技术指标，要符合设计任务书（合同）、相关标准以及现行管理规定等相关要求。

（2）检查工程实施结果，即工程配置包括设备数量、型号及安装部位等是否符合正式设计文件的要求。

（3）按视频监控系统的专业特点，抽查其功能要求和技术指标，同时检查监控中心，按照表 9-11 所示的技术验收报告所列的项目与要求将抽查结果填入表中。表 9-11 列出的带"＊"的检查项目有两项，即"系统主要技术性能"和"监视与回放的图像质量"，是技术验收的重点项目，实行一票否决制，应认真检查，严格把关。

☞ 注意：

- 检查结果栏选择在符合实际情况的空格内打"√"，并作为统计数。
- 检查结果统计合格率 $(K_j) = （合格数 + 基本合格数 \times 0.6）/项目检查数（项目检查数如无要求或实际缺项未检查的，不计算在内）。

- 验收结论：合格率$(K_j) \geqslant 0.8$判为通过；$0.8 > K_j \geqslant 0.6$判为基本通过；$K_j < 0.6$判为不通过。必要时做简要说明。
- 序号右上角打"＊"号的为重点项目，检查结果只要有一项不合格，即判为不通过。

表 9-11　技术验收报告

| 工程名称 | | | 设计施工单位 | | | |
|---|---|---|---|---|---|---|
| 序号 | | 检查项目 | 检查要求与方法 | 检查结果 | | |
| | | | | 合格 | 基本合格 | 不合格 |
| 基本要求 | 1＊ | 系统主要技术性能 | ※1 | | | |
| | 2 | 设备配置 | ※2 | | | |
| | 3 | 主要技防产品，设备的质量保证 | ※3 | | | |
| | 4 | 备用供电 | ※4 | | | |
| | 5 | 重要防护目标的安全防范效果 | ※5 | | | |
| | 6 | 系统集成功能 | ※6 | | | |
| 视频监控 | 7 | 主要技术指标 | ※7 | | | |
| | 8＊ | 监视与回放图像质量 | | | | |
| | 9 | 操作与控制 | | | | |
| | 10 | 字符标识 | | | | |
| | 11 | 电梯厢监控 | | | | |
| 监控中心 | 12 | 通信联络 | ※8 | | | |
| | 13 | 自身防范与防火措施 | | | | |
| 检查结果 $K_j$ 合格率统计： | | | 技术验收结论 | | | |
| 技术验收组（人员）签名： | | | 验收日期 | | | |

注释：

※1：对照初步设计论证意见、设计整改落实意见和工程检验报告，检查系统的主要功能和技术性能指标，应符合设计任务书、工程合同和现行国家标准、行业标准与管理规定等相关要求。

※2：对照竣工报告、初验报告、系统检验报告，检查工程的配置，包括设备数量、型号及安装部位，要符合正式设计文件要求。

※3：检查系统选用的技防产品是否符合"安全防范系统中使用的设备必须符合国家现行相关标准及法律法规的要求，并经国家或行业授权的检测机构检测合格或认证机构认证合格。视频安防监控系统设备的选型与安装设计除要符合本标准的要求外，还要符合相关标准的要求"的规定。

※4：检查系统中的备用电源在主电源断电时是否能自动快速切换，保证系统在规定的时间内正常工作。

※5：对银行系统、营业场所、文博系统的安全防范工程，检查是否满足本高风险对象的安全防范工程设计和其他相关标准的技术要求。

※6：对具有集成功能的安全防范工程，应按照设计任务书的具体要求，检查各分系统与集成系统的联网接口及集成系统对各分系统的集中管理与控制能力。

※7：对照正式设计文件和系统检验报告，复核系统的主要技术指标是否符合 GB 50198—2011《民用闭路监视电视系统工程技术规范》标准的规定。

对照系统检验报告监视图像质量的主观评价应不低于 4 级。画面位置应符合安全防范要求，录像回放质量应满足设计要求并至少达到可用图像质量标准；应能较好避免或克服逆光等。操作与控制的功能检查，如图像切换、云台转动、镜头光圈调节、变焦等功能是否正常。摄像时间、摄像机位置和电梯楼层显示等图像的标识符及其显示是否稳定正常。电梯内摄像机的安装位置是否符合"电梯厢内的摄像机应安装在厢门上方的左或右侧，并能有效监视电梯厢内乘员面部特征"的规定。

※8：监控中心的检查与验收：对照正式设计文件和系统检验报告，复查监控中心的设计是否符合本监控中心设计的相关要求，检查其通信联络手段（宜不少于 2 种）的有效性、实时性，检查其是否具有自身防范（如防盗门、门禁、探测器、紧急报警按钮等）和防火等安全措施。

### 4. 资料审查要符合的规定

（1）图纸资料审查由工程验收委员会（验收小组）的资料审查组负责实施。

（2）设计、施工单位要按照规范 8.1.1 节第 3 条（7）规定的要求提供全套验收图纸资料，并做到内容完整、标记确切、文字清楚、数据准确、图文表一致。图样的绘制要符合国家现行标准 GA/T 74—2017《安全防范系统通用图形符号》及相关标准的规定。

（3）按表 9-12 所列项目与要求，审查图纸资料的准确性、规范性、完整性以及售后服务。

表 9-12　图纸资料审查报告

| 工程名称 | | | | | | | |
|---|---|---|---|---|---|---|---|
| 序号 | 审查内容 | 审查情况 | | | | | |
| | | 完整性 | | | 准确性 | | |
| | | 合格 | 基本合格 | 不合格 | 合格 | 基本合格 | 不合格 |
| 1 | 设计任务书 | | | | | | |
| 2 | 合同（或协议书） | | | | | | |
| 3 | 初步设计论证意见（含评审委员会、小级人员名单） | | | | | | |
| 4 | 通过初步设计论证的整改落实意见 | | | | | | |
| 5 | 正式设计文件和相关图纸 | | | | | | |
| 6 | 系统试运行报告 | | | | | | |
| 7 | 工程竣工报告 | | | | | | |
| 8 | 系统使用说明书（含操作说明及日常简单维护说明） | | | | | | |
| 9 | 售后服务条款 | | | | | | |
| 10 | 工程初验报告（含隐蔽工程随工验收单） | | | | | | |
| 11 | 工程竣工核算报告 | | | | | | |
| 12 | 工程检验报告 | | | | | | |
| 13 | 图纸绘制规范要求 | 合格 | | 基本合格 | | 不合格 | |
| 审查结果 $K_z$ 合格率 | | | | 审查结论 | | | |
| 审查组（人员）签名： | | | | | | 日期 | |

☞注意：

● 审查情况栏内分别根据完整、准确和规范要求，选择符合实际情况的空格内打"√"，并作为统计数。

● 对三级安防工程，序号第3、4、10项的内容，可以简写或忽略。

● 审查结果 $K_z$ 合格率=（合格数+基本合格数×0.6）/项目检查数（项目检查数如果不作为要求的，不计算在内）。

● 审查结论：$K_z$（合格率）≥0.8 时判为通过；0.8>$K_z$≥0.6 时判为基本通过；$K_z$<0.6 时判为不通过，且判为验收不通过。

**5. 验收结论与整改要符合的规定**

1）验收依据

（1）施工验收依据：按表9-10的要求及其提供的合格率计算公式打分。按表8-2隐蔽工程随工验收单的要求对隐蔽工程质量进行复核、评估。

（2）技术验收依据：按表9-11的要求及其提供的合格率计算公式打分。

（3）资料审查依据：按表9-12的要求及其提供的合格率计算公式打分。

按验收内容的三部分，分别对施工验收、技术验收、资料审查给出合格率的计算公式，作为判定依据与方法。这些公式为工程验收由定性到定量，提供了基本依据，有利于验收工作的客观、公正。

2）验收结论

（1）验收通过：根据验收判据所列内容与要求，验收结果为优良（即：按表9-10的要求，工程施工质量检查结果 $K_s$≥0.8；按表9-11的要求，技术质量验收结果 $K_j$≥0.8；按表9-12的要求，资料审查结果 $K_z$≥0.8）的，判定为验收通过。

（2）验收基本通过：根据验收判据所列内容与要求，验收结果及格，即 $K_s$、$K_j$、$K_z$ 均大于0.6，但达不到"对照初步设计论证意见、设计整改落实意见和工程检验报告，检查系统的主要功能和技术性能指标，应符合设计任务书、工程合同和现行国家标准、行业标准与管理规定等相关要求"的要求，判定为验收基本通过。验收中出现个别项目达不到设计要求，但不影响使用的，也可判为基本通过。

（3）验收不通过：工程存在重大缺陷、质量明显达不到设计任务书或工程合同要求，包括工程检验重要功能指标不合格，按验收判据所列的内容与要求，$K_s$、$K_j$、$K_z$ 中出现一项小于0.6的，或者重要项目（见表9-11中序号栏右上角打"＊"号的）检查结果只要出现一项不合格的。

工程验收委员会（验收小组）应将验收通过、验收基本通过或验收不通过的验收结论填写于验收结论汇总表（见表9-13），并对验收中存在的主要问题，提出建议与要求（表9-10、表9-11、表9-12作为表9-13的附表）。

验收结论是工程验收的结果。验收结论应明确并体现客观、公正、准确的原则。无论是验收通过、基本通过还是不通过，验收人员均可独立根据验收判据（合格率计算公式）通过打分来确定验收结论。对工程验收注重量化，力求克服随意性，是保证验收工作"客观、公正、准确"的基础。

**表 9-13　验收结论汇总表**

| 工程名称 | | 设计、施工单位： | |
|---|---|---|---|
| 施工验收结论 | | 验收人签名：　　　　　　年　月　日 | |
| 技术验收结论 | | 验收人签名：　　　　　　年　月　日 | |
| 资料审查结论 | | 审查人签名：　　　　　　年　月　日 | |
| 工程验收结论 | | 验收委员会（小组）主任、副主任（组长、副组长）<br>签名： | |
| 建议与要求： | | | |

☞注意：

● 汇总表应该附施工质量抽查验收报告表 9-10、技术验收报告表 9-11 以及出席验收会与验收机构人员名单（签到）。

● 验收（审查）结论一律填写"通过""基本通过"或"不通过"。

**6. 整改**

验收不通过的工程不得正式交付使用。设计施工单位必须根据验收结论提出的问题，抓紧落实整改后方可再提交验收。

验收通过或基本通过的工程，设计、施工单位应根据验收结论提出的建议与要求，提出书面整改措施，并经建设单位认可签署意见。

这样做，强调了整改和工程的完善，体现了"验收是手段，保证工程质量才是目的"的验收宗旨。

## 9.2.3　安防视频监控工程的检查验收

安防视频监控系统工程施工质量验收的项目分为室内和室外两大部分。

**1. 室外部分施工质量的验收**

（1）摄像机设置地点及方位的合理性，观察视野范围及配套的防护箱、架、电缆安装的质量，对此项验收应该逐台设备进行。

（2）在现场对前端设备进行部分抽查。抽查比例应该为系统中相同种类设备总量的 10% ~ 15%，抽查内容为各种控制动作及图像质量或其他功能是否满足设计要求。

（3）对地下敷设的线缆及传输线路的布线质量的固定情况及安放位置，防潮、防鼠害处理的质量进行抽查。抽查数量应该为总处理数的 30%。对于架空敷设的线路应该对全部线路的安全距离、过街跨度、下垂度及与其他线缆的安全距离等进行逐一验收。

**2. 室内部分施工、安装质量的验收**

（1）操作台、架的施工安装质量的检查验收。此项检查验收的内容包含：安装是否平稳、位置是否合理，布线质量、设备间接插件接触情况，开关按钮等是否灵活、正确，台面及键盘的洁净情况等。

（2）监视器的检查验收。此项检查验收的项目有安装位置、固定方式、观看效果、操作情况等。

（3）电（光）缆敷设的检查验收。此项检查验收的项目有：线缆排列位置、捆绑质量、地槽吊架的安装质量、接插件等的焊接安装质量。

（4）地图板的检查验收。此项检查验收的项目有：固定是否牢固，位置是否合理，引线处理是否符合设计要求等。

（5）光端机与机架的检查验收。此项检查验收项目有：安装位置是否合理，维护是否方便，进出各路光端机线缆排放及面板显示是否合理、清晰等。

（6）计算机、录像机及其他电器的检查验收。此项检查验收的项目有：安装位置与固定方式是否合理，操作是否方便等。

（7）通信、语音指挥设备的检查验收。此项检查验收的项目有：安装位置，固定方式，调整是否方便，是否影响其他设备正常工作或者是否受其他设备的影响等。

（8）室内照明及环境条件的检查验收。此项检查验收的项目有：室内平均亮度，照明对监视器的影响程度，降温、取暖措施及温度、湿度，地面是否平整与起尘，清洁手段等。

以上各项有关工程安装施工质量，要取得验收小组多数成员的认可，才能确定其合格。系统工程施工质量的检查项目和内容如表9-14所示。

**表9-14　系统工程施工质量的检查项目和内容**

| 项　　目 | 内　　容 | 抽查比例/% |
|---|---|---|
| 摄像机 | 设置位置，视野范围；安装质量保证；镜头、防护套、支承装置、云台安装质量与坚固情况 | 10～15（10台以下摄像机至少验收1～2台） |
| | 通电试验 | 100 |
| 监视器 | 安装位置；设置条件；通电试验 | 100 |
| 控制设备 | 安装质量保证；遥控内容与切换路数；通电试验 | 100 |
| 其他设备 | 安装位置与安装质量保证；通电试验 | 100 |
| 控制台与机架 | 安装垂直水平度；设备安装位置；布线质量；穿孔、连接处接触情况；开关、按钮灵活情况汇报；通电情况 | 100 |
| 电（光）缆敷设 | 敷设与布线；电缆排列位置，布放和绑扎质量；地沟、过道支铁架的安装质量；埋设深度及架设质量；焊接及插头安装质量；接线盒接线质量 | 30 |
| 接地 | 接地材料；接地线焊接质量；接地电阻 | 100 |

**3. 安防视频监控工程文件的验收**

（1）在监控系统工程竣工验收之前，施工单位应该按下列内容编制竣工验收文件：

工程说明；综合系统图；线槽、管道布线图；设备配置图；设备连接系统图；设备概要说明书；设备器材一览表；主观评价表；客观测试表；施工质量验收记录。

（2）验收通过后，要颁发工程验收证书。安防视频监控系统工程验收证书的格式如表9-15所示。

**表 9-15 安防视频监控系统工程验收证书的格式表**

| 工程名称 | | | | |
|---|---|---|---|---|
| 工程地址 | | | | |
| 设计单位及地址 | | | | |
| 施工单位及地址 | | | | |
| 建设单位及地址 | | | | |
| 工程概况 | 监控目标数 | | 联动报警数 | 备注 |
| | 固定 | 移动 | | |
| | | | | |
| 验收结果 | 主观评价 | 客观测试 | 施工质量 | 资料移交 |
| | | | | |
| 验收结论 | | | | |
| 设计单位<br>(签章) | 施工单位<br>(签章) | 建设单位<br>(签章) | 系统管理部门<br>(签章) | |
| 年 月 日 | 年 月 日 | 年 月 日 | 年 月 日 | |

## 9.2.4 安防视频监控工程验收中应注意的问题

### 1. 工程规模

根据 GA/T 75—94《安全防范工程程序与要求》的规定，安全防范工程的工程规模按照风险等级或工程投资额划分为 3 级：

- 一级风险或投资额 100 万元以上的工程为一级工程；
- 二级风险或投资额超过 30 万元，不足 100 万元的工程为二级工程；
- 三级风险或投资额 30 万元以下的工程，为三级工程。

在实际工作中，工程规模很小的三级风险防护对象或工程投资额在 30 万元以下的普通风险防护对象，其安防工程的验收，可结合本地区实际情况验收。

### 2. 安全防范工程的质量评定

安全防范工程验收是质量评定的一种重要形式，也是把握质量的最后一道关卡。技防工程质量评定依据应该包括：业主要求；相关标准与管理规定，其中特别要贯彻实施国务院第 421 号令《企业事业单位内部治安保卫条例》；工程检验结果（要注重量化）；现场抽查复核。所以安全防范系统工程验收是全面的质量评定。

 # 9.3 工程移交

## 9.3.1 工程移交概述

仅仅从工程验收角度而言，工程移交并不包含在验收范围内。为了体现安全防范工程既要重建设，更要重管理、重实效的根本宗旨，这里着重说明工程正式交付使用的必要条件，明确在工程移交和交付使用过程中，工程有关各方，包括建设（使用）单位，设计、施工单位的基本职责。

工程竣工图纸资料是反映工程质量的重要内容，也是提供良好售后服务的基本要求之一。工程验收通过或基本通过后，设计、施工单位应按规定整理编制竣工图纸资料，并交建设单位签收盖章，方可作为正式归档的工程技术文件，这标志着工程的正式结束。

### 9.3.2 竣工图纸资料归档与移交

（1）工程验收通过或基本通过后，设计、施工单位要按下列要求整理、编制工程竣工图纸资料，内容如下：

- 提供经修改、校对的验收图纸资料；
- 提供验收结论汇总表及其附表（包括出席验收会议人员与验收机构名单）；
- 提供根据验收结论写出，并经建设单位认可的整改措施；
- 提供系统操作和有关设备日常维护说明。

（2）设计、施工单位将经过整理、编制的工程竣工图纸资料一式三份，经建设单位签收盖章后，存档备查。

### 9.3.3 工程正式移交

工程验收通过或基本通过并完成整改后，才能正式交付使用，且要遵守下列规定：

（1）建设单位或使用单位要有专人负责操作、维护，并建立完善的，系统的操作、管理、保养等制度。

（2）建设单位要会同和督促设计、施工单位，抓紧"整改措施"的具体落实；遇有问题时，可提请相关部门协调、督促整改的落实。

（3）工程设计、施工单位要履行维修等售后技术服务承诺。

# 第 10 章

# 安防视频监控系统的值机、维保和维修

本章介绍安防视频监控系统的值机、维保和维修。先介绍安防监控中心值机服务的基本要求、值机员的基本要求和视频监控系统操作要求，然后介绍安防视频监控系统维保的一般要求和技术要求，最后介绍监控系统设备常见故障及维修方法。

 ## 10.1　安防监控中心值机服务

安防监控中心是安全防范系统的中央控制中心，它接收、处理安防监控各子系统发来的报警信息，对这些信息进行处理后，发往报警接收中心和相关子系统。安防监控中心值机服务是服务单位与被服务方按照双方的约定，由经过专业培训的合格人员，在安防监控中心操控安防监控系统，通过规范化的工作流程为用户提供值守、监控、处置等服务。

### 10.1.1　监控中心值机服务基本要求

**1. 监控中心值机服务单位要求**

（1）建立完善的服务质量保障体系，制定安防视频监控系统中心值机服务制度、保密制度、流程和监督管理规范，并组建安全可靠的职业化队伍；

（2）建立法律、法规、政策的培训机制；

（3）具备与防范风险相适应的过失赔偿能力；

（4）具备全天 24 h 保障运营服务能力。

**2. 值机员入职条件要求**

（1）应遵守国家相关法律、法规及国家相关管理部门的规章制度；

（2）应无违法犯罪记录；

（3）应通过安全技术防范值机服务岗位的专业技能培训；

（4）年龄宜在 18 ~ 45 周岁之间；

（5）要统一着装，佩戴统一标志。

### 10.1.2　值机员工作基本要求

（1）能结合现场走访，掌握值机工作范围内的作业指导文件。

（2）能掌握事件处理流程，值机期间发生事件应做到事事确认，应按照操作流程要求配合相关人员处理并做好相关记录。

（3）具有事件预判能力，能根据工作经验结合现场的实际情况对可能发生的状况做出预判，并采取适当的处理措施。

（4）收到报警信息后应在规定时间内按照授权及预定流程进行报警信息复核，确认复核结果后立即转入下一个处理流程，并按照制度要求做好相关报警记录。

（5）掌握安防系统主要设备工程状态的基本检查方法。

（6）按要求认真填写值机日志，内容包括：日期、天气、常规操作情况、事件处置情况、设备运行情况、故障设备处置情况、接办事务处理情况、交办事处理要求等，日志填写人员及当班负责人应在日志上签字确认。

（7）应按照流程要求完成交接班，交接内容包括：日期、时间、各防范区基本情况、设备运行情况、事件处理情况、接办或续办事务等，接班人员及当班负责人应在交接班文件上签字确认。

（8）在接待数据信息使用、调取有关人员时，应按照管理要求填写数据信息使用登录，内容包括：使用人员姓名、单位、证件、事由、点位、时间、内容长度等。

（9）应熟悉工作现场配置的各种通信工具的使用方法。

## 10.1.3　视频监控系统操作要求

（1）通过视频监控画面观察时，应及时发现监控范围内特殊目标，如交通设施、护栏、雕塑、井盖、不明物体等发生的各种变化。

（2）配合切换不同位置前端摄像机或可控云台变焦摄像机（球机）完成目标远、中、近三个位置的观察操作，每个位置配合目标移动特点完成设备操作及图像观察，远、中、近每个观察位置要停顿2 s以上，观察画面应清晰稳定。

（3）通过视频监控画面观察单个目标时，应配合设备操作，掌握以下单个目标观察要求：

① 中、远景观察与周边景物关系、行为特点、行走轨迹（路线）特征，画面应清楚反映与周边目标及景物的相对关系，能清楚识别周边景物的各自属性及特征，道路名称及走向；

② 近景观察目标的外貌、举止、移动特征，以及目标为人员时的体貌特征（如体态、年龄、性别、发型、穿着、鞋、裤、携带物等）。

（4）通过视频监控画面观察群体目标时，应配合设备操作，掌握以下群体目标观察要求：

① 中、远景观察目标数量、动态、聚集目标之间相互关系、着装、携带物及体貌特征；

② 近景观察主要目标行为、目标动作、聚集原因、外貌特征及表明目标属性的标志。

（5）通过视频监控画面观察车辆时，应配合设备操作，掌握下列目标车辆观察要求：

① 远景应清晰反映车辆全貌、与周边相关标志物空间关系及行车轨迹；

② 中景应清晰反映车身颜色、车型、主要部件特征等；

③ 近景图像应清晰反映车头、车尾细节，能清晰辨别车牌号、品牌、车标等；

④ 车辆观察过程中应辨别车内人员情况及上下车人员情况。

（6）掌握多机位图像的观察浏览操作，针对观察内容需要，通过不同机位的切换，稳定快速实现远、中、近不同目标观察内容的要求。

（7）掌握多目标关联观察分析操作方法，针对主目标观察要求，利用云台、变焦镜头或多机位切换操作，完成目标与道路、附近建筑物、邻近出入口、周边其他景物及其关联目标的观察。

（8）掌握相近区域协同操作方法，在邻近区域不同监控中心间实现跟踪对象的连续跟踪处理。

（9）掌握道路沿途前端摄像机机位关系，实现多机位同时观察、快速切换和移动目标不间断跟踪观察。

（10）掌握空中目标的观察操作，观测画面要准确反映空中目标出现的方位，与地面参照物的对应关系，空中目标的外形特征，空中目标的移动轨迹等。

（11）掌握人员行为特征、心理学知识、唇语等基本技能。

 # 10.2　安防视频监控系统维保

维保是维护和保养的统称。维保是依据计划对系统进行常规性检查、维护，使系统保持正常运行状态的活动。维保单位是从事系统维护保养和维修服务的单位。

## 10.2.1　维保一般要求

建设/使用单位要制定和落实系统使用、管理和维保的规章制度，建立维保工作的长效机制，保证系统有效运行，充分发挥系统的防范作用。

### 1. 故障响应

一级故障响应：

- 系统瘫痪或危及社会公共安全和人民生命财产安全；
- 接到通知，1 小时内到达现场，2 小时内排除故障。

二级故障响应：

- 系统发生故障且影响系统正常使用；
- 接到通知，2 小时内到达现场，6 小时内排除故障。

三级故障响应：

- 系统发生故障但不影响系统正常使用；
- 接到通知，4 小时到达现场，48 小时内排除故障。

### 2. 备件库

维保单位应设立备件库，对常见故障的设备和易损的材料进行储备，以满足及时维修的需要。

### 3. 维保单位分级

维保单位分为三级，如表 10-1 所示。

### 4. 签订维保合同

系统维保合同包括以下内容：

（1）维护保养和维修期限；

表 10-1　维保单位分级

| 安防行业资质等级 | 系统规模（前端接入点） | 人员配备 | 工程车辆/台 | 工　具 | 备　注 |
|---|---|---|---|---|---|
| 一级 | 大于 2000 个点 | 8 人及以上 | 3 | 必备，满足项目需要 | 具有登高证、电工证及本行业颁发的从业资格证等，满足项目需要 |
| 二级 | 1000～2000 个点 | 6 人及以上 | 2 | | |
| 三级 | 1000 个点以下 | 4 人及以上 | 2 | | |

（2）维护保养和维修的内容；

（3）维护保养和维修的要求；

（4）故障响应时间和维修处理时间限定；

（5）维修质量要求和维修所需配件供应方式的确定；

（6）维护和维修记录及验收的标准；

（7）维护保养和维修资金支付方式和时间；

（8）合同双方具体负责人的姓名、联系电话；

（9）合同双方的责任、权利和义务；

（10）争议、违约及违约责任的处理方式；

**5. 维保程序**

（1）全系统的维保每年至少要进行 2 次以上，每次维保要填写检查报告，内容不少于前端巡视表（见表 10-2）、后端巡视表（见表 10-3）和传输巡视表（见表 10-4）样式所列内容，或根据合同要求进行维保。

表 10-2　前端巡视表

| 巡视辖区： | 巡检点数：　　　　巡检日期： | | |
|---|---|---|---|
| 项目名称 | 巡检项目 | 备　注 | |
| 检查情况 | 杆件整体外观　□正常　□不正常 | | |
| | 控制箱整体外观　□正常　□不正常 | | |
| | 电源适配器　□正常　□不正常 | | |
| | 空气开关　□正常　□不正常 | | |
| | 防护罩整体外观　□正常　□不正常 | | |
| | 摄像机整体外观　□正常　□不正常 | | |
| | 镜头　□正常　□不正常 | | |
| | 云台　□正常　□不正常 | | |
| | 设备供电情况　□正常　□不正常 | | |
| | 线路通畅　□正常　□不正常 | | |
| | 辅助照明装置　□正常　□不正常 | | |
| | 摄像机玻璃罩污垢　□正常　□不正常 | | |
| | 立杆周围环境　□正常　□不正常 | | |
| | 防雷、接地测量　□正常　□不正常 | | |
| | 其他　□正常　□不正常 | | |

（续表）

| 巡视辖区： | 巡检点数： | 巡检日期： |
|---|---|---|
| 抵达时间：<br>离开时间：<br>是否作为问题点位汇总：□是 □否 | | |
| 处理情况 | | |
| 巡检人： | | 建设/使用单位确认人员： |

表 10-3　后端巡视表

| 巡视辖区： | | 巡检点数： | 巡检日期： |
|---|---|---|---|
| 项目名称 | 巡检项目 | | 备　　注 |
| 检查情况 | 温湿度　□正常　□不正常 | | |
| | 消防、防雷接地　□正常　□不正常 | | |
| | 配电系统　□正常　□不正常 | | |
| | 处理设备　□正常　□不正常 | | |
| | 视频解码器　□正常　□不正常 | | |
| | 机房环境　□正常　□不正常 | | |
| | 显示设备　□正常　□不正常 | | |
| | 控制设备　□正常　□不正常 | | |
| | 网络设备　□正常　□不正常 | | |
| | 记录设备　□正常　□不正常 | | |
| | 软件运行状态　□正常　□不正常 | | |
| | 软件版本更新　□正常　□不正常 | | |
| | 主要设备配置参数备份　□正常　□不正常 | | |
| | 其他　□正常　□不正常 | | |

| 抵达时间：<br>离开时间：<br>是否作为问题点位汇总：□是　□否 | | |
|---|---|---|
| 处理情况 | | |
| 巡检人： | | 建设/使用单位确认人员： |

表 10-4　传输巡视表

| 巡视辖区： | | 巡检点数： | 巡检日期： | |
|---|---|---|---|---|
| 项目名称 | 巡检项目 | | 备注 | |
| 检查情况 | 网线　□正常　□不正常 | | | |
| | 视频线　□正常　□不正常 | | | |
| | 电源线　□正常　□不正常 | | | |
| | 光纤　□正常　□不正常 | | | |
| | 标识、标示　□正常　□不正常 | | | |
| | 通信设备　□正常　□不正常 | | | |
| | 线路带宽　□正常　□不正常 | | | |
| | 无线设备　□正常　□不正常 | | | |
| | 其他　□正常　□不正常 | | | |
| 抵达时间：　　　　　离开时间：<br>是否作为问题点位汇总：□是　□否 | | | | |
| 处理情况 | | | | |
| 巡检人： | | 建设/使用单位确认人员： | | |

（2）维保单位在巡检设备时，发现异常情况应及时向建设/使用单位通报。

（3）维保单位在进行断电维修和保养前，应提出申请并征得建设/使用单位同意后方可进行操作。

## 10.2.2　维保技术要求

### 1. 维护保养

（1）前端：杆件无倾斜，摄像机应清洁，监控方位应和原设计方案一致，室内外防护罩应清洁、牢固，进线口密封良好，云台上、下、左、右控制应齐全有效，镜头的调整、控制应齐全有效，控制线外观应无破损，箱内所有设备运转正常。

（2）后端：存储、预览、录像以及回放应符合设计方案要求，图像质量应符合要求。显示色温、色差质量良好，感染计算机病毒时应杀毒、升级，机器内清洁、除尘，确认散热风扇工作正常。

（3）传输：线缆应无破损、裸露，传输光纤检查、测试应符合标准。

### 2. 维保完成后，要填写维修记录表

（1）维保工作必须每次都填写维修记录表（见表 10-5），并应由现场维修人员和业主单

位人员签字确认。

（2）维修记录表应填写 2 份，由建设/使用单位和维修单位各保存一份，保存到系统服务年限结束时为止。

（3）维修记录表应使用钢笔或签字笔填写，不得使用铅笔等填写。

表 10-5　维修记录表

| 报修单位 | |
|---|---|
| 报修人员 | |
| 报修时间 | |
| 修复时间 | |
| 故障地点 | |
| 故障描述 | |
| 处理情况 | |
| 故障处理人员： | 建设/使用单位确认人员： |

## 10.3　安防视频监控系统工程的维修

### 10.3.1　维修性设计和维修保障要求

安防工程的维修性设计和维修保障要符合如下要求：

（1）系统的前端设备应采用标准化、规格化、通用化设备以便维修和更换；

（2）系统主机结构应模块化；

（3）系统线路接头应插件化，线端必须做永久性标记；

（4）设备安装或放置的位置要留有足够的维修空间；

（5）传输线路要设置维修测试点；

（6）关键线路或隐蔽线路要留有备份线；

（7）系统所用设备、部件、材料等，要有足够的备件和维修保障能力；

（8）系统软件应有备份和维护保障能力。

## 10.3.2　设备与部件故障及其解决思路

安防视频监控设备与部件出现故障时的解决思路如下所述。

### 1. 电源不正确引发的设备故障

一般当设备或部件出现问题时，首先要检查的是供给设备与部件的电源是否正确。如果是电源不正确，大致有如下几种可能：供电线路或供电电压不正确；供电功率不够或某一路供电线的线径不够，以致压降过大；供电系统的传输线路出现短路、断路、瞬间过压，尤其要注意的是，因供电错误或瞬间过压，往往会导致监控设备与部件的损坏。

因此，在视频监控系统中，尤其是在调试过程中，在给设备与部件加电之前，一定要认真严格地对设备的供电情况进行核对与检查，绝不能掉以轻心。供电情况的核对与检查包括以下内容：

- 分析引起现象原因有可能涉及的相关线路，缩小排查范围；
- 仔细检查接插件、连接点、焊接点等；
- 确认接线图与实际线路是否相符；
- 能够单独工作的设备，进行隔离测试，确认是否损坏。

### 2. 线路问题引发的设备故障

线路问题是一个不容忽视的问题，尤其是与设备连接的线路，如果处理不好，就会发生断路、短路、线间绝缘不良甚至误接线。这样，会导致设备或部件损坏、性能下降，或者设备本身并没有因此损坏，但反映出的现象是出在设备或部件上。

在视频监控系统中，有些设备的连线有很多条，如带三可变镜头的摄像机及云台。如果线路处理不好，就会出现上述问题。尤其是某些接插件的质量不良，有的连线的工艺不好，更是出现这种问题的常见原因。在这种情况下，要根据故障现象冷静地分析，判断在若干条线路上是由于哪些线路的连接有问题才产生这种故障现象，这样就会缩小出现问题的范围。例如，一台带三可变镜头摄像机的图像信号是正常的，但镜头无法控制，就不必再检查视频输出线了，而只要检查镜头控制线即可。

### 3. 设备调整不当产生的问题

设备调整不当产生的问题是除了产品质量问题之外的常见问题。例如，摄像机后截距的调整是要求非常细致和精确的工作，如果不认真、细致地调整，就会出现聚焦不好，或在三可变镜头的各种操作时发生散焦等问题；还有，摄像机上的一些开关和调整旋钮的位置是否调整正确，是否符合系统的技术要求，也是很重要的方面。它们同解码器开关或其他可调部位的设置正确与否一样，也会直接影响设备本身的正常使用，进而影响整个系统的性能。

### 4. 设备、部件之间连接不正确产生的问题

连接不正确可能会发生如下问题：阻抗不匹配、通信接口或通信方式不对应。通信接口或连接方式不对应往往发生在控制主机、解码器、控制键盘等有通信控制关系的设备之间，这种情况多数是由于选用的控制主机、解码器、控制键盘等不是一个厂家的产品造成的。通常，不同的厂家所采用的通信方式或传输的控制数码是不同的。因此，对主机、解码器、控制键盘等有通信控制关系的设备，要注意产品的兼容性，或者选用一个厂家的产品。

### 10.3.3　摄像机常见故障的维修

安防视频监控工程中摄像机常见故障及维修方法如下：

（1）现象：加电后无视频信号输出（无图像）。

分析原因：外接电源极性是否正确；电源输出电压是否满足要求（电源衰减：DC 12 V±1.2 V；AC 220 V，185～265 V）；视频连线是否接触良好，同轴电缆的芯线与屏蔽线可能短路或断开；手动光圈镜头或电动光圈镜头的光圈是否打开。

解决办法：按上述原因逐一排查解决。如果是自动光圈镜头，需要调节 LEVEL 电位器使光圈在合适的位置。

（2）现象：彩色失真、偏色。

分析原因：可能是白平衡开关（AWB2）设置不当，也可能是环境光照条件变化太大。

解决办法：检查开关设置是否在 OFF 位置，想办法改善环境的光照条件，或避免大面积单调颜色。

（3）现象：图像出现扭曲或几何失真。

分析原因：可能是摄像机、监视器的几何校正电路有问题，也有可能是光学镜头的问题，或者是连接线缆或设备的特征阻抗与摄像机的输出阻抗不匹配。视频幅度过大也会导致图像扭曲，国家标准的视频输出幅度是 $1.0U_{P-P}$。

解决办法：检查所有光学镜头，再检查监视器的输入阻抗开关是否设置在 75 Ω 端，最后检查视频连接线缆阻抗是不是 75 Ω。

（4）现象：画面出现几道黑色竖条或横条滚动。

分析原因：直流供电电压的纹波太大。

解决办法：加强滤波并采用性能好的直流稳压电源。

（5）现象：画面竖直方向出现多道竖条。

分析原因：外接视频线或设备的特征阻抗与摄像机不匹配（75 Ω）而引起的反射造成的。

解决办法：使视频线和其他连接处理设备的阻抗为 75 Ω。

（6）现象：画面噪点大。

分析原因：摄像机内部电路板接地不良；视频传输线路远，视频信号衰减，视频幅度输出不够；环境光照不够；连接光线接触不良或有短路现象；监视器本身信噪比不良。

解决办法：按上述原因逐一排查解决。

（7）现象：红外防水机白天图像正常，夜间发白。

分析原因：机器使用环境有反射物或在范围很小的空间内使用，因红外反射导致；如果一台远距离区外机器在很小的空间使用会因红外光过强导致机器图像发白；因红外发光管发出的红外光通过球罩折射到镜头所致；镜头里起轻微雾也不会有此现象。

解决办法：确定使用环境是否有反射物，尽可能改善使用环境；使机器的有效红外距离与实际使用距离相适应；避免让红外光折射到镜头表面，通常采用海绵/胶圈进行镜头与红外光的隔离，在装配时一定要将球罩玻璃紧贴海绵胶圈，防止漏光；擦洗或更换镜头。

（8）现象：红外防水机白天图像正常，夜间看不清物体。

分析原因：电源功率不够，因白天红外灯没有工作，功率小；到晚上电源功率小，红外灯不能正常工作，导致图像暗，看不清物体。

解决办法：换用功率较大的电源。

（9）现象：图像斜纹、水波纹、横线干扰。

分析原因：线缆质量问题，质量较差的线缆在传输过程中衰减信号，容易出现被干扰现象；视频线或摄像机被强磁场干扰；稳压电源内部电容滤波不良，在使用一体变焦摄像机中，尽量不要使用集中供电；传输线路过长；视频线的 BNC 接头制作工艺差；雷击造成摄像机无图像（通常为 DSP、CPU、电源板损坏）；摄像机工作中电源电压过高；摄像机用 12 V 直流电源，实际输出电压超过直流 15 V，造成电源板损坏；BNC 接头松动；电源变压器损坏；220 V 交流供电电网电压波动太大。

解决办法：尽量使用国标线材；监控系统采用 UPS（净化稳压电源）220 V 交流电源集中供应方式，同时尽量做好视频和电源的防雷处理及针对上述原因的排查处理等。

（10）现象：一体化摄像机不能自动聚焦。

分析原因：一体化摄像机的聚焦状态是在键控优先状态下，周围的环境光线过亮，致使摄像机亮度值过高，摄像机无法找到聚焦点。

解决办法：将键控优先状态调回自动聚焦状态，如果还不行，可以将摄像机的亮度值调低。

（11）现象：球机通电无动作、无图像、指示灯不亮。

分析原因：电源线接错；供电电源损坏；熔断器损坏；电源线接触不良。

解决办法：更正、更换或排除损坏器件。

（12）现象：球机通电自检有图像，但是不能控制，指示灯不闪烁。

分析原因：红外球形摄像机的地址码、波特率设定不正确，协议不正确，RS-485 线接反或开路。

解决办法：重新设定红外球形摄像机的地址码、波特率和协议，检查 RS-485 控制线的接线方式。

（13）现象：球机自检异常，有图像后伴有电动机鸣叫声。

分析原因：机械故障，红外球形摄像机倾斜，电源功率不够。

解决办法：检修、摆正，更换符合要求的电源。

（14）现象：球形摄像机图像不稳定。

分析原因：视频线路接触不良，电源功率不够。

解决办法：排除、更换。

（15）现象：球形摄像机的画面模糊。

分析原因：红外球形摄像机处于手动聚焦状态；球罩脏。

解决办法：操作红外球形摄像机或调用任意一个预置位使红外球形摄像机处于自动聚集状态；清洗球罩。

（16）现象：红外球形摄像机控制不良。

分析原因：红外球形摄像机功率不够，检查控制最远处红外摄像机匹配电阻是否加入；不规范操作导致失控。

解决办法：更换符合要求的电源；为离控制最远处红外球机加入匹配电阻；断电重新启动。

### 10.3.4　DVR 常见故障的维修

目前，数字硬盘录像机（DVR）在安防监控领域占有重要地位，现将 PC－DVR 与嵌入式 DVR 在使用过程中所表现的常见故障及其解决方法简介如下。

（1）现象：正常预览不能启动。

分析原因及解决办法：DVR 中显卡的档次太低，不能正常启动预览；若显示预览状态的指示灯不亮，应检查系统的工作日志，这时就有两种可能：一是与服务器主机连接是否正确，因为有可能服务器未启动或服务器对此客户端进行了 IP 屏蔽；二是已经与服务器正常连接，但客户端每次尝试启动数据接收皆失败，可先关机，稍后开机，再一次手动启动。如果显示预览状态的指示灯亮，在检查系统的工作日志时，又没有发现异常，则不能启动正常预览的原因可能是：从服务器传过来的音/视频数据，要经过交换机、路由器，而客户机在服务器端被设置成了局域网的连接方式，IP 摄像机是这种连接方式，不是宽带或电话线的连接方式，也不是局域网 LAN 的连接方式。

（2）现象：日志被损坏。

分析原因：用户主机经常突然断电；多次在一台硬件配置极不稳定的机器上运行视频软件。

解决办法：系统配置信息损坏，运行初始化可执行 exe 程序，或手工删除注册表中的"HKEY-LOCAL-MACHINE\software\FiyDrangonWorkShopclient"分支；工作日志损坏，删除或更名应用程序文件夹下的 Worklog 文件夹。

（3）现象：客户端预览画面及录像文件回放时有马赛克。

分析原因及解决办法：由于主机信号不好，网络畅通性不好，从而使有些音/视频信号丢失所致；客户机在产生马赛克这段录像期间，有其他原因而导致资源严重匮乏，如客户机一边预览主机传输过来的数据，一边又在进行超过系统能力的多通道回放操作，从而将 CPU 资源耗尽，因此，一旦主机资源消耗尽，录像数据就不能正常写入硬盘，所以就可能产生马赛克。

（4）现象：客户端预览有动画感。

分析原因：服务器主机对应通道的录像设置，将帧率调得太低；网络通信的带宽不够，这时应该适当降低主机端的录像质量；由于服务器主机将此通道设为局域网传输模式，而且与一级客户端、扩展客户端在同一个局域网内，因而此时扩展客户端可能预览不正常。

解决办法：当系统出现这样的问题时，用随机附带的系统恢复盘重新启动系统，这时系统会自动恢复到出厂前的设置。系统恢复完成后，取出软件，然后重新启动机器。当系统启动后，再根据需要重新设置。

（5）现象：开机监控一段时间后，显示器中出现屏幕保护或黑屏。

分析原因：从监控系统中退出到 Windows 操作系统窗口，用鼠标右键单击窗口，选择"属性"→"屏幕保护"，解除屏保；电源方案选择"始终打开"，系统等待选择"从不"，关闭监视器选择"从不"，关闭硬盘，选择"从不"。

（6）现象：显示器画面有抖动感。

原因：显示刷新率设置得过低。

解决办法：进入"显示属性"→"高级"→"监视器"，将刷新率调高。

（7）现象：无图像显示。

分析原因：显卡不兼容，可以通过 Direct Draw 测试；PCI 接口接触不良；板卡损坏。

解决办法：测试、换 PCI 槽位或换显卡。

（8）现象：程序不能启动或初始化失败。

分析原因：快捷方式错误；没有安装 DirectX8.0 以上版本加速软件；板卡型号没有被正确识别；电源不是 ATX 电源或者电源功率不够；板卡接触不良；软件和板卡不兼容；PCI 槽损坏。

解决办法：重建快捷方式；安装高版本加速软件；更换大功率 ATX 电源；更换安装插槽的位置。

（9）现象：音频监听、回放不正常。

分析原因及其解决方法：系统的兼容性问题，原因是使用工控机安装本系统时，建议音频卡安装在基本 PCI 插槽（靠近 CPU 的插槽）；声卡驱动程序或者系统设备的驱动程序安装有误；在安全模式下，检查声卡及系统设备驱动程序，删除重复的设备驱动程序，重新启动计算机，安装产品提供商提供的驱动程序。

（10）现象：客户端只能看到一路图像及不能远程控制。

分析原因及解决办法：服务器设定网络方式为单播或者 TCP/IP 方式时，客户端只能同时看一路，而多播方式可以看多个画面；如果是通过交换机或者路由器连接的网络，在使用多播协议时，必须确认交换机或者路由器支持多播协议，否则不能使用多播协议；主机没有安装解码器等前端可控设备，因而不能远程控制；服务器没有提供给客户端控制权限也不能远程控制。

（11）现象：采集长时间的视频图像时，声音不同步。

分析原因：当使用普通型的硬盘录像卡时，由于采集视频使用的是录像卡 DSP，而采集音频使用的是主机声卡，所以长时间（50 min 以上）压缩时，由于主机速度的不同会产生声音和图像的不同步现象。

解决办法：改用带有单独音频输入的硬盘录像卡可以避免这类情况的发生。在对音频、视频同步要求较高的应用场合，应该使用带有音频、视频同时输入的硬盘录像卡；同样，也可以多块卡同时使用，与视频相关的指标不变。

（12）现象：系统不能录像。

分析原因及其解决办法：没有设置录像（定时录像、手动录像），所有设置是在设置完毕的下一分钟开始有效；磁盘空间不够，磁盘出错导致系统计算磁盘空间不准，扫描磁盘后即可恢复。

（13）现象：硬压缩卡有时抓拍图像或显示图像时会出现"伪彩现象"。

原因：和显卡有关，当设为 16 位显示时，有的显卡 RGB 排列方式是 265，有的则是 555；如果和演示程序里的参数设置不一致，就会出现此现象。

解决办法：修改 mvvidcap.ini 配置文件和"imageformat"的值。

（14）现象：遇到无法循环录像或录像录满后死机。

分析原因及其解决办法：确认现在所设置的录像方式是"一次录像"还是"循环录像"；和硬盘分区所使用的工具有关，建议不使用任何硬盘分区工具，Windows 98 最好是使用 FDISK 分区命令来进行分区，Windows 2000 使用它自带的分区工具来分区。

（15）现象：录像回放质量差。

　　分析原因及解决办法：硬盘录像机在普通的压缩质量下，录像回放质量比较满意，但有时发现马赛克现象比较严重，特别是对于运动图像，图像变得模糊不清。其主要原因是摄像机亮度过低，在此不要试图改变硬盘录像机的亮度补偿，要重新调整摄像机的亮度来加以补偿。

　　（16）现象：实时监控的图像不清晰。

　　分析原因及解决办法：在数字硬盘录像机的系统设置内，根据所配置摄像机的型号或清晰度，选择"普通摄像机"或"高清晰度摄像机"；同时，也可以通过调整视频的亮度、色度、对比度及饱和度的值，达到满意的效果。

　　（17）现象：图像静止不动。

　　分析原因：可能是音/视频卡死机，也可能是音/视频卡和计算机的 PCI 插槽接触不良。

　　解决办法：关闭计算机，重新启动；如果出现较为频繁的死机现象，可以考虑换卡；如果不是很频繁，可能是因为系统工作时间太长，可以设定系统每天定时重启以缓解系统工作压力和释放内存，也可以在系统的某一张卡上增加与计算机连接的复位线，达到自动恢复系统的目的。

　　（18）现象：视屏干扰严重。

　　分析原因及其解决办法：视频电缆接口接触不良；视频电缆受到强电干扰，视频电缆不能和强电电缆一并走线；摄像机不能接地，在整个系统中只能采用中心机单点接地，不能使用多点接地，否则会引起共模干扰。

　　（19）现象：系统定时死机。

　　分析原因：如果数字硬盘录像系统定时死机，如每天早上 7 点半左右死机（这种情况一般容易在工厂出现），其原因是视频线缆受到工厂的强电冲击，使视频卡不能正常工作，导致死机。

　　解决办法：改善电源供电，或隔离数字硬盘录像系统。

## 10.3.5　监控器故障及解决方法

　　无论是第几代视频监控系统，系统质量好坏的表现，都能从监视器的图像中体现出来。因此，从监视器图像的质量可以判断检测监控系统设备或系统施工工程的质量好坏，评价质量不良与产生干扰或故障的关系，并寻求其解决方法。这里根据有关的文献资料，并结合工程实践经验，介绍从监视器上显示的图像，分析判断视频监控系统或设备出现故障的原因，并提出一些解决办法。

　　（1）故障现象：监视器上无图像。

　　监控主机等设备及其连接引起无图像显示。

　　分析原因及办法：

　　① 微机切换主机输出至监视器的同轴电缆连接头发生短路或断路；微机切换主机相应的输出端损坏；接收、监视两用的电视机没有在 TV 状态，或者监视器已损坏；若同时接有录像机，需要将录像机电源接通，并相应地调至 TV 状态。

　　② 硬盘录像机（DVR）引起无图像显示，见 10.3.4 节。

　　③ 摄像机的原因引起无图像显示，见 10.3.3 节。

　　④ 光纤传输方式引起监视器无图像显示。首先检查光缆、光端机的光发射、接收机的连接是否正确，确认无误后，检测供电电压与电流是否符合要求。光发射机的输出载波没有

视频输入信号，检查光发射机上的视频输入过程，把视频信号从光发射机上断开，用视频同轴电缆直接将视频信号输入监视器，若有图像，说明光发射机有问题，更换即可；光接收机问题，若光发射机、监视器与连接无问题，而仍是黑屏，则更换光接收机；监视器问题，若光接收机、光发射机均无问题，与监视器的连接正确而仍是黑屏，则更换监视器。

（2）故障现象：在监视器的图像上，出现比较均匀的雪花状干扰，图像质量差。

分析原因：

① 光纤传输方式引起监视器上图像有雪花。分析原因及其解决方法：光接收机有问题，首先用光功率计检查进入光接收机的光功率，如果光功率符合要求，则需要更换光接收机；光发射机问题，如果检查进入光接收机的光功率低于标定值，则应该用光功率计和一根光纤跳线检查光发射机的光输出量，如果光输出量低，则需要更换光发射机；光连接器问题，如果检查光发射机的输出量符合要求，则有可能是光连接器问题，把光连接器擦拭干净或更换一个质量好的；传输距离太远，光纤损耗太大，需要增加光放大器。

② 同轴电缆等传输线路引起监视器上图像有雪花，分析原因及解决办法：监控点景物照度过低，使视频信号的幅度变小；摄像机灵敏度低或镜头光圈过小；监视器质量问题；视频传输线路不好，使视频信号衰减过大，致使视频信号的幅度变小；视频传输线路中的视频放大器等视频设备质量不好；视频电缆的插头、插座焊接不良等。

解决办法：采用质量好的视频设备与视频传输线缆，保证视频信号的幅度达到规范标准的要求。

（3）故障现象：监控器上的图像有木纹。

监视器上的图像有木纹，轻微时往往不会影响正常图像，但严重时甚至会破坏同步，使图像无法观看。

分析原因及解决办法：产生这种故障现象的原因较多，也比较复杂，大致有如下几种原因。

① 视频传输线的质量不好。主要表现在以下方面：线缆的屏蔽性能差，如屏蔽网不是质量很好的铜线网，或屏蔽网过稀而起不到屏蔽作用，一般应该采用屏蔽层为96编的铜网线，芯线为多根铜线的同轴电缆；这类视频线的线电阻过大，因而使信号产生较大的衰减；同轴电缆的芯线应当是电阻率比较小的铜线，芯线电阻过大时，会使信号衰减过大，从而使网状干扰加重；这类视频线的阻抗不是75 Ω；等等。

需要指出的是，图像有木纹不一定就是视频线不良产生的故障（后面还有两个原因），因而在判断时要准确和慎重。只有当排除了其他可能后，要把剩余的这种视频电缆（若无剩余，则需在系统中截取一段这样的电缆）送到检测部门去检测。若检测结果不合格，就可以确定是电缆质量问题。如果已经判断是视频传输线的质量不好，但由于施工布线已经完毕，就难以用换线等办法解决。因此施工前选用符合标准和要求的视频电缆非常关键，决不能为了减少成本而购买质量差的视频电缆。如果肯定是电缆质量问题，最好的办法就是换掉所有这种电缆，这样才能从根本上解决问题。

值得注意的是，在干扰不太严重的情况下，可以试着采用净化电源以及在线连接的UPS向整个系统供电的方式，有时也能减轻或基本消除干扰。但这种方法会因为系统信号的不同，而效果不明显，或出现有时管用、有时不管用的情况。

② 供电系统的电源有干扰。即窜入比较强的干扰信号，具体是在50 Hz的正弦波上叠加

有干扰信号，多来自本电网中使用的晶体管设备。尤其是大电流、高电压的晶体管设备，它对电网污染非常严重，这就导致了同一电网中的电源不"洁净"。如果本电网中有大功率晶体管调频调速装置、晶体管整流装置、晶体管交直流变换装置等，都会对电源产生干扰。

这种情况的解决办法比较简单，只要整个系统用净化的电源或采用在线 UPS 供电，基本上可以消除这种干扰。

③ 系统附近有很强的电磁干扰源。系统附近有很强的电磁干扰源也会引发这类故障。在这种情况下，可以通过调查和了解系统附近的环境情况而加以判断。如果是这种原因，解决的办法是加强对摄像机、视频放大器等视频设备的屏蔽，以及对视频电缆的接、插头及管道口进行良好的接地处理等。

（4）故障现象：监视器上的图像有间距相等的竖条。

在监视器的画面上，有时产生若干条间距相等的竖条，这种干扰信号的频率基本上是行频的整数倍。如果用示波器观看被干扰图像的波形，会发现在行同步头的后肩上叠加有幅度较高的行频谐波振荡波形，竖条干扰就是由此引起的。

分析原因：由于传输线的特性阻抗不匹配引起的故障现象，它是由于视频传输线的特性阻抗不是 75 Ω 导致阻抗失配而造成的；通过对波形的分析和对视频电缆的定量测量，发现这种阻抗不符合要求的视频电缆，其分布参数也不符合要求，这也是阻抗失配的原因之一，因此，产生这种干扰现象是由于电缆的特性阻抗和分布参数都不符合要求引起的，如采用劣质同轴电缆或 250 m 以上信号传输的"始端"或"终端"阻抗严重不匹配，甚至有开路端，都有可能造成上述干扰。

解决办法：在"始端"串接电阻或在"终端"并接电阻。即在"始端"串接 75 Ω 电阻，在"终端"并联 75 Ω 电阻，以避免阻抗失配和分布参数过大；采用优质同轴电缆，即外屏蔽网为铜材，并不少于 96 编，芯线也为多股铜材。值得注意的是，视频传输距离在 150 m 以内时，使用上述阻抗失配和分布参数过大的视频电缆，不一定会出现上述干扰现象。因此，在一个传输距离相差很大的系统中，分析这种故障现象时，不要受到短距离并无干扰的迷惑。

选购视频电缆时，一定要保证质量，必要时应该对电缆进行抽样检测。

（5）故障现象：监视器上的图像有黑白杠并向上或向下滚动。

分析原因及其解决办法：在监视器画面上出现一条黑杠或白杠，并且向上或向下慢慢滚动。产生这种现象的原因，很可能是系统产生了地环路而引入了 50 Hz 的交流电干扰而造成的。但是，有时由于摄像机或矩阵切换器等控制主机的电源性能不良或局部损坏，或系统接地、设备接地等问题，也会出现这种故障现象。因此，在分析这类故障现象时，要分清产生故障的两种不同原因。一般在控制主机上，就近接入一台电源没有问题的摄像机的输出信号，如果在监视器上没有出现上述现象，则说明控制主机无问题。接下来可用一台便携式监视器就近接在前端摄像机的视频输出端，用多台摄像机逐个检查，以便查找是不是因电源出现问题而造成干扰。若有，则进行处理；若无，则干扰是由地环路等其他原因造成的。

电源问题或系统与设备接地等问题造成的原因：视频设备尤其是摄像机供电电压过低，或电源不"洁净"；波纹系数比较大，或串入比较大的干扰；系统的接地设备可能不良；摄像机、视频放大器或视频矩阵等视频设备有质量问题；系统周边地区有比较严重的电磁干扰，如电焊、无线电发射、大电动机与大继电器的干扰等。

（6）故障现象：监视器上的图像有大面积网纹。

分析原因：监视器上产生的大面积网纹会导致图像质量严重下降，严重时常使图像全部被破坏，即形不成图像和同步信号。造成该故障的主要原因是这种干扰情况多出现在 BNC 接头，或其他类型的视频接头上的连接不好；视频电缆线的芯线与屏蔽网短路、断路造成的故障，如电缆敷设使外屏蔽层损坏，屏蔽网线被扯断；电缆敷设后，遇到腐蚀性的液体、气体或鼠害，使电缆外屏蔽层损坏；电缆插头与视频设备的连接不良等。

解决办法：这类故障现象比较容易判断，因为这种故障现象出现时，往往不会是整个系统的各路信号均出现问题，而仅仅出现在那些接头不好的线路上。只要认真逐个检查这些接头，就可以解决这一问题。

（7）故障现象：监视器上的图像有拖尾、毛刺或扭曲，甚至行不同步。

分析原因：视频传输线路采用了劣质同轴电缆，或电缆屏蔽线只有几根细小的网线相连或中间有断开处；视频传输线路中，BNC 接头焊接不良；传输距离长，未安装视频放大器也可能安装了该设备，但该设备质量不良，且 75 Ω 阻抗严重不匹配；监视器或摄像机本身存在不同步，或摄像机供电电压过低，如 DC 12 V 电压小于 10 V；电源不"洁净"，窜入了干扰信号；如果是用高频有线、无线或光纤传输方式，多为高频传输设备或光纤传输设备质量问题，如某台射频设备质量不良使同步头被限幅切割等。

解决办法：若怀疑某设备有问题，可用替换法确定，并针对具体原因进行纠正，使传输线路达到要求。

（8）故障现象：监视器上的图像有重影。

分析原因：在监视器上，显示的图像重叠有另一路图像的影子，当图像比较亮时，影子看起来不严重；当图像画面比较暗时，其重影比较明显。产生该故障的原因是：视频传输线路采用了劣质同轴电缆，或电缆外屏蔽层损坏严重，或电缆系统接地不良；系统中布线严重不合理，造成互相串扰，如该传输同轴电缆与另一根电缆间走线不合理而造成信号的严重串扰；视频矩阵的隔离度太少，不符合技术要求；负载阻抗不是 75 Ω 而严重不匹配；若采用的是高频有线、无线传输方式，则可能是系统的交调和互调过大；等等。

解决办法：若是设备的问题，可用替换法确定，并针对具体原因纠正。

（9）故障现象：监视器上的图像淡、对比度太小。

分析原因：主要是视频信号幅度不够所致，具体原因主要有监视器的图像对比度调整不当或监视器本身的质量问题；传输距离过长或视频传输线衰减太大；传输线插头、插座焊接不良；监控点景物照度过低；监控摄像机灵敏度低或镜头光圈过小等。

解决方法：加入线路放大和补偿装置，使视频信号幅度达到规定要求。

（10）故障现象：监视器上的图像不清晰、边缘不清楚或彩色丢失。

分析原因：图像信号的高频端损失过大，以致 3 MHz 以上频率的信号基本丢失；传输距离过长，而中间又无放大补偿装置，对视频信号的幅度衰减过大；视频传输电缆分布电容过大，使高频成分衰减过大；摄像机与监视器的清晰度不高；视频信号通路频宽过窄，如视频放大器频宽过窄或传输电缆质量低；传输环节中在传输线的芯线与屏蔽线之间出现了集中分布的等效电容等。

解决方法：可针对上述原因解决，如进行高频端补偿、放大补偿等。

（11）故障现象：监视器上的图像色调失真。

分析原因：主要是由于远距离传输线引起的信号高频段相移造成的。传输距离不远时，图像色调失真人眼不易识别。

解决办法：加相位补偿器。其预防措施是采用优质同轴电缆，传输线路宜短不宜长等。

## 10.3.6　云台、键盘等其他设备故障及维修

### 1. 键盘故障及维修

（1）故障现象：操作键盘无法遥控云台的转动及摄像机镜头的焦距变化。

解决办法：计算操作键盘到云台之间的距离，看是否因为距离过远而导致控制信号衰减过大，从而不能控制云台。如果是，则需要在中途加装中继器以放大整形信号。

（2）故障现象：操作键盘失灵。

解决办法：检查连线是否有问题，观察操作键盘是否"死机"，如死机，按下键盘上的"复位"按钮。如果无法解决，可能是由于键盘本身故障造成的。

### 2. 显示设备故障

（1）故障现象：显示器图像颜色浅淡，对比度差。

解决办法 1：先检查是不是显示器本身原因，调整显示器的对比度，如果不能解决，则可能是视频信号太弱。

解决办法 2：调整控制主机，如不能解决，则在线路中途加装信号放大器。

（2）故障现象：图像清晰度低，饱和度小，彩色信号丢失。

解决办法 1：观察传输距离，如果距离过远，则加装放大器。

解决办法 2：测量视频传输电缆分布电容。

解决办法 3：查看视频电缆的芯线与屏蔽层之间是否出现了集中分布的等效电容。

（3）故障现象：色调失真。

解决办法：测量是否线路过长，检查线路中途有无相位补偿器，这种情况大多是传输线引起的高频段相移过大造成的。

（4）故障现象：监视器在图像切换时，叠加上一层画面，或有其他信号的行同步信号干扰。

解决办法：系统采用射频传输方式时，可能是系统的交扰调制和相互调制过大而造成的。主机的矩阵切换开关质量不好，达不到图像之间隔离度的要求，更换矩阵切换开关即可。

### 3. 云台故障及维修

1）一般故障及解决办法

故障现象：云台在使用不久出现运转不灵或根本不能转动。

分析原因及解决办法：这种故障在排除产品质量的因素后，应先检查是否由于以下几种原因造成的。一是只允许将摄像机安装在云台转台上部的云台，在实际使用中，却以吊装的方式将摄像机装在云台转台的下方，这种吊装方式导致了云台运转负荷的加大，因而使用不久就会导致云台的传动机构损坏，甚至电动机烧毁；二是摄像机及其防护罩等总质量超过云台的承重，尤其是室外使用云台，往往防护罩的质量过大，因而常会出现云台转不动，尤其是垂直方向转不动的问题；三是室外使用的云台，因环境温度过高、过低、防水、防冻等措施不良，从

而出现故障或损坏。如果不是上述原因，则按下述特殊故障处理。

2）特殊故障及解决办法

（1）故障现象：云台不受控制。

分析原因及解决办法：首先检查解码器工作是否正常。一般情况下，在设置解码器参数时，主要是设置通道号，解码器类型波特率和地址位。这4个参数只要有一个设置不正确，就会导致云台不受控制。一般使用RS－485接口的T＋和T－来链接解码器的正、负引脚。如果RS－485接口是RJ－45头，则分别是第1引脚和第2引脚（1正，2负）。可能的原因是，①RS－485接口电缆线连接不正确，RJ－45水晶头的把柄朝下，从左向右数第一根线为正（D＋，A），第二根线为负（D－，B）；②主板的RS－485接口坏了（一般电压为1～5V）；③云台解码器波特率设置不正确；④云台解码器地址设置不正确；⑤控制云台解码器的类型不对；⑥解码器的24V或220V供电接口电压是否输出正常。其次，直接给云台的UP、DOWN与PTCOM线进行供电，检查云台是否能正常工作。再次，检查供电接口是否接错。最后，检查电路是否接错。

（2）故障现象：解码器无法控制，解码器中无继电器响声。

分析原因及解决办法：检查解码器是否供电；检查拨码转换器是否拨到了输出RS－485信号；检查解码器协议是否设置正确；检查波特率设置是否与解码器符合，检查地址码设置与所选摄像机是否一致（详细的地址码拨码表见解码说明书）；检查解码器与码转换器的接线是否接错（1－485A，2－485B，有的解码器是1－485B，2－485A）；检查解码器工作是否正常（解码器断电1min后通电是否有自检声；软件控制云台时解码器的UP、DOWN、AUTO等接口与PTCOM接口之间会有电压变化，变化情况根据解码器而定，可能是24V或220V，有些解码器的这些接口会有开关量信号变化，若有则解码器工作正常，否则为解码器故障）；检查解码器的熔断器是否已烧坏。

（3）故障现象：编码解码器的信号指示灯不工作（码转灯不闪）。

分析原因及解决办法：软件设置（灯不闪主要是由于码转换器未进行工作，先从软件设置着手解决问题），如软件中的解码器设置（解码协议、COM接口波特率、校验位、数据位、停止位），或更换一个COM接口（检查COM接口是否损坏）。经上述设置后，还是无法正常使用，则打开9针与25针转换器接口，检查接线是否为2－2、3－3/5－7。如果正确，检查码转换器电源是否正确，用万用表进行电压和电流测试（9V，500mA），没有问题可判定码转换器损坏。

（4）故障现象：云台控制的部分功能无法使用。

分析原因及解决办法：界面上无法操作（单击鼠标不响应），首先按上述步骤检查，然后安装相应的云台控制补丁程序。单击鼠标时解码器里面有继电器响，但部分功能无法控制。检查无法控制的功能部分接线是否正确，云台、镜头等设备是否完好，解码器功能接口是否有电压，开关量输出是否正常。控制时云台动作不正常，出现转动无法停止情况，首先单独对该接口进行测试（直接向该接口通电，进行控制），如果正常，检查解码器对应的接口是否正常。

（5）故障现象：距离过长时，不能对前端设备遥控。

分析原因：当遥控的距离过长时，操作键盘有时无法通过解码器对摄像机（包括镜头）和云台进行遥控，其主要的原因是距离过长时，控制信号衰减太大，解码器接收到的控制信号太弱而无法遥控前端设备。

解决办法：加装中继器以放大整形控制信号。

（6）故障现象：操作键盘失灵。

分析原因及解决办法：如果检查连线无问题，可确定为键盘"死机"，一般键盘都有解决键盘"死机"的方法，例如，有"整机复位"等方式。如果仍然无法解决，可判断为键盘本身损坏，需要换键盘。

（7）故障现象：主机对图像的切换不干净。

分析原因：这种故障现象的表现是选择切换后的画面上叠加有其他画面的干扰，或者是有其他图像的行同步信号的干扰。其原因是主机的矩阵切换开关质量不好，达不到图像之间隔离度的要求；如果是射频传输系统，则是系统的交调和互调过大而造成的。

解决办法：可针对具体原因解决，比如掉换矩阵切换开关、减小调控等。

（8）故障现象：监听按钮不起作用。

分析原因及解决办法：未使用音频或者所选择的通道不带音频；没有安装声卡或者没有安装声卡驱动程序；声卡工作不正常，建议使用 Direct→Sound 测试，其方法是，运行 C:\Windows\system 目录下的 Dxdiag. exe 程序，测试声卡工作状态，如果测试通不过，重新启动计算机到"安全模式"，打开设备管理器，将所有重复的设备驱动程序删除，再重新启动安装程序，运行 Dxdiag. exe 程序测试，通过测试即可，若还通不过则检查集成声卡。在更换问题声卡时，需要在 BIOS 里屏蔽集成声卡，否则不能使用；换一块声卡还要运行 Dxdiag. exe程序测试，如果还不能通过测试，就只能更换主板了。

（9）故障现象：频繁出现蓝屏现象。

分析原因及解决办法：内存工作不正常，可以更换内存进行测试；操作系统出现错误，如病毒入侵等，需查杀病毒并恢复系统。

一个大型的安全防范系统，例如与防盗报警联动运行的视频监控系统是一个技术含量高、构成复杂的系统。各种故障现象虽然都有可能出现，但只要把好所选用的设备和器材的质量关，严格按标准和规范施工，一般是不会出现大问题的。即使出现问题，只要不盲目地大拆大卸，而是冷静地分析和思考，"对症下药"，问题很快就会得到解决。

## 10.3.7　预防断路、短路与常见故障排除

### 1. 断路、短路现象与预防

1）断路现象与预防

一般导线、同轴电缆由于受弯曲、折压、拉伸过紧或材料质量不好，容易在内部断线；导线连接插头、同轴电缆接头由于焊接不牢或安装不规范，也可能脱落，这些都会造成断路。这种断路造成的后果如表 10-6 所示。因此，对线缆不能强行折压或大力拉伸，焊接线缆时一定要注意保证焊接质量。

表 10-6　断路造成的后果

| 断 路 部 位 | 引起的后果 |
| --- | --- |
| 供电线路 | 设备掉电，系统全部或部分停止工作 |
| 控制线 | 控制指令不起作用，部分设备不能控制 |

续表

| 断 路 部 位 | 引起的后果 |
|---|---|
| 音频线、报警线 | 声音、报警信号送不到控制室 |
| 视频电缆芯线 | 看不到视频图像或时有时无 |
| 视频电缆地线 | 图像很差或看不到，信噪比很低 |

2）短路现象与预防

所谓短路，是指线缆间不该连通的地方连通，或线缆芯线对外皮、接地屏蔽层形成了通路。短路造成的后果有时是非常严重的，比如可能使高压窜入弱电回路而造成设备损坏，或使设备机壳带电而造成电击伤人，等等。这种短路情况所引起的后果如表10-7所示。

表 10-7　短路造成的后果

| 短 路 情 况 | 引起的后果 |
|---|---|
| 电源火线—零线 | 熔断器烧断，系统掉电 |
| 电源火线—控制线 | 损坏控制键盘、解码器、控制主机等设备，可能造成机壳带电 |
| 电源火线—报警线 | 损坏报警探测器、解码中继器、报警控制器 |
| 电源火线—音频、视频线 | 没有声音、图像，控制主机摄像机等损坏 |
| 电源火线—控制线—视频线 | 控制指令不正常，操作时引起图像闪动 |
| 电源火线—控制线—音频线 | 操作控制时监听扬声器"咔咔"作响 |
| 电源火线—接地线、零线 | 没有控制信号输出，控制失灵 |
| 视频线芯线—外层屏蔽网 | 没有图像，或时有时无 |
| 音频线—视频屏蔽网 | 图像质量降低，当有声音时引起图像闪动 |
| 市电零线—接地线 | 接在一起可能引起干扰，降低设备性能，也可能引起机壳带电 |

由表10-7可知，线缆短路造成的后果是非常严重的。为了防止短路，一定要注意以下几点：

● 各设备按要求接入市电网，插头、插座的三孔 E、N、L 接线要正确；

● 不要挤压电缆、线束，不要碰伤线缆外皮而导致芯线裸露，连接器、插线板要注意防水防潮；

● 要焊接好同轴电缆、高频连接头等接插头，要定期检查其连接情况，以便及时发现短路或断路。

**2. 系统常见故障及其排除方法**

通常，只有电信号输入或输出的电子设备出现故障时容易判断和检查验证。即使是在缺少仪器的情况下，也可以采取替换或互换的办法来认定。但对于组成系统工作的控制设备，往往就可能有多种故障引起同样或类似的现象出现，而且只有组成系统后才能够发现，这就要求对故障现象进行分析和判断。有些系统故障在前面几节中也提到一些，这里仅将一些前面没有涉及的，在安防视频监控系统工程中又常常遇到的一些系统故障及其排除方法列出，如表10-8所示，其中也包括了一些错误操作引起的失常，仅供参考。

表 10-8　系统常见故障及其排除方法

| 系统常见故障现象 | 故障原因及其排除方法 |
|---|---|
| 主控键盘不能切换摄像机输入信号 | 摄像机被屏蔽（或被锁），这时进入菜单，进入键盘调看摄像机，把相应的"否"改成"是"；若无菜单，则操作键盘使其解锁 |

续表

| 系统常见故障现象 | 故障原因及其排除方法 |
|---|---|
| 主控键盘不能选择监视器输出 | 监视器被屏蔽（或被锁），这时进入菜单，进入键盘调看监视器，把相应的"否"改成"是"，若无菜单，可操作键盘使其解锁 |
| 监视器上无图像 | 收监两用电视机处在 TV 状态，或监视器已损坏；<br>微机切换主机输出至监视器的同轴电缆连接头发生短路或断路；<br>微机切换主机相应的输出端损坏；<br>如同时接有录像机，需将录像机电源接通，并相应地调到 TV 状态 |
| 监视器输出显示没有字符 | 主机已经被切换到菜单状态，退回到平常操作状态；<br>字符显示已经被关闭，将其开通 |
| 系统开机或运行时云台、镜头出现自动化；控制云台、镜头的操作结束后又自动化复位；云台、镜头处于某个方向不可调 | 解码器输出控制失常；<br>电路故障；<br>更换或维修解码器 |
| 主机不能控制相应的解码器及快球 | 解码器与主机的连线不对；<br>解码器与主机的控制协议不同，应该选择相同的控制协议；<br>主机已被切换到菜单状态，需退回到平常状态；<br>此项操作被屏蔽（或被锁），进入菜单把相应的"否"改成"是"（或解锁） |
| 系统失控，主机和解码器均不受控 | 键盘故障，更换键盘；<br>控制指令通信线路开路、短路或接触不良 |
| 分控键盘不能控制主机 | 分控键盘与主机的连线不对；<br>分控键盘地址不对；<br>分控键盘被主机屏蔽（或被锁），检查主机分区设置（或解锁） |
| 监视器上可见图像互相串扰 | 微机控制主机故障；更换主机 |
| 报警系统设防区有误报 | 有射频或电源杂波信号干扰；有小动物进入的干扰；报警控制 UPS 电压过低；交流电断电时发生误报；报警线路故障 |
| 报警主机死机，不接收任何指令 | 由于连续几次未能输入正确的操作密码，报警主机自动停止工作，按使用说明书复位即可恢复正常 |
| 系统已经连接报警箱，而且画面显示报警状态，但扬声器不响 | 扬声器的声音已经被关闭；设防监视器与当前主控键盘所显示监视器不同，更换即可 |
| 已经连接报警箱，但不能报警 | 与主机的连线不对；未对报警进行设置 |

# 第 11 章

# 安防视频监控实训

## 实训一 闭路电视监控系统设计

系统设计涵盖整个工程的立项、招标、采购、安装调试、试运行直至验收的全过程。系统设计前期主要集中在系统架构、功能设计及设备选型上；当项目开始进场实施后，需要根据现场情况进行深化设计（二次设计），以纠正前期设计的偏差。

### 1. 系统需求分析

系统设计前需要进行需求分析，设计工程必须基于一定的需求来完成，需求分析的输入条件很多，包括统一的"安全防范及视频监控"相关国家标准、行业规范、地方标准；针对项目的招标文件及附加文件；项目的具体安装条件及用户的具体需求情况等。

（1）现场条件。对现场安装条件考察的输入条件是建筑类型、结构、功能用途、装饰、管道路由、供电情况、光照情况、建筑距离、机房位置、监控中心位置等，输出则是摄像机安装点数、类型、位置、信号传输方式、视频存储周期等。现场条件考察项目如表 11-1 所示。

表 11-1 现场安装条件参考列表

| 序号 | 输 入 | 输 出 | 备 注 |
|---|---|---|---|
| 1 | 建筑类型、功能 | 确定摄像机点位、数量、类型、布防类型、其他特殊需求设计 | 普通建筑、文博、金融、小区、交通等领域 |
| 2 | 建筑装饰情况 | 根据吊顶、立杆、装修风格等情况确定摄像机类型 | 如无天花吊顶时一般无法安装半球摄像机 |
| 3 | 监控点位分布情况 | 确定信号传输方式，如铜缆还是光纤传输；确定电源供电方式，如集中供电还是现场供电 | 一般视频信号传输超过 700 m，就需要考虑光纤传输方式 |
| 4 | 现场光照情况 | 确定摄像机的照度需求，或确定是否增加辅助光源；确定摄像机光圈类型；确定摄像机动态范围 | |
| 5 | 线缆路由情况 | 确定线缆经过的桥架、管井等整个路径的路由，并计算线缆材料及施工量、施工难度 | |
| 6 | 现场自然条件 | 确定摄像机防护罩的类型，如防尘、防污染、防侵蚀等需求 | |
| 7 | 现场气候条件 | 确定摄像机是否需要增加加热器，是否需要安装防雷设施 | 不同区域最低、最高气温不同，雷击类型不同 |

（2）用户需求。用户需求是指用户建设该视频监控系统的目的是什么，是否有特殊要求。用户需求如表 11-2 所示。

表 11-2　用户需求参考列表

| 序号 | 输　入 | 输　出 | 备　注 |
|---|---|---|---|
| 1 | 用户行业类型 | 确定用户使用视频监控系统的主要应用目的，并有针对性地进行功能设计 | 文博、金融、交通、教育、监狱、工厂等不同行业类型，需求不同 |
| 2 | 用户需求定位 | 确定用户建设系统目的，安全问题、责任问题、安保问题还是效率问题等，并有针对性地进行设计 | 一般是为了解决不同目标问题的综合体 |
| 3 | 监控终端数、分布情况、电视墙 | 确定视频矩阵的输出，操作键盘/工作站的数量，系统级联方式 | 注意矩阵级联成本比较高 |
| 4 | 视频存储需要（质量和周期） | 确定视频码流需求，利用存储周期需求来确定存储空间需求 | DVR |
| 5 | 系统中的用户情况 | 确定系统用户（组）权限，及 PTZ 优先级 | 注意 PTZ 的"抢控"问题 |
| 6 | 系统与其他系统的联动 | 确定联动关系，确定集成的接口方式，确定彼此工作界面 | 干线/API/OPC 等 |

**2. 摄像机选型**

摄像机根据适用场所不同选型也不同，具体包括摄像机的外形及性能。

摄像机的类型选择如表 11-3 所示。

表 11-3　摄像机的类型选择

| 序号 | 类　型 | 适应环境 | 备　注 |
|---|---|---|---|
| 1 | 半球摄像机 | 适用于吊顶的室内场所，如机房、办公区域、走廊等 | 无须配支架、美观、安装简单 |
| 2 | 固定枪式摄像机 | 适用于普通固定监控场景，如走廊、电梯厅、楼梯口、银行柜台、地下停车场等各类出入口 | 需要配合支架安装 |
| 3 | 快球一体摄像机 | 适用于室内、室外大范围监控并需要快速响应的场所，如各类建筑大堂、室内外停车场、小区、工厂、平安城市工程等 | 集摄像机、变焦镜头、云台、解码器、防护罩于一体，只需配合支架完成安装 |
| 4 | PTZ 枪式摄像机 | 适合超大范围的室外监视应用，如铁路、机场、公路、码头等 | 通常是变焦镜头、摄像机、防护罩、云台组装在一起，性能较好 |

摄像机具体参数指标如下：

- 清晰度：通常 480 线以上的称为高清晰度摄像机，适合重要场合；
- 照度：0.1 Lx（彩色）、0.01 Lx（黑白）称为低照度，适合低照度监控应用；
- 电子快门：可以配合镜头扩展摄像机灵敏度范围；
- 白平衡：适合景物的色彩温度在拍摄期间不断改变的场合；
- 背光补偿功能：适合固定监视处于逆光的监视环境；
- 宽动态功能：适合固定监视点处于逆光的监视环境，可提供高质量画面；
- 强光抑制：适合监视现场经常出现反差很大的强烈光线的场合，如车库入口处、公路监控中处于经常由于汽车灯的开启而形成强光的环境。

### 3. 镜头的选型

电视监控系统镜头选型如表 11-4 所示。

表 11-4　镜头选型参考列表

| 序号 | 类　型 | 适 用 环 境 | 备　注 |
|---|---|---|---|
| 1 | 自动光圈 | 光线变化比较大的环境 | 如一般的室外环境 |
| 2 | 手动光圈 | 室内光线变化不大的固定监控点 | 如机房、通道 |
| 3 | 短焦距（广角）镜头 | 大范围的全景监视 | 宏观场景 |
| 4 | 长焦距（远望）镜头 | 远距离的特定监视 | 微观场景 |

### 4. 矩阵的选型

矩阵切换系统可以将视频输入切换到任何一路监视器输出上。矩阵允许多个操作人员同时观看实时视频和操作云台。如果需要，还可以给不同的人员分配不同的操作权限。选择矩阵需要考虑的因素如下：

- 视频输入/输出容量支持能力；
- 键盘/控制器支持能力；
- 报警/继电器；
- 云台控制方式；
- 外部控制/集成能力；
- 扩展功能；
- 高级系统性能支持（宏、巡检、序列等）。

## 实训二　DVR 应用案例

### 1. DVR 带宽设计

在数字及网络视频监控系统中，在考虑带宽时，首先要了解带宽使用者的路径。在 DVR 系统中，主要的带宽需求是视频的远程实时浏览、录像回放及集中归档存储。图 11-1 所示是 DVR 应用案例示意图，其中示出了主要视频流的构成。

1）实时浏览视频流

工作站调用某个通道视频时，DVR 的 CPU 直接将内存中的视频流通过 PCI 总线及网卡发送到客户端，工作站调用的视频流类型不同，码流也会有所不同，需要考虑的是分辨率及帧率，4CIF 分辨率下实时视频码流大小按照平均 1.5 Mb/s 计算，而 DVR 到客户端之间的总带宽需求主要取决于每个通道码流的大小以及总的浏览通道数量。

例如，工作站同时浏览一个 DVR 上的 4 个通道，那么按照上述假设，该路径需要的带宽是 1.5 Mb/s×4＝6 Mb/s。

2）实时存储视频流

DVR 的另外一个功能是存储视频，并响应客户端的视频回放请求，此功能主要体现在 DVR 及磁盘（阵列）带宽。典型的磁盘（阵列）可以提供 40 Mb/s 的带宽，一个标准的

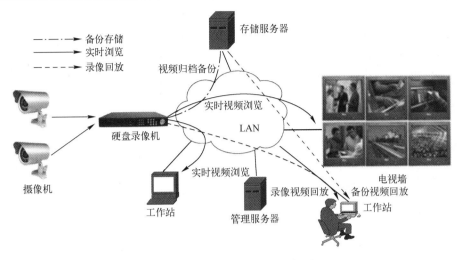

图 11-1　DVR 应用案例示意图

MPEG - 4 视频流带宽为 1.5 Mb/s，因此磁盘不是瓶颈，但是 DVR 的存储机制、内存、CPU 性能等因素，都会对 DVR 全部支持的通道数有所影响。尤其是系统中有大量的并发用户时，磁盘的输出能力是系统的主要瓶颈。需要注意的是，当 DVR 与网络存储系统（NAS 或 IP-SAN）配合使用时，实际上是视频存储需要占用网络带宽资源。

3）归档备份视频流

当系统中部署了归档存储服务器（Archive Server）时，DVR 会定期将自身硬盘中的视频资料通过网络发送到归档存储服务器，以实现视频的长期备份。例如，DVR 自身硬盘可以存储 3 天视频，而归档存储服务器可以存储 7 天重要的视频。从 DVR 到归档服务器的视频备份需要占用网络带宽资源，需要带宽是所有归档通道的码流之和。

4）DVR 的负载

综上所述，在 DVR 系统中，主要的视频流包括从 DVR 内容总线到存储设备的存储视频流，从 DVR 到客户端的实时视频流，从 DVR 到客户端的录像回放视频流，从 DVR 到归档存储服务器的备份视频流（未必实时），从归档存储服务器到客户端的录像回放视频流。其中，对于 DVR 本身：

- 视频存储流——体现的是数据写到硬盘的限制；
- 录像及回入流——体现的是硬盘的读写限制；
- 实时浏览与回放流——体现的是网络带宽限制。

由此可见，系统的总资源，包括 DVR、硬盘及带宽资源，是互相牵制、共享资源的，这样的好处是系统可以最大地利用总资源。

**2. DVR 的存储设计**

在视频监控系统中，磁盘存储空间需求的计算公式是：

$$存储空间 = 通道数 \times 码流 \times 保存时间$$

例如：20 个通道，每个通道码流为 3 Mb/s，计划保存录像 30 天，则按照以下公式计算：

$$磁盘存储空间需求(TB) = 20\ ch \times 3\ Mb/s(码流) \times 3\ 600\ s(小时换算成秒) \times$$

$$24(每天 24 小时) \times 30 天 \div 8(b 换算成 B) \div$$
$$1\,000(MB 换算成 GB) \div 1\,000(GB 换算成 TB) = 19\,TB$$

☞注意：磁盘空间的计算是粗略的，不可能非常精确，因为每个摄像机的场景是随时变化的，因此码流也是动态变化的，所以可能存在一定误差。为了尽量对视频存储空间设计得精确，最好的办法是搭建一个测试环境并模拟现场情况进行测试。节省硬盘空间的方法如下：

- 时间表录像，每天按照时间表自动启动或停止录像；
- VMD 触发录像，系统按照 VMD 情况自动启动或停止录像；
- 报警触发录像，系统按照报警自动启动或停止录像。

**3. DVR 设置与操作**

由于 PC 式 DVR 相对于嵌入式 DVR 其界面简单、操作容易，而嵌入式 DVR 通常基于按键及菜单操作，因此，下面的 DVR 设置与操作侧重于嵌入式 DVR 产品。

1）DVR 的系统设置

DVR 的系统设置需要在系统硬件连接完成后，如硬盘连接并识别正常、摄像机通道、PTZ 控制线缆、串口、监视器、网络接口等连接正常后，方可进入系统设置过程。系统设置是系统应用的前提，正确的系统设置可以使系统发挥最大的功能，节省资源，提高效率。系统设置一般包括如下内容：

（1）系统设置。系统设置包括对 DVR 的网络参数、录像文件参数、存储路径、轮询时间、串口通信情况、PTZ 控制协议等进行总体性的设置，是针对整个 DVR 的设置。

（2）通道设置。通道设置主要是针对各个具体通道而进行的，包括通道名称、通道的 OSD，通道的录像方式（全部、报警录像）和录像参数（帧率、分辨率等），通道的图像参数（色度、亮度、对比度、饱和度等），通道的动态侦测设定（区域、灵敏度等）。

（3）报警设置。报警设置主要针对 DVR 的报警节点输入、移动侦测输入等进行参数设置。如报警名称、电气参数、时间表等，并对报警输入与输出、录像进行联动设置。

（4）用户管理。用户管理的主要功能是添加用户、设置用户密码、设置用户权限等。

（5）系统录像。对所选择的通道进行录像设定，可以分别设定时间表、录像参数等。

2）DVR 的应用操作

（1）实时浏览：可以选定通道进行实时视频显示并进行 PTZ 操作。

（2）录像检索：可以检索系统存储的图像记录。检索分为普通录像检索、移动侦测录像检索、报警录像检索、抓拍图片检索等。

（3）录像回放：可以进行录像回放，执行暂停、快进、快退、单帧、连续等各种操作。

（4）日志管理：可以根据操作员、日志时间、日志类型检索该操作员所做的系统操作。可根据报警输入点、日志时间检索该报警点的报警日志。

# 实训三 NVR 应用案例分析

**1. 需求分析**

1）项目总体需求

在进行网络视频监控系统设计前，首先需要了解项目的具体特点，如行业特点、用户特

殊需求、摄像机的数量、点位分布情况、存储系统的架构、网络建设情况等。其次要明确
NVR 并非适用于所有项目，在网络建设良好、对高清需求显著、具有集中存储优势及前端
点位分布相对分散的项目，NVR 才是个不错的选择，否则可以考虑 DVR 系统。

　　以图 11-2 中的系统拓扑图为例进行说明，在 Site A 及 Site B 分别有 16 台摄像机（2 台 8
路编码器），编码器的码流情况设定为：分辨率为 4CIF，实时码流为 2 Mb/s。共 32 路摄像
机通道指定到核心网络的一台 NVR 服务器上，NVR 与磁盘阵列通过 SCSI 通道直接连接进
行存储，所有录像需要保存 7 天；控制中心设置 9 台监视器构成电视墙，进行实时解码显
示；控制中心设置 1 台客户工作站，用来对任意 4 个通道进行录像回放（Playback）工作；
远程有 1 台客户工作站，用来对任意 4 个通道进行实时视频浏览（Live）工作。

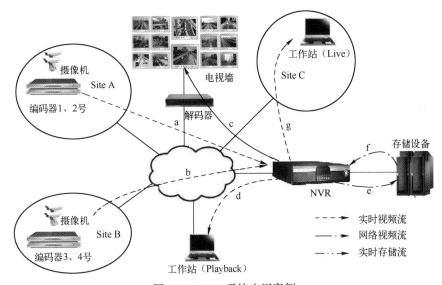

图 11-2　NVR 系统应用案例

2）NVR 部署需求

　　NVR 部署的关键是 NVR 的数量设计、存储空间设计和网络带宽设计。因此，在设计、
选型 NVR 系统之前。必须明确如下事宜：

- 摄像机的数量及分布情况；
- 视频通道的码流设置，如帧率、分辨率等（其实质是确定码流）；
- 控制中心的电视墙位置（在网络中）；
- NVR 及磁盘阵列的位置（在网络中）；
- 客户端的数量、位置及其应用情况（进行回放、实时显示等）；
- 归档服务器的位置及视频备份的模式（全部归档、部分归档等情况）。

　　从图 11-2 中可以看出，系统的主要构成部分是编码器、NVR、解码器及客户工作站，
从中可以快速提炼出如下信息：

- 通道情况：通道数量为 32 ch，码流为 2 Mb/s；
- 实时监视视频流为 9 ch×2 Mb/s＋4 ch×2 Mb/s；
- 实时存储视频流为 32 ch×2 Mb/s；
- 实时回放视频流为 4 ch×2 Mb/s；

● 存储空间：$32\,ch \times 2\,Mb/s$，7 天。

**2. 网络带宽设计**

网络是整个视频监控系统中的信息"高速公路"，承载着整个系统中的所有数据流，包括实时、存储、转发、回放、备份等各种视频流数据（音频、控制信息码流很小，相对视频流数据而言基本上可以忽略）。网络带宽是系统的重要资源，必须认真设计。

在图 11-2 中，主要的数据流有：实时视频流（编码器 1、2 号→NVR）；实时视频流（编码器 3、4 号→NVR）；实时监控流（NVR→解码器）；回放视频流（NVR→工作站）；实时存储流（NVR→存储设备）；回放视频流（存储设备→NVR）；实时控制流（NVR→工作站）。

网络带宽需求可以根据公式以下计算：

$$网络带宽 = 码流大小 \times 通道数$$

1）实时视频流

实时视频流包括编码器到 NVR 的视频流及 NVR 转发给工作站（解码器）的视频流。对于实时视频流，工作站调用某个通道视频时，解码器将视频发送给 NVR，然后 NVR 进行转发，而工作站调用的视频流类型不同，码流大小也不同，需要考虑的是分辨率与帧率，4CIF 分辨率实时码流大小均值可以按 $2\,Mb/s$ 进行考虑，而编码器到 NVR 之间的总带宽主要取决于每个通道码流大小及总的通道数量。工作站与 NVR 之间的带宽主要取决于工作站调用的视频资料的码流及数量。在码流需求上，工作站与解码器没有区别，可以统一考虑。

图 11-2 案例中实时码流需求如下：

● 路径 a 的网络带宽需求：$16\,ch \times 2\,Mb/s = 32\,Mb/s$；
● 路径 b 的网络带宽需求：$16\,ch \times 2\,Mb/s = 32\,Mb/s$；
● 路径 c 的网络带宽需求：$9\,ch \times 2\,Mb/s = 18\,Mb/s$；
● 路径 g 的网络带宽需求：$4\,ch \times 2\,Mb/s = 8\,Mb/s$。

2）回放视频流

NVR 的一个主要功能是接收和处理客户端视频回放请求，为客户端提供录像视频流；当 NVR 收到客户端命令后，在磁盘阵列中查找到相应的视频数据，发送给提出回放请求的客户端。本案例中回放视频流需求如下：

$$路径 d 的网络带宽需求 = 4\,ch \times 2\,Mb/s = 8\,Mb/s$$

**3. NVR 存储设计**

（1）存储空间需求。NVR 的存储空间计算与 DVR 没有区别，存储空间可以根据以下公式计算：

$$存储空间 = 通道数\,ch \times 码流 \times 保存时间$$

在本案例中有 32 个通道，每个通道码流为 $2\,Mb/s$，视频资料计划保存 7 天，则

$$32\,ch \times 2\,Mb/s \times 3\,600\,s \times 24 \times 7 \approx 4.8 \times 10^6\,MB = 4.8\,TB$$

磁盘阵列带宽需求为：$64\,Mb/s + 8\,Mb/s = 72\,Mb/s = 9\,Mb/s$

（2）磁盘阵列带宽。如前所述，NVR 的主要功能是以稳定的速率捕获来自网络上的数据流并写入磁盘阵列，同时向网络上的客户端传输实时及录像视频数据。当系统中有大量的输入视频流及并发用户访问时，磁盘阵列的带宽可能成为系统的主要瓶颈。

在图 11-2 案例中，磁盘阵列的带宽需求如下：

- 路径 e 的存储带宽需求为 $32\,\text{ch} \times 2\,\text{Mb/s} = 64\,\text{Mb/s}$
- 路径 f 的存储带宽需求为 $4\,\text{ch} \times 2\,\text{Mb/s} = 8\,\text{Mb/s}$

则磁盘阵列带宽需求为：$64\,\text{Mb/s} + 8\,\text{Mb/s} = 72\,\text{Mb/s} = 9\,\text{Mb/s}$。

### 4. 存储架构设计

在网络视频监控系统中，编码器将视频编码压缩并传输，NVR/媒体服务器/存储服务器负责视频的采集并写入磁盘阵列，同时响应客户端的请求进行视频录像的回放。NVR 可以看成是视频存储设备的主机，可以采用不用的架构，如 DAS、NAS、FC SAN 或 IP SAN 等，以实现不同的存储需求。

在网络视频监控系统应用中，存储系统的设计不是孤立的，是与视频监控系统的软件架构、视频文件格式、现场设备的类型等因素有关的。通常，DVS 或 IPC 以流媒体方式将数据写入存储设备，这种读写方式与普通数据库或文件服务器系统中采用的"小数据块读写方式"不同。

☞注意：不管整个系统中有多少个摄像点，即使有 10 000 个，需要明确的是，所有这些摄像机通道视频是分配到系统中所有 NVR 上的。假如有 10 000 个点，而每个 NVR 最多支持 50 路视频通道，那么对于存储空间及带宽需求，压力集中在该 NVR 最多支持 50 路视频通道。因此，不要以所有摄像机点数作为网络带宽及存储系统带宽的计算条件。

## 实训四　IPC 的应用设计

模拟摄像机与 IPC 的设计部署有一定的区别，在模拟系统中，需要考虑的问题主要在施工布线上，如矩阵的位置、线缆的敷设、供电方式等；而对于 IPC，通常仅需要一个网络接口可能就全部解决了。因此，设计的重点不在安装施工，而在网络与存储设计，因此需要考虑存储系统在网络架构中的位置，并考虑各种带宽的占用等。

在 IPC 的应用设计时，首先需要明确具体项目的需求，包括点位的数量、点位分布情况，存储系统的架构，网络建设情况、控制中心情况等。其次，IPC 并非适用于所有的项目中，只有将网络建设考虑在内，在具有集中存储优势及前端点位分布比较分散的情况下，选择 IPC 才是适合的。

### 1. 需求分析

（1）监视目标及范围。在部署 IPC 之前，首先需要明确监视需求及范围，这是前提。监视需求分宏观及微观，宏观一般是了解场景内目标的大概行为，微观是对场景内的目标进行识别，如人脸、ATM 周围、车辆号码等；而监视范围主要指视频场景能够覆盖到的监视区域。监视需求及范围因素共同决定了 IPC 的类型，如焦距、固定或 PTZ、安装位置、百万像素等。

（2）安装环境因素。与模拟摄像机类似，在 IPC 设计时需要考虑安装环境，确定摄像机的灵敏度及防护罩选用等。如室外无光源情况可能需要考虑辅助光源或采用日夜 IPC，室外灰尘污染的情况需要考虑防尘防护罩；室内无天花板的环境需要考虑支架辅助安装等。

（3）存储及带宽需求。视频的存储及带宽需求与多种因素有关，具体如下：

- 摄像机数量及分布情况；

- 摄像机录像方式，如实时录像、报警录像、时间表录像；
- 录像的参数，如帧率、分辨率、图像质量等；
- 视频场景的复杂情况，如繁忙、相对平静；
- 视频录像计划保存时间；
- 视频存储设备的分布情况；
- 视频客户端、电视墙等终端的分布情况。

（4）案例需求说明。以图 11-3 为例，在 Site A 及 Site B 分别有 16 个 IPC，32 个 IPC 连接到 1 台 NVR 上，NVR 与磁盘阵列直接连接。系统有 9 台监视器构成的电视墙，实时视频解码显示；系统中有 1 台客户工作站，用来对任何通道进行录像回放或实时浏览。

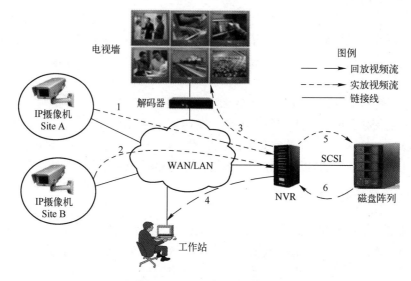

图 11-3　IP 摄像机应用系统

- 32 个 IPC 采用 4CIF（4 路 CIF 编码）的全天候方式，录像 7 天；
- 电视墙的 9 个画面采用 4CIF 的方式实时显示；
- 一个工作站进行一个通道 4CIF 实时显示；
- 4CIF 的码流按 2 Mb/s 计算。

### 2. 系统架构

系统中的前端设备就是分布在各个点位的 IPC，IPC 通过 RJ－45 接口连接到网络上，完成视频的采集、编码、压缩和传输工作。IPC 可自带 PTZ，通过网络接收远程控制信号来实现 PTZ 的操控。IPC 支持 TCP/IP、UDP、RTCP、RTSP、SNMP、FTP 等网络协议。

在控制中心安装一台 NVR 服务器，负责系统设备管理、设备控制、报警管理、录像存储、视频转发、视频回放等工作。NVR 服务器的硬盘根据存储的需求来确定大小，每台服务器可支持 30～50 路 4CIF 实时存储，并留有一定余量。NVR 服务器连接到核心主干交换机上，NVR 服务器与磁盘阵列通过 SCSI 或 FC 通路实现连接。

控制中心显示设备是由 9 台监视器构成的电视墙，连接到解码器的视频输出端口，利用系统的"虚拟矩阵"功能实现所有 32 路视频在任意一路监视器的切换显示。

工作站是一台安装了应用软件的计算机，可以进行系统配置、实时视频浏览、历史视频回放、报警管理、录像备份等各种操作。实时浏览可以进行 PTZ 操作或图片抓拍；回放过程可以自由地控制录像回放速度，可以快进、正常和慢速回放，甚至可以拖动滑轨播放任意时刻录像，可以对录像片段进行导出，保存为视频文件形式。

### 3. 带宽与存储设计

*1）存储空间*

由本章实训三的 "NVR 应用案例分析" 中的 NVR 存储空间计算公式可以得到如下结果：

$$32 \text{ 通道} \times 2 \text{ Mb/s} \times 3\,600 \text{ s} \times 24 \times 7 \approx 4.8 \text{ TB}$$

这是一个很大的数据，要降低存储空间，可以根据实际需要，选用以下方法：降低录像帧率，代价是图像流畅度下降；采用报警触发录像，非报警时段的视频无法得到；采用时间表录像方式。

*2）带宽需求*

- 网络路径 1：16 通道 $\times 2$ Mb/s $= 32$ Mb/s；
- 网络路径 2：16 通道 $\times 2$ Mb/s $= 32$ Mb/s；
- 网络路径 3：9 通道 $\times 2$ Mb/s $= 18$ Mb/s；
- 网络路径 4：1 通道 $\times 2$ Mb/s $= 2$ Mb/s；
- 网络带宽 5 + 6：32 通道 $\times 2$ Mb/s $+ 2$ Mb/s $= 66$ Mb/s $= 8$ Mb/s。

### 4. 系统的主要功能

系统的基本功能如下：

- 采用嵌入式 Linux 操作系统，稳定性高；
- 网络化实时监控，在网络的任何地方都可以实现远程实时视频监控；
- 网络化存储，系统可以实现本地、远程的录像存储和录像回放；
- 高清晰的视频图像，信号不易受干扰，大幅度提高图像品质和稳定性；
- 视频数据存储在通用的计算机硬盘中，易于保存；
- 全 IP 化系统，可以无限扩容；
- 支持多种云台、镜头控制协议；
- 采用先进的音/视频压缩技术，支持双向语音；
- 系统状态信息显示，设备报警故障提示及日志写入；
- 操作人员操作日志，自动日志记录及日后检索；
- 录像保护，通过安全认证保证录像的真实性，以防录像被修改；
- 组网方便，系统可以在现有的任何网络中完成各种监控功能；
- 可扩展，具有与其他信息系统集成的开放接口，能够持续平滑升级和扩展。

系统应用程序功能如下：

- 支持通道分组轮询、预置位轮询；
- 提供全屏、4、6、9、16、25、36 多种画面实时显示；
- 实现运动检测报警和联运报警，可远程设定运动图像的变化区域和灵敏度；
- 支持图像抓拍功能；
- 用户分组及权限管理；

- 触发录像、定时、手动等多种录像管理；
- 灵活的录像计划设置；
- 可连接网络视频解码器，支持电视墙显示；
- 网络视频解码器可以直接连接多台前端设备，可以设置轮询时间间隔；
- 系统的兼容性，支持多种控制协议，与其他系统完成复杂的报警联动；
- 支持 IE 浏览器监控方式，无须安装客户端软件，直接通过 Web 浏览。

## 实训五　高清摄像机的应用

### 1. 需求分析

高清摄像机为用户带来了全新的视觉体验。但在目前情况下，并不是整个视频监控系统所有的摄像机都有必要选用高清摄像机。实际上，在一个项目中，最可能的情况是给各种类型模拟摄像机、IP 摄像机、高清摄像机混合在一起搭建一个完整的、性价比高的系统。因此，最佳的 IP 视频监控解决方案应该是一个可支持各种模拟摄像机和 IP 摄像机的混合系统。这样的混合系统让用户有效地控制建设成本的同时，还可以获得当前先进技术所带来的美好体验。通常，视频监控系统中主要包括以下目标监控需求：

（1）一般监控。一般监控是指对场景进行大概的了解，如广场的总体人流情况，但没有对人流中人脸识别的需求；公路的车流情况，但没有对车牌进行识别的需求。在这种情况下，一般监控通常是对场景进行总体的、概括性的了解。

（2）目标识别监控。目标识别的监控需求是在一般监控的基础上，对画面清晰度（像素数）有更高的要求，要求通过监控画面，能够对画面中的细节进行精确的识别，如清晰显示车牌。

（3）高度清晰细部特征监控。高度清晰细部特征识别主要用在一些特殊应用场所，比如赌场、ATM 机、银行柜台、商场收银等场所，要求在目标识别基础上，得到目标更多的细部特征以供参考。

本案例中假设对两个宽 40 m 的停车场部署高清摄像机进行"目标识别"级别监控。

### 2. 像素数量计算

监控系统中经常有不同的监控需求，首先需要确定具体监控类型，之后就是确定需要何种覆盖范围，覆盖范围是指摄像机能"看见"的区域面积，最后根据监控类型确定该监控目标需要的总像素数量。

不同监控类型需要的像素数量如表 11-5 所示。

表 11-5　不同监控类型需要的像素数量

| 序　号 | 监控类型 | 所需像素数量/（像素/m）（参考值） |
|---|---|---|
| 1 | 一般场景性监控 | 100 |
| 2 | 目标识别监控 | 200 |
| 3 | 高度清晰细部特征监控 | 300 |

对于 40 m 宽的停车场，要做到目标识别监控，那么 40 m×200 像素/m＝8 000 像素，就

能够做到目标准确识别，如汽车牌照和人脸识别这样的细节所需要的像素数。

### 3. 摄像机选型

确定使用哪种分辨率的摄像机。通过前面计算出来所需要的像素数（8 000 像素）除以实际应用中摄像机所能提供的水平像素数，如 640×800 分辨率的摄像机，640 是水平像素数，480 是垂直像素数。在同样 40 m 范围的停车场监控应用中，需要各类型摄像机的数量的计算方法参考表 11-6。

表 11-6　同样范围需要各类型摄像机的台数计算

| 摄像机类型 | 数 据 计 算 | 摄像机台数 |
| --- | --- | --- |
| 352×288（10 万像素） | 8 000÷352 | 23 |
| 704×576（40 万像素） | 8 000÷704 | 12 |
| 1280×1024（130 万像素） | 8 000÷1280 | 7 |
| 2048×1536（300 万像素） | 8 000÷2048 | 4 |

### 4. 系统架构说明

经过上面的计算，项目中共有两个停车场，系统需求 14 台百万像素高清摄像机（1 280×1 024），假如用一台 NVR 进行存储转发，存储时间是 15 天，百万像素的码流平均值按照 3 Mb/s 计算，系统如图 11-4 所示，高清摄像机实现视频采集、编码传输，NVR 进行视频存储与转发。

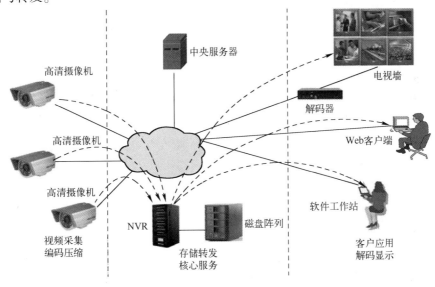

图 11-4　高清摄像机应用

### 5. 视频传输与存储

单路高清视频数据存储 15 天需要的容量 =3 Mb/s（平均值）×60×60×24×15（天）÷8（b 变为 B）÷1 000（MB 变为 GB）÷1 000（GB 变为 TB）≈0.5 TB，则 14 台高清摄像机存储总容量为 7 TB。该 NVR 的总流量 =14×3 Mb/s =42 Mb/s≈6 MB/s。考虑到视频实时存储的同时，有视频回放的需求，因此磁盘阵列的吞吐能力要求在 10 MB/s 以上。

# 参 考 文 献

［1］中华人民共和国公安部．安全防范工程技术标准：GB 50348—2018［S］．

［2］全国安全防范报警系统标准化技术委员会．公共安全视频监控联网系统信息传输、交换、控制技术要求：GB/T 28181—2016［S］．

［3］全国安全防范报警系统标准化技术委员会．视频安防监控系统工程设计规范：GB 50395–2007［S］．

［4］国家广播电影电视总局．民用闭路监视电视系统工程技术规范：GB 50198—2011［S］．

［5］全国安全防范报警系统标准化技术委员会．视频安防监控系统技术要求：GA/T 367—2001［S］．

［6］全国安全防范报警系统标准化技术委员会．安全防范工程建设与维护保养费用预算编制办法：GA/T 70—2014［S］．

［7］中华人民共和国公安部．安全防范系统通用图形符号：GA/T 74—2017［S］．

［8］全国安全防范报警系统标准化技术委员会．公共安全视频监控数字视音频编解码技术要求：GB/T 25724—2017［S］．

［9］雷玉堂．安防视频监控实用技术［M］．北京：电子工业出版社，2012.

［10］西刹子．安防天下——智能网络视频监控技术详解与实践［M］．北京：清华大学出版社，2010.

［11］汪光华．视频监控全面解析与实例分析［M］．北京：机械工业出版社，2012.

［12］邓泽国．综合布线设计与施工［M］．3 版．北京：电子工业出版社，2018.